网页设计与开发**殿堂之路**\*

Home　About　Services　Team　Blog　Contact

# HTML 5+CSS 3+JavaScript
# 网页设计与制作全程揭秘

杨阳　编著

U0235959

清华大学出版社
北京

# 内 容 简 介

Web 标准是所有网页前台技术的发展方向，本书学习的三大技术是 Web 标准的主要组成部分。本书全面、系统地介绍了使用 HTML5、CSS3 和 JavaScript 进行网页设计制作各方面的内容和技巧。

本书内容简洁、通俗易懂，通过知识点与案例相结合的方式，让读者能够清晰明了地理解书中的相关技术内容，从而达到理想的学习效果。全书共分 17 章，从初学者的角度出发，全面讲解了 HTML5、CSS3 和 JavaScript 的相关知识，其中包括认识 HTML 与 HTML5、HTML 主体标签、文字与图片标签的应用、超链接与表格标签的应用、多媒体标签的应用、表单标签的应用、HTML5 中 <canvas> 标签的应用、HTML5 文档结构标签的应用、CSS 样式基础、CSS 布局与定位方式、CSS 基础属性详解、CSS3 属性详解、使用 CSS3 实现动画效果、JavaScript 基础、JavaScript 中的函数与对象、JavaScript 中的事件和 JavaScript 综合应用案例等内容。

本书结构清晰、实例经典、技术实用，适合 Web 前端开发、网页设计、网页制作、网站建设等行业人员阅读和参考，也可供网页设计爱好者自学使用，同时还可作为高等院校网页设计与制作课程的教材，以及网页平面设计的培训教材。

本书封面贴有清华大学出版社防伪标签，无标签者不得销售。

版权所有，侵权必究。侵权举报电话：010-62782989 13701121933

图书在版编目 (CIP) 数据

HTML 5+CSS 3+JavaScript 网页设计与制作全程揭秘 / 杨阳　编著 . —北京：清华大学出版社，2019
（网页设计与开发殿堂之路）
ISBN 978-7-302-52695-7

Ⅰ . ①H⋯　Ⅱ . ①杨⋯　Ⅲ . ①超文本标记语言— 程序设计 ②网页制作工具 ③JAVA 语言— 程序设计
Ⅳ . ① TP312.8 ② TP393.092.2

中国版本图书馆 CIP 数据核字 (2019) 第 057421 号

责任编辑：李　磊　焦昭君
封面设计：王　晨
版式设计：思创景点
责任校对：牛艳敏
责任印制：宋　林

出版发行：清华大学出版社
　　　　　网　　　址：http://www.tup.com.cn，http://www.wqbook.com
　　　　　地　　　址：北京清华大学学研大厦A座　　　　　　　邮　　　编：100084
　　　　　社 总 机：010-62770175　　　　　　　　　　　　　邮　　　购：010-62786544
　　　　　投稿与读者服务：010-62776969，c-service@tup.tsinghua.edu.cn
　　　　　质 量 反 馈：010-62772015，zhiliang@tup.tsinghua.edu.cn
印 装 者：三河市龙大印装有限公司
经　　销：全国新华书店
开　　本：185mm×260mm　　　　印　　张：21.25　　　　字　　数：614千字
版　　次：2019年8月第1版　　　　印　　次：2019年8月第1次印刷
定　　价：69.80元

产品编号：077882-01

随着互联网信息技术的发展，网页设计与制作技术已经成为一些网络用户必备的知识技能。现如今，大部分制作网页的方式都是运用可视化网页编辑软件，这些软件的功能相当强大。但对于高级的网页制作人员而言，仍然需要掌握 HTML、CSS 和 JavaScript 等网页设计语言和技术，从而更好地设计自己所想象的页面，以实现一般网页设计软件所不能实现的许多重要功能。

本书要求读者边学习边实践，几乎每个重要的知识点都有实例练习供读者参考，避免学习知识的表面仅限于理论。技术学习的关键是方法，本书在很多实例中体现了方法的重要性，读者只要掌握了各种技术的运用方法，在学习更深入的知识时，可大大提高学习的效率。

本书内容丰富、条理清晰，全面介绍 HTML5、CSS3 和 JavaScript 的相关知识，每个知识点都配有实例，让读者真正做到学以致用。全书共分 17 章，各章内容介绍如下。

第 1 章　认识 HTML 与 HTML5，本章主要介绍网站建设的常用软件和技术，重点讲解 HTML 与 HTML5 的相关基础知识，以及它们之间的关系。通过本章内容的学习，读者可以了解 HTML5 新增的标签。

第 2 章　HTML 主体标签，本章主要介绍如何在 HTML 中对网页头部的 <head> 标签和网页主体 <body> 标签进行设置，从而达到控制网页整体属性的目的。

第 3 章　文字与图片标签的应用，文字与图片是网页中不可或缺的基础元素。本章主要介绍在 HTML 中对文字、段落、列表和图像进行设置的相关标签和属性，这些都是对网页基础元素的控制，读者需要细心体会，认真掌握。

第 4 章　超链接与表格标签的应用，本章主要介绍 HTML 中超链接标签的应用及各种超链接的创建和设置方法，并且还介绍了表格标签的应用，以及数据表格的创建方法。

第 5 章　多媒体标签的应用，本章主要介绍如何在网页中应用各种不同类型的多媒体元素，包括 HTML5 新增的 <video> 与 <audio> 标签的使用和属性设置方法。

第 6 章　表单标签的应用，表单是网页交互的重要途径。本章主要介绍 HTML 页面中各种传统的表单元素及其属性设置，以及 HTML5 新增的表单元素和属性，并且通过实例的制作，使读者能够快速掌握 HTML 表单页面的制作。

第 7 章　HTML5 中 <canvas> 标签的应用，canvas 元素是 HTML5 的亮点之一，通过使用 canvas 元素可以在网页中绘制出各种几何图形。本章详细介绍使用 HTML5 中的 canvas 元素在网页中绘制各种图形、文字的方法。

第 8 章　HTML5 文档结构标签的应用，本章介绍 HTML5 中新增的文档结构标签和语义模块标签，并通过实例的制作，使读者能够理解并掌握 HTML5 结构标签的作用和使用方法。

第 9 章　CSS 样式基础，本章主要介绍有关 CSS 样式的基础知识，包括 CSS 样式的语法、CSS 选择器及应用 CSS 样式的方法。

第 10 章　CSS 布局与定位方式，本章主要介绍有关 CSS 基础盒模型的知识，以及 HTML 页面中的元素定位属性，使读者掌握使用 CSS 样式进行网页布局制作的方法。

第 11 章　CSS 基础属性详解，本章主要介绍通过 CSS 样式对网页中各种元素进行设置的方法，包括文字、段落、背景、列表、边框、超链接伪类等。通过本章内容的学习，读者可以使用 CSS 样式对网页中各种元素的外观进行控制。

第 12 章　CSS3 属性详解，本章分类向读者介绍 CSS3 新增的属性，以及各种属性的使用和设置方法，使读者能够实现很多特殊的效果。

第 13 章　使用 CSS3 实现动画效果，动画效果是 CSS3 最突出的亮点，通过对相关 CSS 属性的设置，即可轻松在网页中实现各种动画效果。本章详细介绍 CSS3 各种动画效果的制作方法和技巧。

第 14 章　JavaScript 基础，本章介绍有关 JavaScript 的基础知识，包括 JavaScript 在网页中的作用、JavaScript 语法基础、变量、数据类型、常用运算符、条件与循环语句等内容，使读者深入地了解 JavaScript。

第 15 章　JavaScript 中的函数与对象，本章介绍 JavaScript 中函数与对象的概念，以及在 JavaScript 中如何使用函数，并且还介绍了 JavaScript 中的内置对象和浏览器对象的使用方法。

第 16 章　JavaScript 中的事件，本章介绍 JavaScript 事件的概念和常用事件，并且通过实例练习的形式介绍常用 HTML 事件的使用方法和技巧。

第 17 章　JavaScript 综合应用案例，本章列举了多个在网页中常见的 JavaScript 特效案例进行分析讲解，使读者能够快速掌握网页中常见特效的实现方法。

本书由杨阳编著，另外张晓景、李晓斌、高鹏、胡敏敏、张国勇、贾勇、林秋、胡卫东、姜玉声、周晓丽、郭慧等人也参与了部分编写工作。本书在写作过程中力求严谨，由于作者水平所限，书中难免有疏漏和不足之处，希望广大读者批评、指正，欢迎与我们沟通和交流。QQ 群名称：网页设计与开发交流群；QQ 群号：705894157。

为了方便读者学习，本书为每个实例提供了教学视频，只要扫描一下书中实例名称旁边的二维码，即可直接打开视频进行观看，或者推送到自己的邮箱中下载后进行观看。本书配套的立体化学习资源中提供了书中所有实例的素材源文件、最终文件、教学视频和 PPT 课件，并附赠海量实用资源。读者在学习时可扫描下面的二维码，然后将内容推送到自己的邮箱中，即可下载获取相应的资源（注意：请将这几个二维码下的压缩文件全部下载完毕后，再进行解压，即可得到完整的文件内容）。

编　者

Search

目录▾ 🔍

## 第 15 章　JavaScript 中的函数与对象

# 第 ① 章 认识 HTML 与 HTML5

网页中包括的图像、动画、表单和多媒体等复杂的元素，其基础本质都是 HTML。随着互联网的飞速发展，网页设计语言也在不断地变化和发展，从 HTML 到 HTML5，每一次的发展变革都是为了适应互联网的需求。本章将介绍有关 HTML 和 HTML5 的基础知识，使读者对 HTML 的发展有所了解，并且理解 HTML5 与 HTML 之间有哪些共同点及有哪些改进。

**本章知识点:**
➢ 了解网站建设常用的软件和技术
➢ 了解 HTML
➢ 认识 HTML 的编辑环境和代码工具
➢ 了解 HTML5 的优势
➢ 理解并掌握 HTML5 的文档结构和语法规则
➢ 认识 HTML5 中新增的标签

## 1.1 了解动态网站的开发技术

网站不仅仅是把各种信息简单地堆积起来或者表达清楚就行，还要考虑通过各种设计手段和技术让受众能更多、更有效地接收网站页面中的各种信息。要想制作出精美的网站页面，需要综合运用各种网页制作工具和技术才能完成，本节将向读者简单地介绍网站开发常用的软件和技术。

### 1.1.1 网页编辑软件 Dreamweaver

Dreamweaver 是网页设计与制作领域中用户最多、应用广泛、功能强大的软件，无论是在国内还是在国外，它都受到专业网站开发人员的喜爱。Dreamweaver 可以用于网页的整体布局和设计，以及对网站的创建和管理，还提供了许多与编码相关的工具和功能，利用它可以轻而易举地制作出充满动感的网页。本书涉及的 HTML、CSS 和 JavaScript 都将在 Dreamweaver 中进行编写和处理，如图 1-1 所示。

图 1-1

## 1.1.2　网页标记语言 HTML

　　要想专业地进行网页的设计和编辑，最好还要具备一定的 HTML 语言知识。虽然现在有很多可视化的网页设计制作软件，但网页的本质都是 HTML 语言构成的，如果要想精通网页制作，必须要对 HTML 语言相当了解。HTML 语言示例如图 1-2 所示。

图 1-2

## 1.1.3　网页表现语言 CSS

　　如今的网页排版格式越来越复杂，很多效果都需要通过 CSS 样式来实现，即网页制作离不开 CSS 样式，采用 CSS 样式可以有效地对网页的布局、字体、颜色、背景和其他效果进行控制，只要对 CSS 样式代码做一些简单的编辑，就可以改变同一页面中不同部分或不同页面的外观和格式。使用 CSS 样式不仅可以制作出美观工整、令浏览者赏心悦目的网页，还能给网页添加许多神奇的效果。如图 1-3 所示为应用 CSS 样式的效果。

图 1-3

## 1.1.4　网页特效脚本语言 JavaScript

　　在网页设计中使用脚本语言，不仅可以减少网页的规模，提高网页的浏览速度，还可以丰富网页的表现力，因此脚本已成为网页设计中必不可少的一种技术。目前最常用的脚本有 JavaScript 和 VBScript 等，其中 JavaScript 是众多脚本语言中较为优秀的一种，是许多网页开发者首选的脚本语言。JavaScript 是一种描述性语言，它可以被嵌入 HTML 文件中。和 HTML 一样，用户可以用任何一种文本编辑工具对它进行编辑，并在浏览器中进行预览。如图 1-4 所示为使用 JavaScript 实现的网页特效。

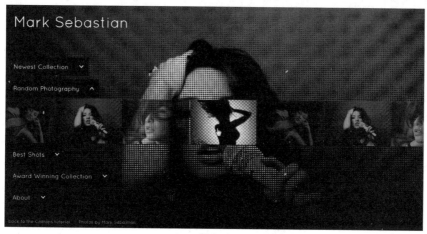

图 1-4

### 1.1.5　动态网页编程语言 ASP、PHP 和 JSP 等

随着互联网的快速发展，静态网站页面已经渐渐满足不了大多数网站的需求，需要通过动态网页设计语言来实现网站的交互操作和对网站内容的便捷管理。动态网站编程语言种类繁多，目前比较常用的有 ASP、PHP、JSP、CGI 和 ASP.NET 等。

ASP 是 Active Server Pages 的缩写，是 Microsoft 公司开发的 Web 服务器端脚本开发环境，利用它可以生成动态、高效的 Web 应用程序。ASP 就是嵌入了 ASP 脚本的 HTML 页面，它可以是 HTML 标签、文本和命令的任意组合。

PHP 全称为 Hypertext Preprocessor，同样是一种 HTML 内嵌式的服务器端语言，PHP 在 Windows 或 UNIX Like(UNIX、Linux、BSD 等 ) 平台下都能够运行，重要的是它的源代码是免费、开放的。

JSP 全称为 Java Server Pages，是由 Sun Microsystems 公司倡导，多家公司参与一起建立的一种动态网页技术标准。在传统的 HTML 网页文件中加入 Java 程序片段 (Scriptlet) 和 JSP 标记 (tag)，就构成了 JSP 网页，其文件扩展名称为 .jsp。

## 1.2　HTML 基础

HTML 主要运用标签使页面文件显示出预期的效果，也就是在文本文件的基础上，加上一系列的网页元素展示效果，最后形成扩展名为 .htm 或 .html 的文件。通过浏览器阅读 HTML 文件时，浏览器负责解释插入 HTML 文件中的各种标签，并以此为依据显示内容，将 HTML 语言编写的文件称为 HTML 文本，HTML 语言即网页的描述语言。

### 1.2.1　什么是 HTML

在介绍 HTML 语言之前，不得不介绍 World Wide Web( 万维网 )。万维网是一种建立在互联网上的全球性的、交互性的、动态多平台分布式图形信息系统。它采用 HTML 语法描述超文本 (Hypertext) 文件。Hypertext 一词有两个含义：一个是连接相关联的文件；另一个是内含多媒体对象的文件。

HTML 是英文 Hyper Text Markup Language 的缩写，它是一种文本类、解释执行的标记语言，是在标准一般化的标记语言 (SGML) 的基础上建立的。SGML 仅描述了定义一套标记语言的方法，而没有定义一套实际的标记语言。而 HTML 就是根据 SGML 制定的特殊应用。

　　HTML 语言是一种简易的文件交换标准，有别于物理的文件结构，旨在定义文件内的对象和描述文件的逻辑结构，而并不定义文件的显示。由于 HTML 所描述的文件具有极高的适应性，所以特别适用于万维网的环境。

　　HTML 于 1990 年被万维网所采用，至今经历了众多版本，主要由万维网联盟 (W3C) 主导其发展。而很多编写浏览器的软件公司也根据自己的需要定义 HTML 标签或属性，所以导致现在的 HTML 标准较为混乱。

　　由于 HTML 语言编写的文件是标准的 ASCII 文本文件，所以可以使用任何文本编辑器来打开 HTML 文件。

> **提示**
>
> 　　HTML 文件可以直接由浏览器解释执行，无须编译。当用浏览器打开网页时，浏览器读取网页中的 HTML 代码，分析其语法结构，然后根据解释的结果显示网页内容，正因为如此，网页显示的速度与网页代码的质量有很大的关系，保持精简和高效的 HTML 源代码是十分重要的。

## 1.2.2　HTML 的主要功能

　　HTML 语言作为一种网页编辑语言，易学易懂，能制作出精美的网页效果，其主要功能如下。

　　 利用 HTML 语言格式化文本。例如，设置标题、字体、字号、颜色；设置文本的段落、对齐方式等。

　　 利用 HTML 语言可以在页面中插入图像，使网页图文并茂，还可以设置图像的各种属性。例如大小、边框、布局等。

　　 利用 HTML 语言可以创建列表，将信息用一种易读的方式表现出来。

　　 利用 HTML 语言可以建立表格。表格为浏览者提供了快速找到需要信息的显示方式。

　　 利用 HTML 语言可以在页面中加入多媒体。可以在网页中加入音频、视频、动画，还能设定播放的时间和次数。

　　 利用 HTML 语言可以建立超链接。通过超链接检索在线的信息，只需用鼠标单击，就可连接到任何一处。

　　 利用 HTML 语言还可以实现交互式表单等效果。

## 1.2.3　HTML 的编辑环境

　　网页文件，即扩展名为 .htm 或 .html 的文件，本质上是文本类型的文件，网页中的图片、动画等资源是通过网页文件的 HTML 代码连接的，与网页文件分开存储。

　　由于 HTML 语言编写的文件是标准的 ASCII 文本文件，因此可以使用任意一种文本编辑器来打开或编辑 HTML 文件。例如，Windows 操作系统中自带的记事本或者专业的网页制作软件 Dreamweaver。

### 1. 记事本

　　HTML 是一个以文字为基础的语言，并不需要什么特殊的开发环境，可以直接在 Windows 操作系统自带的记事本中进行编辑，其优点是方便快捷，缺点是无任何语法提示、无行号提示和格式混乱等，初学者使用困难。

### 2. Dreamweaver

　　著名的网页设计制作软件，其优点是有所见即所得的设计视图，能够通过鼠标拖放直接创建并编辑网页文件，自动生成相应的 HTML 代码。Dreamweaver 的代码视图有非常完善的语法自动提示、自动完成和关键词高亮等功能。可以说，Dreamweaver 是一个非常全面的网页制作工具，在本书内容的讲解和制作过程中就是使用的 Dreamweaver 软件。

### 3. EditPlus

EditPlus 是一个非常优秀的代码编辑器，可以很方便地创建和编辑网页文件。其优点是方便快捷、有语法高亮、行号提示和 HTML 代码快捷插入等。缺点是无语法自动提示、无所见即所得的网页设计视图。专业的代码编辑器比较适合代码熟练的用户，并不适合初学者。

## 1.2.4　认识 Dreamweaver

Dreamweaver 软件自从推出以来就作为网页制作工具的标准被人们广泛应用，它的后续升级版本在功能方面都紧跟当前的网页发展趋势，为用户提供方便、快捷的网页设计制作方法。最新版的 Dreamweaver CC 2018 为设计和开发人员提供了强大的可视化布局工具、应用开发功能和代码编辑支持功能。如图 1-5 所示为最新版本的 Dreamweaver CC 2018 软件的工作界面。

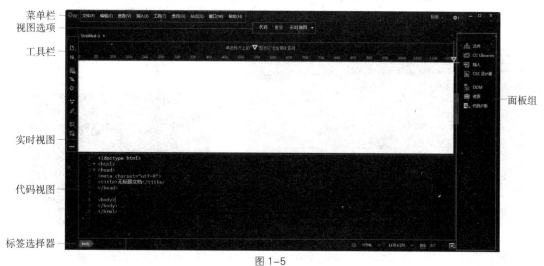

图 1-5

### 1. 菜单栏

菜单栏中包含所有 Dreamweaver 操作需要的命令。这些命令按照操作类别分为"文件""编辑""查看""插入""工具""查找""站点""窗口"和"帮助"9 个菜单。

### 2. 视图选项

在 Dreamweaver 中提供了 3 种视图窗口形式，分别是"代码视图""拆分视图"和"实时视图"，其中"实时视图"中还包含旧版本中的"设计视图"选项。默认我们通常使用"拆分视图"形式，这样可以在编写 HTML 代码的同时实时地查看页面的效果。

### 3. 实时视图

在"实时视图"窗口中显示当前制作页面的效果，也是可视化操作的窗口，可以使用各种工具，在该窗口中输入文字、插入图像等，是所见即所得的视图。

### 4. 代码视图

在"代码视图"窗口中将显示当前所编辑页面的 HTML 代码，可以直接在该窗口中进行 HTML 页面代码的编写操作。在"代码视图"中，Dreamweaver 通过不同的颜色对不同的 HTML 代码进行区别，并且在编写过程中实时为用户提供相应的提示，非常方便。

### 5. 工具栏

在 Dreamweaver 工作界面的左侧为用户提供了文档编辑操作的相关工具，可以实现对文档 HTML 代码的快速格式化处理、添加注释等操作，用户也可以自定义工具栏中所显示的工具选项。

### 6. 标签选择器

显示环绕当前选定内容的标签的层次结构。单击该层次结构中的任何标签，可以选择该标签及其全部内容。

### 7. 面板组

用于帮助用户进行监控和修改的工作。例如，"插入"面板、"CSS 设计器"面板。单击相应的面板名称，可以折叠或展开相应的工具面板。

| 实 战 | 制作第一个 HTML 页面 |
|---|---|
| 最终文件：最终文件\第 1 章\1-2-4.html | 视频：视频\第 1 章\1-2-4.mp4 |

**01** 打开 Dreamweaver，执行"文件">"新建"命令，弹出"新建文档"对话框，选择 HTML 选项，如图 1-6 所示。单击"创建"按钮，新建 HTML5 文件，在代码视图中可以看到文档的 HTML 代码，如图 1-7 所示。

图 1-6                 图 1-7

**02** 执行"文件">"保存"命令，弹出"另存为"对话框，将该网页保存为"源文件\第 1 章\1-2-4.html"，如图 1-8 所示。在页面的 <title> 与 </title> 标签之间输入网页的标题，如图 1-9 所示。

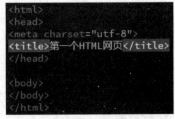

图 1-8                 图 1-9

**03** 在 <body> 标签中添加 style 属性设置代码，如图 1-10 所示。在 <body> 与 </body> 标签之间编写相应的网页正文内容代码，如图 1-11 所示。

```
<html>
<head>
<meta charset="utf-8">
<title>第一个HTML网页</title>
</head>

<body style="background-color:#b2e4e5; text-align:center; color:#036e70;">

</body>
</html>
```

图 1-10

```
<body style="background-color:#b2e4e5; text-align:center; color:#036e70;">
    <br>
    <br>
    <br>
    <br>
    <br>
    <img src="images/12401.png" alt="-">
    <br>
    <b>欢迎进入我们的网站设计工作室</b>
</body>
```

图 1-11

> **提示**
>
> 在 <body> 标签中添加 style 属性设置，实际上是 CSS 样式的一种使用方式，称为内联 CSS 样式。此处通过内联 CSS 样式设置页面整体的背景颜色、水平对齐方式和文字颜色。

**04** 完成该网页 HTML 代码的编写，执行"文件" > "保存"命令，保存网页，在浏览器中预览该网页，可以看到网页的效果，如图 1-12 所示。

图 1-12

> **技巧**
>
> Dreamweaver 是一款专业的网页制作软件。在该软件中新建 HTML 页面，会自动给出 HTML 文件结构的基础代码，编写 HTML 代码还具有代码提示等功能，非常适合初学者使用。

# 1.3  HTML5 基础

　　HTML5 是近十年来 Web 标准巨大的飞跃。和以前的版本不同，HTML5 并非仅仅用来表示 Web 内容，它的使命是将 Web 带入一个成熟的应用平台，在这个平台上，视频、音频、图像、动画，以及与计算机的交互都被标准化。HTML5 目前仍然处于发展的阶段，基于互联网的应用已经越来越丰富，同时也对互联网应用提出了更高的要求。

## 1.3.1  HTML5 概述

　　W3C 在 2010 年发布了 HTML5 的工作草案，并于 2014 年制定出完整的 HTML5 标准规范。HTML5 的工作组包括 AOL、Apple、Google、IBM、Microsoft、Mozilla、Nokia、Opera 以及数百个其他的开发商。制定 HTML5 的目的是取代 1999 年 W3C 所制定的 HTML4.01 和 XHTML1.0 标准，希望在网络应用迅速发展的同时，网页语言能够符合网络发展的需求。

HTML5 实际上是指包括 HTML、CSS 样式和 JavaScript 脚本在内的一整套技术的组合，希望通过 HTML5 能够轻松地实现许多丰富的网络应用需求，而减少浏览器对插件的依赖，并且提供更多能有效增强网络应用的标准集。

在 HTML5 中添加了许多新的应用标签，其中包括 <video>、<audio> 和 <canvas> 等标签，添加这些标签是为了使设计者能够更轻松地在网页中添加或处理图像和多媒体内容。其他新的标签还有 <section>、<article>、<header> 和 <nav>，这些新添加的标签是为了能够更加丰富网页中的数据内容。除了添加了许多功能强大的新标签和属性，同样还对一些标签进行了修改，以方便适应快速发展的网络应用。同时也有一些标签和属性在 HTML5 标准中已经被去除。

## 1.3.2　HTML5 的优势

对于用户和网站开发者而言，HTML5 的出现意义非常重大。因为 HTML5 解决了 Web 页面存在的诸多问题，HTML5 的优势主要表现在以下几个方面。

### 1. 化繁为简

HTML5 为了做到尽可能简化，避免了一些不必要的复杂设计。例如，DOCTYPE 声明的简化处理，在过去的 HTML 版本中，第一行的 DOCTYPE 过于冗长，在实际的 Web 开发中也没有什么意义，而在 HTML5 中 DOCTYPE 声明就非常简洁。

为了让一切变得简单，或避免造成误解，HTML5 对每一个细节都有非常明确的规范说明，不允许有任何的歧义和模糊出现。

### 2. 向下兼容

HTML5 有很强的兼容能力。在这方面，HTML5 没有颠覆性的革新，允许存在不严谨的写法。例如，一些标签的属性值没有使用英文引号括起来；标签属性中包含大写字母；有的标签没有闭合等。然而这些不严谨的错误处理方案，在 HTML5 的规范中都有明确的规定，也希望未来在浏览器中有一致的支持。当然对于 Web 开发者来说，还是遵循严谨的代码编写规范比较好。

对于 HTML5 的一些新特性，如果旧的浏览器不支持，也不会影响页面的显示。在 HTML 规范中，也考虑了这方面的内容。例如，在 HTML5 中 <input> 标签的 type 属性增加了很多新的类型，当浏览器不支持这些类型时，默认会将其视为 text。

### 3. 支持合理

HTML5 的设计者花费了大量的精力来研究通用的行为。例如，Google 分析了上百万份的网页，从中提取了 <div> 标签的 id 名称，很多网页开发人员都如下标记导航区域。

```
<div id="nav">
   // 导航区域内容
</div>
```

既然该行为已经大量存在，HTML5 就会想办法去改进，所以就直接增加了一个 <nav> 标签，用于网页导航区域。

### 4. 实用性

对于 HTML 无法实现的一些功能，用户会寻求其他方法来实现。例如，对于绘图、多媒体、地理位置和实时获取信息等应用，通常会开发一些相应的插件间接地去实现。HTML5 的设计者研究了这些需求，开发了一系列用于 Web 应用的接口。

HTML5 规范的制定是非常开放的，所有人都可以获取草案的内容，也可以参与进来提出宝贵的意见。因为开放，所以可以得到更加全面的发展，一切以用户需求为最终目的。所以，当用户在使用 HTML5 的新功能时，会发现正是期待已久的功能。

**5. 用户优先**

当遇到无法解决的冲突时，HTML5 规范把最终用户的诉求放在第一位。因此，HTML5 的绝大部分功能都是非常实用的。用户与开发者的重要性远远高于规范和理论。例如，有很多用户都需要实现一项新的功能，HTML5 规范的设计者们会研究这种需求，并纳入规范；HTML5 规范了一套错误处理机制，以便当 Web 开发者写了不够严谨的代码时，接纳这种不严谨的写法。HTML5 比以前版本的 HTML 更加友好。

## 1.4　认识 HTML5

HTML5 的语法结构和 HTML 的语法结构基本一致，下面将分别介绍 HTML5 的文档结构与基本语法。

### 1.4.1　HTML5 的文档结构

编写 HTML 文件时，必须遵循 HTML 的语法规则。一个完整的 HTML 文件由标题、段落、列表、表格、单词和嵌入的各种对象组成。这些逻辑上统一的对象统称为元素，HTML 使用标签来分隔并描述这些元素。实际上整个 HTML 文件就是由元素与标签组成的。

HTML 文件基本结构如下。

```
<html>                          <!--HTML 文件开始 -->
  <head>                        <!--HTML 文件的头部开始 -->
    头部内容
  </head>                       <!--HTML 文件的头部结束 -->
  <body>                        <!--HTML 文件的主体开始 -->
    主体内容
  </body>                       <!--HTML 文件的主体结束 -->
</html>                         <!--HTML 文件结束 -->
```

可以看到，代码分为以下 3 部分。

**1. <html>...</html>**

告诉浏览器 HTML 文件开始和结束，<html> 标签出现在 HTML 文件的第一行，用来表示 HTML 文件的开始。</html> 标签出现在 HTML 文件的最后一行，用来表示 HTML 文件的结束。两个标签一定要一起使用，网页中的所有其他内容都要放在 <html> 与 </html> 之间。

**2. <head>...</head>**

网页的头标签，用来定义 HTML 文件的头部信息，该标签也是成对使用的。

**3. <body>...</body>**

在 <head> 与 </head> 标签之后就是 <body> 与 </body> 标签，该标签也是成对出现的。<body> 与 </body> 标签之间为网页主体内容和其他用于控制内容显示的标签。

### 1.4.2　HTML5 的基本语法

绝大多数元素都有起始标签和结束标签，在起始标签和结束标签之间的部分是元素体。例如，<body>...</body>。每一个元素都有名称和可选的属性，元素的名称和属性都在起始标签内进行设置。

**1. 普通标签**

普通标签是由一个起始标签和一个结束标签组成的，其语法格式如下。

```
<x> 内容 </x>
```

其中，x 代表标签名称。<x> 和 </x> 就如同一组开关：起始标签 <x> 为开启某种功能，而结束标签 </x>（通常为起始标签加上一个斜线 /）为关闭功能，受控制的内容便放在两标签之间。例如下面的代码。

```
<b> 加粗文字 </b>
```

标签之中还可以附加一些属性，用来实现或完成某些特殊效果或功能。例如下面的代码。

```
<x a1="v1" a2="v2"...an="vn">内容 </x>
```

其中，a1,a2,...,an 为属性名称，而 v1,v2,...,vn 则是其所对应的属性值。属性值加不加引号，目前所使用的浏览器都可接受，但根据 W3C 的新标准，属性值是需要加引号的，所以最好养成加引号的习惯。

### 2. 空标签

虽然大部分的标签是成对出现的，但也有一些是单独存在的，这些单独存在的标签称为空标签，其语法格式如下。

```
<x>
```

同样，空标签也可以附加一些属性，用来完成某些特殊效果或功能。例如下面的代码。

```
<x a1="v1"a2="v2"...an="vn">
```

以及下面的代码。

```
<hr color="#0000FF">
```

### 1.4.3 HTML5 精简的头部

HTML5 避免了不必要的复杂性，DOCTYPE 和字符集都极大地简化了。

DOCTYPE 声明是 HTML 文件中必不可少的内容，它位于 HTML 文件的第一行，声明了 HTML 文件遵循的规范。HTML4.01 的 DOCTYPE 声明代码如下。

```
<!DOCTYPE HTML PUBLIC "-//W3C//DTD HTML 4.01 Transitional//EN" "http://www.w3.org/TR/html4/loose.dtd">
```

这么长的一串代码恐怕极少有人能够默写出来，通常都是通过复制、粘贴的方式添加这段代码。而在 HTML5 中的 DOCTYPE 代码则非常简单，如下所示。

```
<!DOCYPT html>
```

这样就简洁了许多，不需要再复制、粘贴代码。同时这种声明也标识性地让人感觉到这是符合 HTML5 规范的页面。如果使用了 HTML5 的 DOCTYPE 声明，则会触发浏览器以标准兼容的模式来显示页面。

字符集的声明也是非常重要的，它决定了页面文件的编码方式。在过去都是使用如下方式来指定字符集的。

```
<meta http-equiv="Content-Type" content="text/html; charset=utf-8">
```

HTML5 对字符集的声明也进行了简化处理，简化后的声明代码如下。

```
<meta charset="utf-8">
```

在 HTML5 中，以上两种字符集的声明方式都可以使用，这是由 HTML5 向下兼容的原则决定的。

## 1.5　HTML5 中新增的标签

在 HTML5 中新增了许多新的有意义的标签，为了方便学习和记忆，本节将对 HTML5 中新增的标签进行分类介绍。

## 1.5.1 结构标签

HTML5 中新增的结构标签说明如表 1–1 所示。

表 1-1　HTML5 新增的结构标签说明

| 标签 | 说明 |
|---|---|
| \<article\> | \<article\> 标签用于在网页中标识独立的主体内容区域，可用于论坛帖子、报纸文章、博客条目和用户评论等 |
| \<aside\> | \<aside\> 标签用于在网页中标识非主体内容区域，该区域中的内容应该与附近的主体内容相关 |
| \<section\> | \<section\> 标签用于在网页中标识文档的小节或部分 |
| \<footer\> | \<footer\> 标签用于在网页中标识页脚部分，或者内容区块的脚注 |
| \<header\> | \<header\> 标签用于在网页中标识页首部分，或者内容区块的标头 |
| \<nav\> | \<nav\> 标签用于在网页中标识导航部分 |

## 1.5.2 文本标签

HTML5 中新增的文本标签说明如表 1–2 所示。

表 1-2　HTML5 新增的文本标签说明

| 标签 | 说明 |
|---|---|
| \<bdi\> | \<bdi\> 标签在网页中允许设置一段文本，使其脱离其父元素的文本方向设置 |
| \<mark\> | \<mark\> 标签用于在网页中标识需要高亮显示的文本 |
| \<time\> | \<time\> 标签用于在网页中标识日期或时间 |
| \<output\> | \<output\> 标签在用于网页中标识一个输出的结果 |

## 1.5.3 应用和辅助标签

HTML5 中新增的应用和辅助标签说明如表 1–3 所示。

表 1-3　HTML5 新增的应用和辅助标签说明

| 标签 | 说明 |
|---|---|
| \<audio\> | \<audio\> 标签用于在网页中定义声音，如背景音乐或其他音频流 |
| \<video\> | \<video\> 标签用于在网页中定义视频，如电影片段或其他视频流 |
| \<source\> | \<source\> 标签为媒介标签 ( 如 video 和 audio)，用于在网页中定义媒介资源 |
| \<track\> | \<track\> 标签在网页中为如 video 元素之类的媒介规定外部文本轨道 |
| \<canvas\> | \<canvas\> 标签用于在网页中定义图形。例如，图标和其他图像。该标签只是图形容器，必须使用脚本来绘制图形 |
| \<embed\> | \<embed\> 标签用于在网页中标识来自外部的互动内容或插件 |

## 1.5.4 进度标签

HTML5 中新增的进度标签说明如表 1–4 所示。

表 1-4　HTML5 新增的进度标签说明

| 标签 | 说明 |
|---|---|
| \<progress\> | \<progress\> 标签用于在网页中标识任务进度显示的进度条 |
| \<meter\> | \<meter\> 标签可以显示进度条，在该标签中可以设置最大和最小值，并且可以根据 value 属性值来显示当前的进度位置 |

## 1.5.5 交互性标签

HTML5 中新增的交互性标签说明如表 1–5 所示。

表 1-5　HTML5 新增的交互性标签说明

| 标签 | 说明 |
|---|---|
| \<command\> | \<command\> 标签用于在网页中标识一个命令元素（单选、复选或者按钮）；当且仅当这个元素出现在 \<menu\> 标签里面时才会被显示，否则将只能作为键盘快捷方式的一个载体 |
| \<datalist\> | \<datalist\> 标签用于在网页中标识一个选项组，与 \<input\> 标签配合使用，来定义 input 元素可能的值 |

### 1.5.6　在文档和应用中使用的标签

HTML5 中新增的在文档和应用中使用的标签说明如表 1–6 所示。

表 1-6　在文档和应用中使用的标签说明

| 标签 | 说明 |
|---|---|
| \<details\> | \<details\> 标签用于在网页中标识描述文档或者文档某个部分的细节 |
| \<summary\> | \<summary\> 标签用于在网页中标识 \<details\> 标签内容的标题 |
| \<figcaption\> | \<figcaption\> 标签用于在网页中标识 \<figure\> 标签内容的标题 |
| \<figure\> | \<figure\> 标签用于在网页中标识一块独立的流内容（图像、图表、照片和代码等） |
| \<hgroup\> | \<hgroup\> 标签用于在网页中标识文档或内容的多个标题。用于将 h1 至 h6 元素打包，优化页面结构在 SEO 中的表现 |

### 1.5.7　\<ruby\> 标签

HTML5 中新增的 \<ruby\> 标签说明如表 1–7 所示。

表 1-7　\<ruby\> 标签说明

| 标签 | 说明 |
|---|---|
| \<ruby\> | \<ruby\> 标签用于在网页中标识 ruby 注释（中文注音或字符） |
| \<rp\> | \<rp\> 标签在 ruby 注释中使用，以定义不支持 \<ruby\> 标签的浏览器所显示的内容 |
| \<rt\> | \<rt\> 标签用于在网页中标识字符（中文注音或字符）的解释或发音 |

### 1.5.8　其他标签

HTML5 中新增的其他标签说明如表 1–8 所示。

表 1-8　其他标签说明

| 标签 | 说明 |
|---|---|
| \<keygen\> | \<keygen\> 标签用于标识表单密钥生成器元素。当提交表单时，私密钥存储在本地，公密钥发送到服务器 |
| \<wbr\> | \<wbr\> 标签用于标识单词中适当的换行位置，可以用该标签为一个长单词指定合适的换行位置 |

## 1.6　HTML5 中废弃的标签

在 HTML5 中也废弃了一些以前 HTML 中的标签，主要是以下几个方面的标签。

### 1. 可以使用 CSS 样式替代的标签

在 HTML5 之前的一些标签中，有一部分是纯粹用作显示效果的标签。而 HTML5 延续了内容与表现分离，对于显示效果更多地交给 CSS 样式去完成。所以，在这方面废弃的标签有 \<basefont\>、\<big\>、\<center\>、\<font\>、\<s\>、\<strike\>、\<tt\> 和 \<u\>。

### 2. 不再支持 frame 框架

由于 frame 框架对网页可用性存在负面影响，因此在 HTML5 中已经不再支持 frame 框架，但是支持 iframe 框架。所以 HTML5 中废弃了 frame 框架的 <frameset>、<frame> 和 <noframes> 标签。

### 3. 其他废弃标签

在 HTML5 中其他被废弃的标签主要是因为有了更好的替代方案。

废弃 <bgsound> 标签，可以使用 HTML5 中的 <audio> 标签替代。

废弃 <marquee> 标签，可以在 HTML5 中使用 JavaScript 程序代码来实现。

废弃 <applet> 标签，可以使用 HTML5 中的 <embed> 和 <object> 标签替代。

废弃 <rb> 标签，可以使用 HTML5 中的 <ruby> 标签替代。

废弃 <acronym> 标签，可以使用 HTML5 中的 <abbr> 标签替代。

废弃 <dir> 标签，可以使用 HTML5 中的 <ul> 标签替代。

废弃 <isindex> 标签，可以使用 HTML5 中的 <form> 和 <input> 标签结合的方式替代。

废弃 <listing> 标签，可以使用 HTML5 中的 <pre> 标签替代。

废弃 <xmp> 标签，可以使用 HTML5 中的 <code> 标签替代。

废弃 <nextid> 标签，可以使用 HTML5 中的 GUIDS 替代。

废弃 <plaintext> 标签，可以使用 HTML5 中的 "text/plain" MIME 类型替代。

## 1.7 HTML、CSS 与 JavaScript 的结合

网页中包括文本、图像、动画、多媒体和表单等多种复杂的元素，但是其基础架构仍然是 HTML 语言。HTML 是互联网用于设计网页的主要语言，注意 HTML 只是一种标记语言，与其他程序设计语言不同的是，HTML 只能建议浏览器以什么方式或结构显示网页内容。HTML 相对比较简单，初学者只要掌握 HTML 的一些常用标签即可。

CSS 样式是为了弥补 HTML 的不足而出现的，最初 HTML 是可以标记页面中的标题、段落、表格和链接等格式的。但是随着网络的发展，用户需求的增加，HTML 越来越不能满足不同页面表现的需求。为了解决这个问题，1997 年 W3C 颁布 HTML4 标准的同时也公布了有关样式表的第一个标准 CSS1。随着网络的发展，CSS 样式又得到了更多的完善、充实和发展，目前最新的 CSS 样式版本为 CSS3，其功能也越来越强大。

随着网络的普及，用户对网站的要求越来越高，已经不再满足于使用 HTML 和 CSS 样式配合制作出的静态页面，需要有更多的交互性，使网页使用更方便，浏览过程更有趣。出于这样的需求，JavaScript 在网页中的应用越来越广泛，JavaScript 用于开发 Internet 客户端的应用程序，它可以与 HTML 和 CSS 样式相结合，实现在网页中与浏览者进行交互的功能。

# 第 2 章 HTML 主体标签

HTML 网页文件是组成网站的基本单位，有完整的结构。本章从 HTML 的主体标签入手，全面开始对 HTML 中的标签及其相关属性进行学习。通过本章的学习，读者将掌握 HTML 文件的头部信息设置和页面主体的基本设置。

**本章知识点：**
> 了解 HTML 的主体标签
> 理解并掌握 <meta> 标签的设置与使用方法
> 掌握主体标签 <body> 中相关属性的设置方法
> 了解在 HTML 代码中添加注释的方法
> 理解并掌握在 HTML 代码中调用外部 JavaScript 程序的方法

## 2.1 HTML 头部 <head> 标签设置

通过前面的学习，了解到 HTML 的基本结构分为 <head></head> 部分和 <body></body> 部分。head 的中文意思即头部，因此一般把 <head></head> 部分称为网页的头部信息。头部信息部分的内容虽然不会在网页中显示，但它能影响网页的全局设置。

### 2.1.1 <title> 标签

网页标题与文章标题的性质是一样的，它们都表示重要的信息，允许用户快速浏览网页，找到他们需要的信息。网页标签的设置是很重要的，因为网站访问者并不总是阅读网页上的所有文字。为网页设置标题，只需要在 HTML 文件的头部 <title></title> 标签之间输入标题信息就可以在浏览器上显示。

网页的标题只有一个，位于 HTML 文件的头部 <head> 与 </head> 标签之间，<title> 标签的基本语法如下。

```
<head>
<title>...</title>
</head>
```

**实 战** 设置网页标题

最终文件：最终文件\第 2 章\2-1-1.html　　　视频：视频\第 2 章\2-1-1.mp4

01 打开页面"源文件\第 2 章\2-1-1.html"，可以看到页面的 HTML 代码，如图 2-1 所示。在浏览器中预览该页面，网页的标签默认为"无标题文档"，如图 2-2 所示。

02 返回网页的 HTML 代码中，在页面头部的 <title> 与 </title> 标签之间输入网页的标题，如图 2-3 所示。执行"文件" > "保存"命令，保存该页面，在浏览器中预览页面，可以看到设置的网页标题，如图 2-4 所示。

图 2-1

图 2-2

图 2-3

图 2-4

> **提示**
>
> 　　在为网页设置标题时，首先要明确网站的定位，哪些关键词能够吸引浏览者的注意，选择几个能够概括网站内容和功能的词语作为网页的标题，这样可以使浏览者在看到网页标题时就能了解网页包含的大体内容。

> **技巧**
>
> 　　标题向浏览者提供了网页的内容信息，方便浏览者对页面的选择。读者可以在标题栏加入●、★等一些特殊符号，以增加网页的个性化。

## 2.1.2　<base> 标签

　　<base> 标签用于设置网页的基底地址，基底地址的实质是统一设置当前 HTML 页面中的超链接，<base> 标签有两个属性，即 href 属性和 _target 属性，<base> 标签的基本语法如下。

```
<base href=" 文件路径 " target=" 目标窗口 ">
```

　　<base> 标签中的属性说明如表 2-1 所示。

表 2-1　<base> 标签属性说明

| 属性 | 说明 |
| --- | --- |
| href | 该属性用于设置网页基底地址，可以是相对路径，也可以是绝对路径 |
| target | 该属性用于设置网页基底地址的目标窗口打开方式 |

　　通过网页基底网址的设置，页面中所有的相对网站根目录地址可转换为绝对地址。例如，在页面头部的 <head> 与 </head> 标签之间添加如下的 <base> 标签设置。

```
<base href="http://www.xxx.com" target="_blank">
```

　　通过上述代码对网页基底地址的设置，在当前 HTML 页面中的默认超链接地址，都将在其前面加上 http://www.xxx.com，即转换为绝对地址。并且页面中的超链接的打开方式都是打开新窗口。

**实 战 设置网页基底网址**

最终文件：最终文件\第 2 章\2-1-2.html　　　视频：视频\第 2 章\2-1-2.mp4

**01** 打开页面"源文件\第 2 章\2-1-2.html"，可以看到该页面的 HTML
代码，如图 2-5 所示。在浏览器中预览该页面，当单击页面中设置了超链接的文字时，会在当前浏览器窗口中打开所链接的页面，如图 2-6 所示。

图 2-5　　　　　　　　　　　　　图 2-6

**02** 在页面中的 `<head>` 与 `</head>` 标签之间加入 `<base>` 标签的设置代码，如图 2-7 所示。执行"文件" > "保存"命令，保存该页面，在浏览器中预览页面，单击"了解更多详情"超链接，可以看到所链接的页面会在新的浏览器窗口中打开，如图 2-8 所示。

图 2-7　　　　　　　　　　　　　图 2-8

**技巧**

在本实例中，在 `<base>` 标签中设置超链接打开方式为新开窗口，则页面中所有超链接的打开方式都会自动转换为新开窗口的打开方式。

### 2.1.3　`<meta>` 标签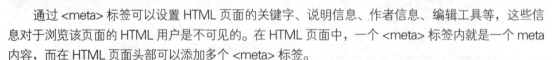

通过 `<meta>` 标签可以设置 HTML 页面的关键字、说明信息、作者信息、编辑工具等，这些信息对于浏览该页面的 HTML 用户是不可见的。在 HTML 页面中，一个 `<meta>` 标签内就是一个 meta 内容，而在 HTML 页面头部可以添加多个 `<meta>` 标签。

**1. 设置网页关键字**

关键字是描述网页的产品及服务的词语，选择合适的关键字是建立一个高排名网站的第一步。选择关键字的一个重要的技巧是选取那些人们在搜索时经常用到的关键字。

设置网页关键字的基本语法如下。

`<meta name="keywords" content=" 输入具体的关键字 ">`

在该语法中，name 为属性名称，这里是 keywords，也就是设置网页的关键字属性，而在

content 中则定义具体的关键字。

### 2. 设置网页说明

网页说明为搜索引擎提供关于这个网页的总体概括性描述。网页的说明标签是由一两个词语或段落组成的，内容一定要有相关性，描述不能太短、太长或过分重复。

设置网页说明的基本语法如下。

```
<meta name="description" content=" 设置网页说明 ">
```

在该语法中，name 为属性名称，这里设置为 description，也就是设置网页说明，在 content 中定义具体的描述语言。

> **提示**
>
> 在为网页设置说明信息时，需要注意几个误区。①不要将网页中所有内容都复制到网页说明中。②网页说明内容一定要与网页的主题和内容相关。③尽量不要设置一些过于宽泛的描述信息。④在同一个网站中，不同的页面尽量使用不同的网页说明内容，说明当前网页中的主要内容和主题，不要将所有网页都设置相同的说明内容，这样不利于网站的优化。

### 3. 设置网页编码格式

网页的编码格式在网站中起着很重要的作用，因为每种编码格式的兼容性都存在差异，如果设置不好，容易出现乱码等问题。

在 Dreamweaver 中，新建网页会默认设置网页编码格式为 utf-8，在日益国际化的网站开发领域中，为了字符集的统一，建议 charset 值采用 utf-8。

### 4. 设置网页刷新

在浏览网页时经常会看到一些欢迎信息的网页，经过一段时间后，页面会自动跳转到其他页面，这样的效果就可以通过设置网页刷新来实现。

设置网页刷新的基本语法如下。

```
<meta http-equiv="refresh" content=" 跳转时间 ; URL= 跳转到的地址 ">
```

在该语法中，refresh 表示网页刷新，而在 content 中设置刷新的事件和刷新后的链接地址，时间和链接地址之间用分号相隔，默认情况下，跳转时间以秒为单位。

### 5. 设置网页作者信息

在 <meta> 标签中还可以设置网页制作者的信息。

设置网页作者信息的基本语法如下。

```
<meta name="author" content=" 作者姓名 ">
```

在该语法中，name 为属性名称，这里是 author，也就是设置作者信息，而在 content 中则定义具体的信息。

### 6. 设置网页编辑软件信息

现在有很多编辑软件都可以制作网页，在源代码头部可以设置网页编辑软件的名称，编辑工具也只是在页面的源代码中可以看到，而不会显示在浏览器中。

设置编辑软件信息的基本语法如下。

```
<meta name="genrator" content=" 编辑软件的名称 ">
```

在该语法中，name 为属性名称，这里是 genrator，也就是设置编辑软件，而在 content 中则定义具体的编辑工具名称。

**实 战** 设置网页关键字、说明以及页面定时跳转

最终文件：最终文件\第2章\2-1-3.html　　　视频：视频\第2章\2-1-3.mp4

01 打开页面"源文件\第2章\2-1-3.html"，可以看到该页面的 HTML 代码，如图 2-9 所示。在 <head> 与 </head> 标签之间添加 <meta> 标签设置网页关键字，如图 2-10 所示。

图 2-9　　　　　　　　　　　　　　　　　　　　图 2-10

**技巧**

要选择与网站或页面主题相关的文字；选择具体的词语，别寄希望于行业或笼统词语；揣摩用户会用什么行为作为搜索词，把这些词放在网页上或直接作为关键字；关键字可以不止一个，最好根据不同的页面指定不同的关键字组合，这样页面被搜索到的概率将大大增加。

02 在 <head> 与 </head> 标签之间添加 <meta> 标签设置网页说明，如图 2-11 所示。在 <head> 与 </head> 标签之间添加 <meta> 标签设置网页作者信息，如图 2-12 所示。

图 2-11　　　　　　　　　　　　　　　　　　　　图 2-12

03 在 <head> 与 </head> 标签之间添加 <meta> 标签设置网页编辑软件，如图 2-13 所示。在 <head> 与 </head> 标签之间添加 <meta> 标签设置网页定时跳转，如图 2-14 所示。

图 2-13　　　　　　　　　　　　　　　　　　　　图 2-14

04 完成网页基本信息的设置，可以看到页面 <head> 与 </head> 标签之间的代码。

```
<head>
  <meta charset="utf-8">
  <meta name="keywords" content=" 婴儿用品，母婴护肤，宝宝沐浴 ">
  <meta name="description" content=" 专业婴儿用品研发生产企业 ">
  <meta name="author" content=" 小李 ">
  <meta name="generator" content="Dreamweaver CC">
  <meta http-equiv="refresh" content="10;URL=http://www.baidu.com">
  <title> 设置网页关键字、说明以及页面定时跳转 </title>
  <link href="style/2-1-3.css" rel="stylesheet" type="text/css">
</head>
```

**提示**

页面头部 <head> 与 </head> 标签之间的 <meta charset="utf-8"> 是在新建 HTML5 页面时自动添加的，该 meta 元素用于设置该 HTML 文件的编码格式。

**05** 执行"文件">"保存"命令,保存该页面,在浏览器中预览页面,所添加的头部信息内容不会在网页中显示,效果如图 2-15 所示。当在浏览器中打开该页面 10 秒后,页面将自动跳转到所设置的页面,此处将跳转到"百度"网站首页面,如图 2-16 所示。

图 2-15

图 2-16

**技巧**

在 <meta> 标签中将 http-equiv 属性设置为 refresh,不仅可以实现网页的跳转,还可以实现网页的自动刷新。例如,设置网页 10 秒自动刷新,则添加的代码是 <meta http-equiv="refresh" content="10">。

# 2.2　HTML 主体 <body> 标签设置

主体即 HTML 结构中的 <body> 与 </body> 标签之间的部分,这部分内容是直接显示在页面中的,本节将向读者介绍 <body> 标签中的相关属性设置,读者可以边学习边通过练习操作快速理解相应属性的作用。

## 2.2.1　边距属性 margin

通常新建一个页面并在页面中制作相应的内容时,会发现网页中的内容并没有紧挨着浏览器的顶部和左侧进行显示。这是因为 HTML 页面在默认情况下,内容与页面的边界有一定距离,所以在制作网页时首先要将边距清除。

清除页面边距的方法很多,可以使用 CSS 样式中的 margin 属性,也可以直接在 <body> 标签中添加上、右、下、左 4 边的边距属性。<body> 标签中的边距属性 margin 的基本语法如下。

```
<body topmargin=" 值 " rightmargin=" 值 " bottommargin=" 值 " leftmargin=" 值 ">
```

通过为 topmargin、rightmargin、bottommargin 和 leftmargin 属性设置不同的属性值,来控制页面内容与浏览器边界之间的距离。默认情况下,边距的值以像素为单位。<body> 标签中边距属性说明如表 2-2 所示。

表 2-2　<body> 标签中边距属性说明

| 属性 | 说明 |
| --- | --- |
| topmargin | 该属性用于设置内容到浏览器上边界的距离 |
| rightmargin | 该属性用于设置内容到浏览器右边界的距离 |
| bottommargin | 该属性用于设置内容到浏览器下边界的距离 |
| leftmargin | 该属性用于设置内容到浏览器左边界的距离 |

**实战** 设置网页整体内容边距

最终文件：最终文件\第2章\2-2-1.html 　　视频：视频\第2章\2-2-1.mp4

**01** 打开页面"源文件\第2章\2-2-1.html"，可以看到该页面的 HTML
代码，如图 2-17 所示。转换到该网页的设计视图中，可以看到该网页的整体边距，如图 2-18 所示。

图 2-17

图 2-18

图 2-19

**02** 在浏览器中预览页面，可以看到默认情况下
页面的边距不为 0，所以在页面四周出现空白区域，如
图 2-19 所示。切换到代码视图中，在 \<body\> 标签中
添加页面边距设置代码，如图 2-20 所示。

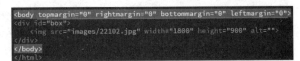

图 2-20

---

**提示**

　　默认情况下，HTML 页面的主体 \<body\> 标签的边距不为 0，这样就会使页面内容看上去在边界部分留有缝隙，
不美观。所以，通常情况下，都需要将页面的边距设置为 0，当然也有一些特殊的页面情况，需要设置相应的边距值，
这就需要灵活掌握。

---

**03** 切换到设计视图中，可以看到完成页面边距设置后的效果，如图 2-21 所示。执行"文件">"保
存"命令，保存该页面，在浏览器中预览页面，效果如图 2-22 所示。

图 2-21

图 2-22

## 2.2.2　背景颜色属性 bgcolor

默认新建的 HTML 页面背景颜色都是白色的，但是每个网站页面有不同的风格和特点，背景颜色自然也需要不同的设置，不同的网页背景颜色，更符合网页的主题并与网页的整体风格相统一。

在 `<body>` 标签中添加 bgcolor 属性，即可为 HTML 页面设置相应的背景颜色，bgcolor 属性的基本语法如下。

```
<body bgcolor=" 背景颜色 ">
```

背景颜色值有两种表示方法，一种是使用颜色名称表示，例如，红色和蓝色分别使用 red 和 blue 表示。另一种是使用十六进制格式颜色值 #RRGGBB 来表示，RR、GG 和 BB 分别表示颜色中的红、绿和蓝三基色的两位十六进制数值。

**实 战　设置网页背景颜色**

最终文件：最终文件 \ 第 2 章 \2-2-2.html　　视频：视频 \ 第 2 章 \2-2-2.mp4

**01** 打开页面"源文件 \ 第 2 章 \2-2-2.html"，可以看到该页面的 HTML 代码，如图 2-23 所示。在浏览器中预览该页面，可以看到该页面显示默认的白色背景，效果如图 2-24 所示。

图 2-23　　　　　　　　　　　　　　　　　图 2-24

**02** 在 `<body>` 标签中添加 bgcolor 属性设置代码，设置网页的背景颜色，如图 2-25 所示。执行"文件">"保存"命令，保存该页面，在浏览器中预览页面，可以看到为网页设置背景颜色的效果，如图 2-26 所示。

图 2-25　　　　　　　　　　图 2-26

## 2.2.3　背景图像属性 background

在 `<body>` 标签中除了可以设置网页的背景色以外，通过 background 属性还可以设置网页的背景图像，网页可使用 JPEG、GIF 和 PNG 格式图像作为页面的背景图像。背景图像属性 background 的基本语法如下。

```
<body background=" 图片的地址 ">
```

在该语法中，background 属性值就是背景图像的路径和文件名。图像地址可以是相对地址，也可以是绝对地址。在默认情况下，为网页设置的背景图像按照水平和垂直的方向不断重复出现，直

HTML5+CSS3+JavaScript 网页设计与制作全程揭秘

**实战 为网页主体添加背景图像**

最终文件：最终文件\第 2 章\2-2-3.html 视频：视频\第 2 章\2-2-3.mp4

**01** 打开页面"源文件\第 2 章\2-2-3.html"，可以看到该页面的 HTML 代码，如
图 2-27 所示。在浏览器中预览页面，可以看到页面显示为白色的纯色背景颜色，效果如图 2-28 所示。

图 2-27　　　　　　　　　　　　图 2-28

**02** 返回网页的 HTML 代码中，在 <body> 标签中
添加 background 属性设置代码，设置网页的背景图像，
如图 2-29 所示。执行"文件">"保存"命令，保存该
页面，在浏览器中预览页面，可以看到为网页所设置的
背景图像的效果，如图 2-30 所示。

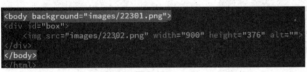

图 2-29　　　　　　　　　　　　

图 2-30

> **提示**
>
> 背景图像一定要与网页中的插图和文字的颜色相协调，才能达到美观的效果。为了保证浏览器载入网页的速度，
> 建议尽量不要使用容量过大的图像作为网页背景图像。

> **技巧**
>
> 在 <body> 标签中使用 background 为网页设置背景图像时，所设置的背景图像会在网页中的水平和垂直方向上
> 平铺。如果需要对背景图像进行更加全面的设置，则可以使用 CSS 样式来实现，通过 CSS 样式可以设置背景图像的
> 平铺方式、定位等。

## 2.2.4 文字属性 text

无论网页技术如何发展，文本内容始终是网页的核心内容。对于文字本身的修饰似乎更加吸引人。
通过 text 属性可以对 <body> 与 </body> 标签之间的所有文本颜色进行设置，文本属性 text 的基本语法如下。

`<body text=" 文字颜色 ">`

在该语法中，text 的属性值与设置页面背景颜色相同。

最终文件：最终文件 \ 第 2 章 \2-2-4.html　　视频：视频 \ 第 2 章 \2-2-4.mp4

01 打开页面"源文件 \ 第 2 章 \2-2-4.html"，可以看到该页面的 HTML 代码，如图 2-31 所示。在浏览器中预览该页面，可以看到页面中默认的文字颜色为黑色，如图 2-32 所示。

图 2-31

图 2-32

02 在 <body> 标签中添加 text 属性设置代码，设置网页中的文字颜色为白色，如图 2-33 所示。执行"文件">"保存"命令，保存该页面，在浏览器中预览页面，效果如图 2-34 所示。

图 2-33

图 2-34

**提示**

　　在 <body> 标签中没有直接定义网页字体、字体大小等其他文字效果的属性，只有 text 属性用于定义网页文字的默认颜色，如果需要定义其他的字体效果，可以通过 CSS 样式来实现。例如在本实例中，预先使用 CSS 样式设置页面中的字体、字体大小等属性。

## 2.2.5　默认链接属性 link

　　在网页中，除了文字和图片，超链接也是最常用的一种元素。超链接中以文字链接居多，在默认情况下，浏览器以蓝色作为超链接文字的颜色，访问过的文字则变为暗红色。链接是网站中使用比较频繁的 HTML 元素，因为网站中的各页面都是由链接串接而成的，通过对 link 属性进行设置，可以定义默认的没有单击过的链接文字颜色。

　　设置默认链接文字的基本语法如下。

`<body link=" 颜色值 ">`

　　使用 alink 属性可以设置鼠标单击超链接时的文字颜色，其基本语法如下。

`<body alink=" 颜色值 ">`

　　使用 vlink 属性可以设置已访问过的超链接的文字颜色，其基本语法如下。

`<body vlink=" 颜色值 ">`

link、alink 和 vlink 属性的设置与前面几个设置颜色的参数类似，都是与 <body> 标签放置在一起，表明它对网页中所有未单独设置的元素起作用。

**实战 设置网页中超链接文字的默认颜色**

最终文件：最终文件＼第 2 章＼2-2-5.html　　视频：视频＼第 2 章＼2-2-5.mp4

**01** 打开页面 "源文件＼第 2 章＼2-2-5.html"，转换到该网页的 HTML 代码中，可以看到该页面的 HTML 代码，如图 2-35 所示。在浏览器中预览页面，可以看到页面中默认的超链接文字显示为蓝色带有下画线的效果，如图 2-36 所示。

```html
1  <!doctype html>
2  <html>
3  <head>
4  <meta charset="utf-8">
5  <title>设置网页中超链接文字的默认颜色</title>
6  <link href="style/2-2-5.css" rel="stylesheet" type="text/css">
7  </head>
8
9  <body>
10 <div id="text">
11     <img src="images/22503.png" alt="logo">
12     <br>
13     <a href="#">进入网站 →</a>
14 </div>
15 <div id="bottom"></div>
16 </body>
17 </html>
18
```

图 2-35

图 2-36

**提示**

在默认情况下，网页中的超链接文字显示为蓝色有下画线的效果，访问过的文字颜色变为暗红色，可以通过 CSS 样式全面地设置超链接在不同状态中的效果。

**02** 返回网页的 HTML 代码中，在 <body> 标签中添加 link 属性设置代码，设置网页中超链接文字的默认颜色，如图 2-37 所示。执行 "文件" > "保存" 命令，保存该页面，在浏览器中预览页面，可以看到网页中超链接文字颜色变成黄色，如图 2-38 所示。

```html
<body link="#E19B26">
<div id="text">
    <img src="images/22503.png" alt="logo">
    <br>
    <a href="#">进入网站 →</a>
</div>
<div id="bottom"></div>
</body>
</html>
```

图 2-37

图 2-38

**03** 继续在 <body> 标签中添加 alink 属性设置代码，设置当单击超链接文字时的颜色，如图 2-39 所示。保存该页面，在浏览器中预览页面，单击超链接文字，可以看到文字颜色变成白色，如图 2-40 所示。

```html
<body link="#E19B26" alink="#FFFFFF">
<div id="text">
    <img src="images/22503.png" alt="logo">
    <br>
    <a href="#">进入网站 →</a>
</div>
<div id="bottom"></div>
</body>
</html>
```

图 2-39

图 2-40

继续在 <body> 标签中添加 vlink 属性设置代码，设置访问后的超链接文字颜色，如图 2-41 所示。保存该页面，在浏览器中预览页面，单击超链接文字后，可以看到网页中超链接文字变成橙红色，如图 2-42 所示。

```html
<body link="#E19B26" alink="#FFFFFF" vlink="#FF3300">
<div id="text">
    <img src="images/22503.png" alt="logo">
    <br>
    <a href="#"> 进入网站 → </a>
</div>
<div id="bottom"></div>
</body>
</html>
```

图 2-41

图 2-42

## 2.3　在 HTML 代码中添加注释

通过前面的学习，知道 HTML 代码由浏览器进行解析，从而呈现出丰富多彩的网页，如果有些代码或文字既不需要浏览器解析，也不需要呈现在网页上，这种情况通常为代码注释，即对某段代码进行解释说明，以便于维护。

在网页中，除了以上基本元素外，还包含一种不显示在页面中的元素，那就是代码的注释文字。适当的注释可以帮助用户更好地了解网页中各个模块的划分，也有助于以后对代码的检查和修改。给代码加注释，是一种很好的编程习惯。

添加注释的基本语法如下。

```html
<!-- 注释的文字 -->
```

注释文字的标记很简单，只要在语法中"注释的文字"的位置上添加需要的内容即可。

## 2.4　在 HTML 中调用外部程序

一个完整的网站开发离不开程序，网站的程序分为服务器端和客户端（浏览器端），为了以后更深入地学习网站技术，本节简单介绍程序和 HTML 代码的联系。

### 2.4.1　调用外部 JavaScript 程序

JavaScript 技术是网页制作中非常重要的技术之一，通常 JavaScript 脚本代码都需要编写在 HTML 页面的 <head> 与 </head> 标签之间。在很多网站中，部分 JavaScript 程序是许多网页共用的，这时 JavaScript 程序必须以单独的文件形式独立于网页，在需要使用该 JavaScript 程序的网页文件中调用该 JavaScript 程序。

调用外部 JavaScript 程序文件的基本语法格式如下。

```html
<script src="JavaScript 程序文件"></script>
```

**实战　在网页中显示当前系统时间**

最终文件：最终文件\第 2 章\2-4-1.html　　视频：视频\第 2 章\2-4-1.mp4

执行"文件" > "新建"命令，弹出"新建文档"对话框，选择 JavaScript 选项，单击"创建"按钮，新建一个 JavaScript 文件，如图 2-43 所示。在该 JavaScript 文件中编写 JavaScript 脚本代码，将该文件保存为"源文件\第 2 章\date.js"，如图 2-44 所示。

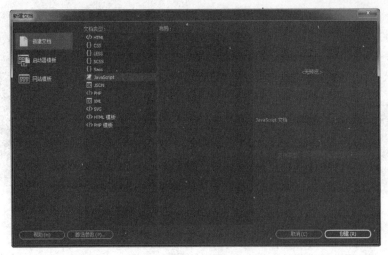

图 2-43

**02** 执行"文件" > "打开"命令，打开页面"源文件 \ 第 2 章 \2-4-1.html"，可以看到该网页的 HTML 代码，如图 2-45 所示。在浏览器中预览该页面，效果如图 2-46 所示。

```
// JavaScript Document
setInterval("text.innerHTML=new Date().toLocaleString()+'星
期'+'日一二三四五六'.charAt(new Date().getDay());",1000);
```

图 2-44

```
1  <!doctype html>
2  <html>
3  <head>
4  <meta charset="utf-8">
5  <title>在网页中显示当前系统时间</title>
6  <link href="style/2-4-1.css" rel="stylesheet" type="text/css">
7  </head>
8
9  <body>
10 <div id="box">
11    <div id="text">
12        此处显示 id "text" 的内容
13    </div>
14 </div>
15 </body>
16 </html>
17
```

图 2-45

图 2-46

**03** 将光标移至 <div id="text"> 与 </div> 标签之间，将多余文字删除，在 <head> 与 </head> 标签之间添加 <Script> 标签调整外部 JavaScript 文件，如图 2-47 所示。执行"文件 > 保存"命令，保存该页面，在浏览器中预览页面，可以看到在网页中显示当前系统时间，如图 2-48 所示。

```
<html>
<head>
<meta charset="utf-8">
<title>在网页中显示当前系统时间</title>
<link href="style/2-4-1.css" rel="stylesheet" type="text/css">
<script type="text/javascript" src="date.js"></script>
</head>

<body>
<div id="box">
    <div id="text">

    </div>
</div>
</body>
</html>
```

图 2-47

图 2-48

提示

在 HTML 页面中调用外部 JavaScript 程序文件时，需要使用正确的调用标签 <script>，src 属性用于设置所调用的外部 JavaScript 程序文件的路径和文件名，可以使用相对路径，也可以使用绝对路径，并且 <script> 标签必须添加其关闭标签 </script>。

## 2.4.2　区分客户端与服务器端程序

上一节的 JavaScript 程序属于网络技术中的客户端程序（浏览器端程序），而动态网页技术的程序属于服务器端程序。

所谓客户端程序，即程序在浏览者的系统中运行并得出结果；服务器端程序，即程序在网站服务器的系统中运行，得出的结果发给浏览者。

由于客户端程序（浏览器端程序）需要在浏览者的系统中运行，而 JavaScript 属于脚本语言，所以 JavaScript 的源代码暴露在 HTML 的源代码中。服务器端的程序（如 ASP、PHP 等）在服务器已经完成运行，得出结果，所以发送到浏览器端的 HTML 页面是看不到程序源代码的。

由于 JavaScript 的源代码暴露在 HTML 页面中，对于初学者，可以从优秀网页的 HTML 源代码中很方便地学习 JavaScript 程序。

# 第 3 章 文字与图片标签的应用

文字与图片是网页中最基本的元素，任何网页都不可缺少，文字与图片是网页视觉传达最直接的方式。在本章中将向读者介绍 HTML 代码中文字与图片相关的标签及属性设置和使用方法，通过本章的学习，读者将掌握如何在 HTML 代码中设置网页中文字与图片的效果。

**本章知识点：**
- ➤ 掌握使用各种文字标签设置文字的表现效果
- ➤ 理解并掌握文字分行与分段的相关标签
- ➤ 了解标题标签、水平线标签及文本对齐方式和特殊字符的实现方法
- ➤ 掌握滚动文本的实现方法
- ➤ 掌握网页中项目列表、有序列表和定义列表的创建方法
- ➤ 掌握在网页中插入图片及实现图文混排的方法

## 3.1 文字修饰

文字是最直接的视觉传达方式，在 HTML 页面中提供了多种用于设置文字效果的标签和属性。本节从文字的细节修饰着手，使读者轻松掌握 HTML 页面中字体及各种文字样式效果的设置方法。

### 3.1.1 文字样式 <font> 标签

<font> 标签用来设置文字的颜色、字体和字体大小，是 HTML 页面制作的常用属性。可以通过 <font> 标签中的 face 属性设置不同的字体，通过 size 属性来设置字体大小，还可以通过 color 属性来设置文字的颜色。

<font> 标签的基本语法如下。

```
<font face=" 字体 " size=" 字体字号 " color=" 字体颜色 ">...</font>
```

<font> 标签的相关属性说明如表 3-1 所示。

表 3-1　<font> 标签相关属性说明

| 属性 | 说明 |
| --- | --- |
| face | 该属性用于设置文字字体。HTML 网页中显示的字体从浏览器端的系统中调用，所以为了保持字体一致，建议采用 "宋体" 或 "微软雅黑" 字体，即系统的默认字体 |
| size | 该属性用于设置文字的大小。size 的值为 1~7，默认值为 3，也可以在属性值之前加上 + 或 − 字符，来指定相对于初始值的增量或减量 |
| color | 该属性用于设置文字的颜色，它可以用浏览器承认的颜色名称和十六进制数值表示。在 HTML 页面中，通过不同的颜色表现不同的文字效果，从而增加网页的亮丽色彩，吸引浏览者的注意 |

**实战** 设置文字样式

最终文件：最终文件 \ 第 3 章 \3-1-1.html　　视频：视频 \ 第 3 章 \3-1-1.mp4

01 打开页面 "源文件 \ 第 3 章 \3-1-1.html"，可以看到该页面的 HTML 代码，如图 3-1 所示。在浏览器中预览该页面，可以看到页面中文字显示为默认的效果，如图 3-2 所示。

图 3-1

图 3-2

**02** 为页面中相应的文字添加 <font> 标签，并且在该标签中添加相应的属性设置，如图 3-3 所示。保存页面，在浏览器中预览页面，可以看到网页中文字的效果，如图 3-4 所示。

图 3-3

图 3-4

**03** 使用相同的制作方法，为页面中相应的文字添加 <font> 标签，并且在该标签中添加相应的属性设置，如图 3-5 所示。保存页面，在浏览器中预览页面，可以看到网页中文字的效果，如图 3-6 所示。

图 3-5

图 3-6

## 3.1.2 文字倾斜 <i> 和 <em> 标签

在 HTML 中，<i> 和 <em> 标签都可以使字体倾斜，以达到特殊的效果。在 <i> 和 </i> 之间的文字或在 <em> 和 </em> 之间的文字，在浏览器中都以斜体字显示。倾斜文字标签 <i> 和 <em> 的基本语法如下。

```
<i> 斜体文字 </i>
<em> 斜体文字 </em>
```

倾斜的效果可以通过 <i> 标签、<em> 标签来实现。一般文字中用斜体主要起到醒目、强调或者区别的作用。

**实战** 设置倾斜文字效果

最终文件：最终文件\第3章\3-1-2.html　　视频：视频\第3章\3-1-2.mp4

[01] 打开页面"源文件\第3章\3-1-2.html"，可以看到该页面的 HTML 代码，如图 3-7 所示。在浏览器中预览该页面，可以看到页面中默认的文字显示效果，如图 3-8 所示。

图 3-7

图 3-8

[02] 为页面中相应的文字添加 <i> 标签，如图 3-9 所示。保存页面，在浏览器中预览页面，可以看到底部的英文倾斜显示的效果，如图 3-10 所示。

图 3-9

图 3-10

[03] 返回网页 HTML 代码视图中，将刚添加的 <i> 标签修改为 <em> 标签，如图 3-11 所示。保存页面，在浏览器中预览页面，底部的英文同样会显示为倾斜效果，如图 3-12 所示。

```
<font face="Arial Black" size="+6" color="#A3F5FF">
    <em>Welcome to my websit</em>
</font>
```

图 3-11

图 3-12

**提示**

在 <i> 和 </i> 之间的文字及在 <em> 和 </em> 之间的文字，在浏览器中都会以斜体显示。一般在一篇以正体显示的文字中用斜体文字起到醒目、强调或者区别的作用。

## 3.1.3　文字加粗 <b> 和 <strong> 标签

网页中对于需要强调的内容经常使用文字加粗的方法，文字加粗可以使文字更加醒目，吸引浏览者的注意，例如标题。使用 <b> 和 <strong> 标签都会使字体加粗。在 <b> 和 </b> 之间的文字或在 <strong> 和 </strong> 之间的文字，在浏览器中都会以粗体字体显示。

加粗文字标签 <b> 和 <strong> 的基本语法如下。

```
<b> 加粗的文字 </b>
<strong> 加粗的文字 </strong>
```

粗体的效果可以通过 <b> 标签来实现，还可以通过 <strong> 标签来实现。<b> 和 <strong> 是行内元素，可以在文本的任何部位应用。

**实 战　设置文字加粗效果**

最终文件：最终文件 \ 第 3 章 \3-1-3.html　　视频：视频 \ 第 3 章 \3-1-3.mp4

01 打开页面"源文件 \ 第 3 章 \3-1-3.html"，可以看到该页面的 HTML 代码，如图 3-13 所示。在浏览器中预览页面，可以看到页面中文字的显示效果，如图 3-14 所示。

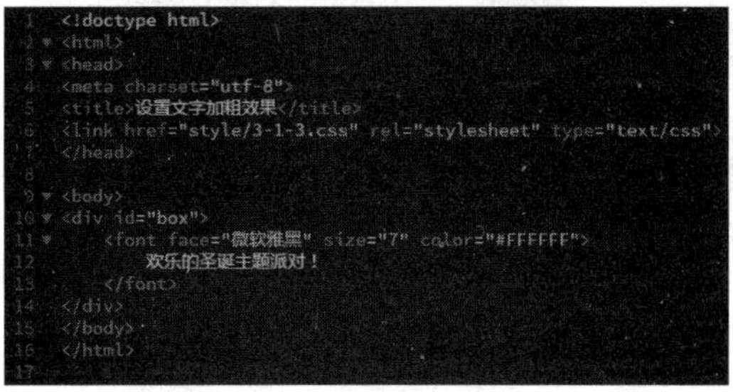

图 3-13

图 3-14

02 为页面中相应的文字添加加粗文字 <strong> 标签，如图 3-15 所示。保存页面，在浏览器中预览页面，可以看到加粗文字的效果，如图 3-16 所示。

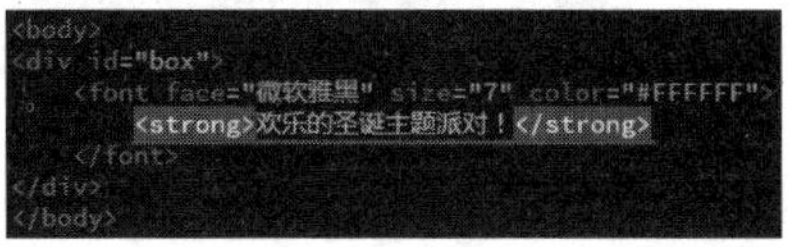

图 3-15

图 3-16

03 返回网页的 HTML 代码中，将刚添加的加粗文字 <strong> 标签修改为 <b> 标签，如图 3-17 所示。保存页面，在浏览器中预览页面，可以看到加粗文字的效果，如图 3-18 所示。

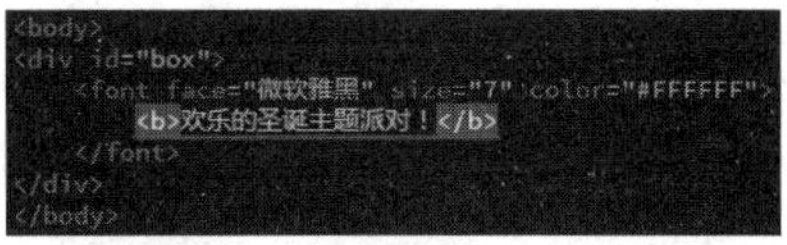

图 3-17

图 3-18

**提示**

文字加粗标签 <b> 和 <strong> 都需要添加结束标签，如果没有结束标签，则浏览器会认为从 <b> 或 <strong> 标签开始的所有文字都是粗体。

### 3.1.4　文字下画线 <u> 标签

使用 <u> 标签可添加文字的下画线，在 <u> 和 </u> 之间的文字，在浏览器中可以看到加下画线的文字。

下画线标签 <u> 的基本语法如下。

```
<u> 下画线的内容 </u>
```

文字下画线的添加可以通过 <u> 标签实现。一般文字中添加下画线主要起醒目、强调或区别的作用。

**实 战** 为文字添加下画线修饰

最终文件：最终文件\第 3 章\3-1-4.html　　　视频：视频\第 3 章\3-1-4.mp4

**01** 打开页面"源文件\第 3 章\3-1-4.html"，可以看到页面的 HTML 代码，如图 3-19 所示。在浏览器中预览该页面，可以看到页面的效果，如图 3-20 所示。

图 3-19　　　　　　　　　　　　　　　　图 3-20

**02** 为页面中相应的文字添加下画线 <u> 标签，如图 3-21 所示。保存页面，在浏览器中预览页面，可以看到页面中文字的下画线效果，如图 3-22 所示。

图 3-21　　　　　　　　　　　　　　　　图 3-22

**技巧**

在网页中，除了使用 <u> 标签实现文字的下画线效果，还可以通过 CSS 样式中的 text-decoration 属性，设置该属性为 underline，为网页中需要实现下画线的文字应用 CSS 样式，同样可以实现下画线的效果。

## 3.1.5 其他文字修饰方法

为了满足不同的需求，HTML 还有其他用来修饰文字的标签，比较常用的有上标格式标签 <sup>、下标格式标签 <sub> 和删除线标签 <strike> 等。

<sup> 上标文本标签、<sub> 下标文本标签都是 HTML 的标准标签，在数学等式、科学符号和化学公式中会被用到。

<sup> 和 <sub> 标签的基本语法如下。

```
<sup> 上标内容 </sup>
<sub> 下标内容 </sub>
```

在 <sup> 和 </sup> 中的内容的高度以前后文本流定义的高度一半显示，<sup> 文字下端和前面文字的下端对齐，但与当前文本流中的字体和字号都是一样的。

在 <sub> 和 </sub> 中的内容的高度以前后文本流定义的高度一半显示，<sub> 文字上端和前面文字的上端对齐，但与当前文本流中的字体和字号都是一样的。

在网页中可以通过 <strike> 标签或 <s> 标签为文字添加删除线效果。删除线标签 <strike> 和 <s> 的基本语法如下。

```
<strike> 文字 </strike>
<s> 文字 </s>
```

这两种标签都可以创建删除线效果，使用起来也很简单，只要把设置成删除效果的文字放在标签中间即可。

## 3.2　文字的分行与分段

网页中文字的排版在很大程度上决定了一个网页是否美观。对于网页中的大段文字，通常采用分段、分行和加空格等方式进行规划。本节从段落的细节设置入手，使读者学习后能利用标签轻松自如地规划文字排版。

### 3.2.1　文字换行 <br> 标签

一段文字默认的显示方式是将每行文字连续地显示出来。如果想把一个句子后面的内容在下一行显示，就会用到换行符 <br>。换行符标签是个单标签，也称为空标签，不包含任何内容，在HTML 文件中的任何位置只要使用了 <br> 标签，当文件显示在浏览器中时，该标签之后的内容将在下一行显示。

插入文字换行的基本语法如下。

```
<br>
```

一个 <br> 标签代表一个换行，连续多个 <br> 标签可以实现多次换行。

**实战　为网页中的文字内容进行换行处理**

最终文件：最终文件 \ 第 3 章 \3-2-1.html　　视频：视频 \ 第 3 章 \3-2-1.mp4

**01** 打开页面"源文件 \ 第 3 章 \3-2-1.html"，可以看到该页面的 HTML 代码，如图 3-23 所示。在浏览器中预览页面，效果如图 3-24 所示。

图 3-23

图 3-24

**02** 返回网页的 HTML 代码中，在文本中相应的位置输入换行标签，为文本进行换行处理，如图 3-25 所示。保存页面，在浏览器中预览页面，可以看到使用 <br> 标签进行换行的效果，如图 3-26 所示。

图 3-25

图 3-26

### 3.2.2 文字强制不换行 <nobr> 标签

在网页中如果某一行的文本过长，浏览器会自动对这行文字进行换行，如果想取消浏览器的换行处理，可以使用 <nobr> 标签来禁止自动换行。

<nobr> 标签的基本语法如下。

<nobr> 不换行文字 </nobr>

<nobr> 标签用于指定文本不换行，<nobr> 标签之间的文本不会自动换行。

**实战 强制文字不自动换行**

最终文件：最终文件 \ 第 3 章 \3-2-2.html　　　视频：视频 \ 第 3 章 \3-2-2.mp4

**01** 打开页面"源文件 \ 第 3 章 \3-3-2.html"，可以看到页面的 HTML 代码，如图 3-27 所示。在浏览器中预览该页面，可以看到当标题文字遇到其容器的边界时会自动换行显示，如图 3-28 所示。

图 3-27

图 3-28

**02** 可以看到 id 名称为 title 的 Div 中的文字过多，当遇到 Div 的边界时会自动换行。为 id 名称为 title 的 Div 中的文字添加强制不换行标签 <nobr>，如图 3-29 所示。保存页面，在浏览器中预览页面，可以看到文字强制不换行的效果，如图 3-30 所示。

图 3-29

图 3-30

### 3.2.3 文字分段 <p> 标签

HTML 标签中最常用、最简单的标签是段落标签，即 <p> 和 </p>。它只有一个字母，虽然简单，但是却非常重要，因为这是一个用来划分段落的标签，几乎在所有网页中都会用到。<p> 标签的基本语法如下。

<p> 段落文字 </p>

段落的开始用 <p> 标签，段落的结束用 </p> 标签，段落标签可以没有结束 </p> 标签，而每一个新的段落标记开始的同时也意味着上一个段落的结束。

**实战 为网页中的文字内容进行分段处理**

最终文件：最终文件 \ 第 3 章 \3-2-3.html　　　视频：视频 \ 第 3 章 \3-2-3.mp4

**01** 打开页面"源文件 \ 第 3 章 \3-3-3.html"，可以看到该页面的 HTML 代码，如图 3-31 所示。在浏览器中预览页面，可以看到页面中文字内容的默认显示效果，如图 3-32 所示。

图 3-31

图 3-32

**02** 返回网页的 HTML 代码中，为页面中的文本添加相应的 <p> 标签进行分段，如图 3-33 所示。保存页面，在浏览器中预览页面，可以看到文本分段的效果，如图 3-34 所示。

图 3-33

图 3-34

> **提示**
>
> 在网页中使用 <p> 标签对文本内容进行分段处理，默认情况下，段落与段落之间会有一点空隙，便于用户区分不同的段落。

### 3.2.4 标题文字 <h1> 至 <h6> 标签

标题 (h1~h6) 标签是指 HTML 网页中对文本标题进行着重强调的一种标签。标签成对出现，大小依次递减。标题标签的基本语法如下。

<hn> 标题文字 </hn>

标题标签成对出现，<hn> 标签共分为 6 级，在 <h1>...</h1> 之间的文字就是第一级标题，是最大最粗的标题文字，<h6>...</h6> 之间的文字是最后一级，是最小最细的标题文字。

**实 战** 设置标题文字

最终文件：最终文件 \ 第 3 章 \3-2-4.html　　视频：视频 \ 第 3 章 \3-2-4.mp4

**01** 打开页面 "源文件 \ 第 3 章 \3-2-4.html"，可以看到该页面的 HTML 代码，如图 3-35 所示。在浏览器中预览页面，可以看到页面中文字的默认显示效果，如图 3-36 所示。

图 3-35

图 3-36

**02** 返回网页的 HTML 代码中，将文字的段落标签 <p> 替换为标题标签 <h1> 至 <h6>，如图 3-37

所示。保存页面，在浏览器中预览页面，可以看到各标题文字的默认预设效果，如图 3-38 所示。

```
<body>
<div id="box">
    <h1>Homemade digital delicacies</h1>
    <h2>Homemade digital delicacies</h2>
    <h3>Homemade digital delicacies</h3>
    <h4>Homemade digital delicacies</h4>
    <h5>Homemade digital delicacies</h5>
    <h6>Homemade digital delicacies</h6>
</div>
</body>
```

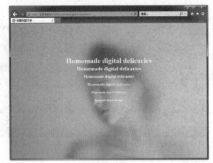

图 3-37

图 3-38

**技巧**

在 HTML 页面中，可以通过 <h1> 至 <h6> 标签定义页面中的文字为标题文字，每种标题文字都对应一种预设的显示效果。可以通过 CSS 样式分别设置 <h1> 至 <h6> 标签的 CSS 样式，从而修改 <h1> 至 <h6> 标签在网页中默认的显示效果。

## 3.2.5 文字对齐属性 align

段落文字在不同的时候需要不同的对齐方式，默认的对齐方式是左对齐。<p> 标签的对齐属性为 align 属性。

align 属性的基本语法如下。

```
<p align= "对齐方式">...</p>
```

<p> 标签中的 align 属性的属性值有 3 个：left、center 和 right，分别对应段落文字水平左对齐、居中对齐和居右对齐。默认情况下，段落中的内容显示为水平左对齐。

### 实战 设置文字水平对齐效果

最终文件：最终文件 \ 第 3 章 \3-2-5.html　　视频：视频 \ 第 3 章 \3-2-5.mp4

01 打开页面“源文件 \ 第 3 章 \3-2-5.html”，可以看到该页面的 HTML 代码，如图 3-39 所示。在浏览器中预览页面，可以看到页面中的文本默认显示为水平左对齐效果，如图 3-40 所示。

```
<!doctype html>
<html>
<head>
<meta charset="utf-8">
<title>设置文字水平对齐效果</title>
<link href="style/3-2-5.css" rel="stylesheet" type="text/css">
</head>

<body>
<div id="text">
    ~给您带来全新的完美购物体验~
</div>
</body>
</html>
```

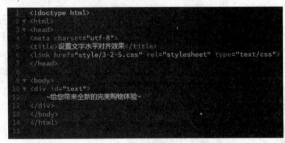

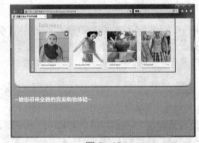

图 3-39

图 3-40

02 返回网页的 HTML 代码中，在页面中的 <div> 标签中添加 align 属性设置，如图 3-41 所示。保存页面，在浏览器中预览页面，可以看到文字水平右对齐的效果，如图 3-42 所示。

```
<body>
<div id="text" align="right">
    ~给您带来全新的完美购物体验~
</div>
</body>
```

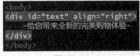

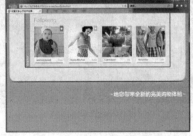

图 3-41

图 3-42

**03** 返回代码视图中，修改刚添加的 align 属性，如图 3-43 所示。保存页面，在浏览器中预览页面，可以看到文字水平居中对齐的效果，如图 3-44 所示。

图 3-43

图 3-44

### 3.2.6 水平线 <hr> 标签

水平线 <hr> 标签，用来分隔文本和对象，<hr> 标签是单标签，默认情况下占据一行。在很多场合中可以轻松使用，不需要另外作图。同时可以在 HTML 中为水平线添加颜色、大小、粗细等属性。

<hr> 标签的基本语法如下。

```
<hr width=" 宽度 " size=" 粗细 " align=" 对齐方式 " color=" 颜色 " noshade>
```

在网页中输入一个 <hr> 标签，就添加了一条默认样式的水平线，且在页面中占据一行。<hr> 标签中各属性的说明如表 3-2 所示。

表 3-2　<hr> 标签属性说明

| 属性 | 说明 |
| --- | --- |
| width | 该属性用于设置水平线的宽度。水平线的宽度值可以是确定的像素值，也可以是父元素的百分比值 |
| size | 该属性用于设置水平线的高度。水平线的高度只能使用绝对的像素定义 |
| align | 该属性用于设置水平线的对齐方式，水平线默认的对齐方式是居中对齐，水平线对齐方式有 3 种，包括 center、left 和 right，其中 center 的效果与默认效果相同 |
| color | 该属性用于设置水平线的颜色，使插入的水平线与整个页面颜色相协调。颜色代码是十六进制的数值或者颜色英文名称，水平线默认颜色是黑色 |
| noshade | 默认的水平线会带有阴影效果，如果不需要水平线的阴影效果，可以在 <hr> 标签中添加 noshade 属性 |

**实战** 在网页中插入水平线

最终文件：最终文件 \ 第 3 章 \3-2-6.html　　　视频：视频 \ 第 3 章 \3-2-6.mp4

**01** 打开页面"源文件 \ 第 3 章 \3-2-6.html"，可以看到该页面的 HTML 代码，如图 3-45 所示。在浏览器中预览页面，效果如图 3-46 所示。

图 3-45

图 3-46

**02** 返回网页的 HTML 代码中，在相应的位置添加水平线 <hr> 标签，并在该标签内添加相应的属性设置代码，如图 3-47 所示。保存页面，在浏览器中预览页面，可以看到在网页中添加水平线的效果，如图 3-48 所示。

图 3-47

图 3-48

> **提示**
>
> 　　默认的水平线是空心立体的效果，可以在水平线标签 <hr> 中添加 noshade 属性，noshade 是布尔值的属性。如果在 <hr> 标签中添加该属性，则浏览器不会显示立体形状的水平线；反之，如果不添加该属性，则浏览器默认显示一条立体形状带有阴影的水平线。

## 3.2.7　空格与特殊字符

　　一般情况下，在网页中输入文字时，如果在段落开始增加了空格，在使用浏览器进行浏览时往往看不到这些空格。这主要是因为在 HTML 文件中，浏览器本身会将两个句子之间的所有半角空格仅当作一个来看待。如果需要保留空格的效果，一般需要使用全角空格符号，或者通过空格代码来代替。在 HTML 代码中直接按空格键，是无法显示在页面上的。HTML 使用   表现一个空格字符 ( 英文的空格字符 )。

　　空格的基本语法如下。

```
 
```

　　在网页中可以输入多个空格，输入一个空格使用   表示，输入多少个空格就添加多少个  。

　　在 HTML 中，有一些字符具有特殊含义。例如，< 和 > 是标签的左括号和右括号，而标签是控制 HTML 显示的，标签本身只能被浏览器解析，并不能在页面中显示。这些特殊的字符需要用代码进行代替。一般情况下，特殊字符的代码由前缀 &、字符名称和后缀 ; 组成。

　　插入特殊字符基本语法如下。

```
&amp;
...
&copy;
```

　　在需要添加特殊字符的地方添加相应的符号代码即可。常用特殊字符及其对应的 HTML 代码如表 3-3 所示。

表 3-3　HTML 中的特殊字符

| 特殊符号 | HTML 代码 | 特殊符号 | HTML 代码 |
|---|---|---|---|
| " | &quote; | & | &amp; |
| < | &lt; | > | &gt; |
| × | &times; | § | &sect; |
| © | &copy; | ® | &reg; |
| ™ | &trade; | | |

**实战　在网页中插入空格和特殊字符**

最终文件：最终文件 \ 第 3 章 \3-2-7.html　　　视频：视频 \ 第 3 章 \3-2-7.mp4

　　**01** 打开页面"源文件 \ 第 3 章 \3-2-7.html"，可以看到页面的 HTML 代码，如图 3-49 所示。在浏览器中预览页面，效果如图 3-50 所示。

图 3-49

图 3-50

02　返回网页的 HTML 代码中，在相应的文字前面添加多个空格代码  ，如图 3-51 所示。
保存页面，在浏览器中预览页面，可以看到添加空格代码后的效果，如图 3-52 所示。

图 3-51　　　　　　　　　　　　　　　　图 3-52

技巧

除了可以添加   代码插入空格，还可以将中文输入法状态切换到全角输入法状态，直接按空格键同样可以在文字中插入空格，但不推荐使用这种方法，最好还是使用   代码来添加空格。

03　返回网页的 HTML 代码中，在页面中需要添加版权符号的位置，输入特殊字符代码 &copy;，如图 3-53 所示。保存页面，在浏览器中预览页面，可以在网页中看到版权符号的效果，如图 3-54 所示。

图 3-53　　　　　　　　　　　　　　　　图 3-54

## 3.3　文本滚动 <marquee> 标签

滚动字幕可以使网页变得更具流动性，对浏览者的视线具有一定的引导作用，使网页更加生动形象。
文字的滚动效果是用 <marquee> 标签来实现的，默认是从右到左，循环滚动。
设置文本滚动的基本语法如下。

```
<marquee align=" 对齐方式 " bgcolor=" 背景颜色 " direction=" 文本滚动方向 " behavior=" 文本滚动方式 " height=" 高度 " scrollamount=" 滚动速度 " scrolldelay=" 滚动时间间隔 " width=" 宽度 ">
滚动的内容
</marquee>
```

在 <marquee> 和 </marquee> 标签中置入文字便能实现文字的滚动效果，而且可以在起始标签中设置滚动文本的相关属性。<marquee> 标签的相关属性介绍如表 3-4 所示。

表 3-4　<marquee> 标签属性说明

| 属性 | 说明 |
| --- | --- |
| direction | 该属性用于设置内容的滚动方向，属性值有 left、right、up 和 down，分别代表向左、向右、向上和向下 |
| scrollamount | 该属性用于设置内容滚动速度 |
| behavior | 该属性用于设置内容滚动方式，默认为 scroll，即循环滚动；当其值为 alternate 时，内容为来回滚动；当其值为 slide 时，内容滚动一次即停止，不会循环 |
| scrolldelay | 该属性用于设置内容滚动的时间间隔 |
| bgcolor | 该属性用于设置内容滚动背景色 |
| width | 该属性用于设置内容滚动区域宽度 |
| height | 该属性用于设置内容滚动区域高度 |

**实 战** 在网页中实现滚动文本效果

最终文件：最终文件 \ 第 3 章 \3-3.html　　　视频：视频 \ 第 3 章 \3-3.mp4

01 打开页面"源文件 \ 第 3 章 \3-3.html"，可以看到该页面的 HTML 代码，如图 3-55 所示。在浏览器中预览页面，可以看到页面中的文字效果，如图 3-56 所示。

图 3-55

图 3-56

02 返回网页的 HTML 代码中，为网页中需要实现滚动效果的文字内容添加滚动文本标签 <marquee>，如图 3-57 所示。保存页面，在浏览器中预览页面，可以看到文本实现了从右向左滚动的效果，如图 3-58 所示。

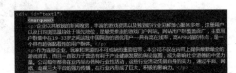

图 3-57

图 3-58

03 返回代码视图中，在 <marquee> 标签中添加属性设置，控制滚动文本的宽度、高度和方向等，如图 3-59 所示。保存页面，在浏览器中预览页面，可以看到滚动文本的效果，如图 3-60 所示。

图 3-59

图 3-60

04 为了使浏览者能够清楚地看到滚动的文字，还需要实现当鼠标指向滚动字幕后，字幕滚动停止，当鼠标离开字幕后，字幕继续滚动的效果。返回代码视图中，在 <marquee> 标签中添加属性设置，如图 3-61 所示。保存页面，在浏览器中预览页面，可以看到实现的文本滚动效果，如图 3-62 所示。

图 3-61

图 3-62

---

**提示**

　　在滚动文本的标签属性中，direction 属性是指滚动的方向，direction="up" 表示向上滚动，direction="down" 表示向下滚动，direction="left" 表示向左滚动，direction="right" 表示向右滚动；scrollamount 属性是指滚动的速度，数值越小滚动越慢；scrolldelay 属性是指滚动速度延时，数值越大速度越慢；height 属性是指滚动文本区域的高度；width 是指滚动文本区域的宽度；onMouseOver 属性是指当鼠标移动到区域上时所执行的操作；onMouseOut 属性是指当鼠标移开区域上时所执行的操作。

---

## 3.4　列表标签

　　列表是网页中常见的一种表现形式，如在网页中常见的新闻列表和排行列表等，都可以通过使用 HTML 中相应的列表标签轻松实现。

### 3.4.1　认识列表标签

　　列表形式在网页设计中占有很大的比重，在显示信息时非常整齐直观，便于用户理解。通过使用 CSS 样式对列表进行控制，可以制作出许多非常精美的效果。

　　HTML 中的列表元素是一个由列表标签封闭的结构，包含的列表项由 <li> 和 </li> 组成。HTML 中的列表标签主要有 5 个，如表 3-5 所示。

表 3-5　HTML 中的列表标签

| 名称 | 说明 |
| --- | --- |
| <ul> | <ul> 标签用于在网页中创建项目列表 |
| <ol> | <ol> 标签用于在网页中创建编号列表 |
| <dl> | <dl> 标签用于在网页中创建定义列表 |
| <dir> | <dir> 标签用于在网页中创建目录列表，在 HTML5 中已经废弃该标签 |
| <menu> | <menu> 标签用于在网页中创建菜单列表，在 HTML5 中已经废弃该标签 |

### 3.4.2　无序列表 <ul> 标签

　　顾名思义，项目列表就是列表结构中的列表项没有先后顺序的列表形式。许多网页中的列表都采用项目列表的形式，其列表标签使用 <ul> 与 </ul>。

　　项目列表的基本语法如下。

```
<ul>
    <li> 列表项 1</li>
    <li> 列表项 2</li>
    <li> 列表项 3</li>
    ...
    <li> 列表项 n</li>
</ul>
```

　　在 HTML 代码中，使用成对的 <ul> 和 </ul> 标签可以插入项目列表，但 <ul> 和 </ul> 之间必须使用成对的 <li> 和 </li> 标签添加列表项。

---

**实战　制作新闻列表**

最终文件：最终文件 \ 第 3 章 \3-4-2.html　　　视频：视频 \ 第 3 章 \3-4-2.mp4

　**01** 执行 "文件" > "打开" 命令，打开页面 "源文件 \ 第 3 章 \3-4-2.html"，可以看到页面的 HTML 代码，如图 3-63 所示。在浏览器中预览页面，效果如图 3-64 所示。

图 3-63

图 3-64

**02** 返回网页的 HTML 代码中，在 id 名称为 news 的 Div 中输入项目列表标签 <ul>，如图 3-65 所示。在项目列表标签之间输入列表项标签 <li>，并输入列表项内容，如图 3-66 所示。

图 3-65

图 3-66

**03** 保存页面，在浏览器中预览页面，可以看到项目列表的默认效果，如图 3-67 所示。返回网页的 HTML 代码中，在项目列表 <ul> 与 </ul> 标签之间使用 <li> 标签添加其他列表项内容，如图 3-68 所示。

图 3-67

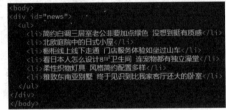

图 3-68

**04** 完成该新闻列表的制作，保存页面，在浏览器中预览页面，效果如图 3-69 所示。

图 3-69

**提示**

在本实例中使用 <ul> 和 <li> 标签创建了一个简单的项目列表，可以看到项目列表的默认显示效果，还可以通过 CSS 样式对项目列表的外观效果进行设置，从而制作出各种不同外观表现的项目列表。

**技巧**

默认情况下，项目列表项前面会显示实心小圆点，如果要改变项目列表项前面的实心小圆点，可以在 <ul> 或 <li> 标签中添加 type 属性设置，type 属性有 3 个属性值，分别是 circle(空心圆点)、disc(实心圆点) 和 square(实心方块)，通过该属性可以改变项目列表符号的效果。

**技巧**

在 HTML 代码中，通过在项目列表标签中添加 type 属性，只能实现 3 种项目列表符号效果，如果希望实现更多的自定义项目列表符号效果，可以通过 CSS 样式来实现。通过 CSS 样式，可以使用任意自定义的图像作为项目列表符号。

### 3.4.3　有序列表 <ol> 标签

编号列表就是列表结构中的列表项有先后顺序的列表形式，从上到下可以有各种不同的序列编号，如 1、2、3 或 a、b、c 等。编号列表标签使用 <ol> 与 </ol>。

编号列表的基本语法如下。

```
<ol>
    <li>列表项 1</li>
    <li>列表项 2</li>
    ...
    <li>列表项 n</li>
</ol>
```

在 HTML 代码中，使用成对的 <ol> 与 </ol> 标签可以插入有序列表，但 <ol> 与 </ol> 之间必须使用成对的 <li> 与 </li> 标签添加列表项。

**实战　制作音乐排行列表**

最终文件：最终文件 \ 第 3 章 \3-4-3.html　　　视频：视频 \ 第 3 章 \3-4-3.mp4

**01** 执行"文件">"打开"命令，打开页面"源文件 \ 第 3 章 \3-4-3.html"，可以看到页面的 HTML 代码，如图 3-70 所示。在浏览器中预览页面，效果如图 3-71 所示。

图 3-70　　　　　　　　　　　　　　　　图 3-71

**02** 返回网页的 HTML 代码中，在 id 名称为 music 的 Div 中输入编号列表标签 <ol>，如图 3-72 所示。在编号列表标签之间输入列表项标签 <li>，并输入列表项内容，如图 3-73 所示。

**03** 保存页面，在浏览器中预览页面，可以看到编号列表的默认效果，如图 3-74 所示。返回网页的 HTML 代码中，在项目列表 <ol> 与 </ol> 标签之间使用 <li> 标签添加其他列表项内容，如图 3-75 所示。

图 3-72　　　　　　图 3-73　　　　　　　　　图 3-74　　　　　　　　　图 3-75

**04** 切换到实时视图中，可以看到编号列表的效果，如图 3-76 所示。完成该排行列表的制作，保存页面，在浏览器中预览页面，效果如图 3-77 所示。

**技巧**

默认情况下，编号列表的列表项是从数字 1 开始的，在 <ol> 标签中添加 start 属性设置，可以调整起始数值，这个数值可以对数字起作用，也可以作用于英文字母或者罗马数字。

1. 别把悲伤留给自己
2. 最High舞曲
3. 唱我们的歌
4. 爸爸妈妈的话
5. 再不疯狂我们就老了
6. 勇敢的心
7. 一场秋雨

图 3-76

图 3-77

### 技巧

默认情况下，编号列表项是使用数字 (1、2、3) 的形式进行编号的，如果要改变编号列表项前面的编号形式，可以在 <ol> 或 <li> 标签中添加 type 属性，针对编号列表的 type 属性有 5 个属性值，分别是 1、a、A、i 和 I。

## 3.4.4 定义列表 <dl> 标签

定义列表是一种特殊的列表形式，不同于项目列表和编号列表，它主要用于解释名词，包含两个层次的列表，第一层次是需要解释的名词，第二层次是具体的解释。定义列表标签使用 <dl> 与 </dl>。

定义列表的基本语法如下。

```
<dl>
    <dt> 列表项 1</dt><dd> 说明 </dd>
    <dt> 列表项 2</dt><dd> 说明 </dd>
    …
    <dt> 列表项 n</dt><dd> 说明 </dd>
</dl>
```

在 HTML 代码中，使用成对的 <dl></dl> 标签可以插入定义列表，在 <dl> 与 </dl> 标签之间使用成对的 <dt></dt> 标签定义列表项名称，使用成对的 <dd></dd> 标签解释说明 <dt></dt> 标签中定义的列表项名称。

### 实战 制作复杂的新闻列表

最终文件：最终文件 \ 第 3 章 \3-4-4.html　　视频：视频 \ 第 3 章 \3-4-4.mp4

**01** 执行 "文件" > "打开" 命令，打开页面 "源文件 \ 第 3 章 \3-4-4.html"，可以看到页面的 HTML 代码，如图 3-78 所示。在浏览器中预览该页面，效果如图 3-79 所示。

图 3-78

图 3-79

**02** 返回网页的 HTML 代码中，在 id 名称为 news 的 Div 中输入定义列表标签 <dl>，如图 3-80 所示。在定义列表标签之间使用 <dt> 标签包含列表项，使用 <dd> 标签包含列表项说明，如图 3-81 所示。

图 3-80

图 3-81

**03** 切换到实时视图中，可以看到定义列表默认的显示效果，如图 3-82 所示。返回网页 HTML 代码中，编写定义列表中其他列表项内容，如图 3-83 所示。

图 3-82　　　　　　　　　　　　　　图 3-83

**04** 切换到实时视图中，可以看到定义列表默认的显示效果，如图 3-84 所示。切换到该网页所连接的外部 CSS 样式表文件中，创建名称为 #news dt 和 #news dd 的 CSS 样式代码，如图 3-85 所示。

> **提示**
>
> 在默认情况下，<dt> 与 <dd> 标签不会在一行中显示，而是分别占据一行的空间，如果要将 <dt> 与 <dd> 标签在一行中显示，则需要通过 CSS 样式来实现，或者在标签中添加 style 属性，style 属性设置其实也是 CSS 样式的一种形式。

图 3-84　　　　　　　　图 3-85

**05** 切换到实时视图中，可以看到使用 CSS 样式进行设置后的定义列表效果，如图 3-86 所示。保存页面，在浏览器中预览页面，可以看到的页面效果，如图 3-87 所示。

图 3-86　　　　　　　　　　　　　　图 3-87

# 3.5　图片标签

现在互联网中的网页看起来绚丽多彩，是因为有了图像的使用所产生的效果。过去的网页大部分都是纯文本网页，再看看现在的网页就知道图像在网页设计中的重要性了。在 HTML 中可以通过标签来插入图像，并设置属性。

## 3.5.1　<img> 标签

在 HTML 中可以直接在网页中插入图像，也可以将图像作为页面背景。另外，如果要创建图像交替的效果，可以把图像插入 Div 中。如果在制作网页的过程中需要修改网页中的图像，可以直接调出外部图像编辑器。

向网页中插入图像，可以通过在 HTML 中使用 <img> 标签来实现，从而达到美化网页的效果。<img> 标签的基本语法如下。

```
<img src=" 图像文件的地址 " height=" 图像的高度 " width=" 图像的宽度 " border=" 图像边框的宽度 "
alt=" 提示文字的内容 ">
```

<img> 标签可以设置多个属性，常用属性说明如表 3-6 所示。

表 3-6　<img> 标签常用属性说明

| 属性 | 说明 |
|------|------|
| src | 该属性用于设置图像文件的路径，可以是相对路径，也可以是绝对路径 |
| width | 该属性用于设置图像的宽度 |
| height | 该属性用于设置图像的高度 |
| border | 该属性用于设置图像的边框，border 属性的单位是像素，值越大边框越宽 |
| alt | 该属性指定了替代文本，用于在图像无法显示或者用户禁用图像显示时，代替图像显示在浏览器中的内容 |

## 实战　制作图像页面

最终文件：最终文件 \ 第 3 章 \3-5-1.html　　　视频：视频 \ 第 3 章 \3-5-1.mp4

**01** 打开页面"源文件 \ 第 3 章 \3-5-1.html"，可以看到该页面的 HTML 代码，如图 3-88 所示。在浏览器中预览该页面，可以看到页面的效果，如图 3-89 所示。

图 3-88　　　　　　　图 3-89

**02** 返回网页的 HTML 代码中，在 id 名称为 pic1 的 <div> 与 </div> 标签之间添加 <img> 标签，在网页中插入图像，如图 3-90 所示。保存页面，在浏览器中预览页面，可以看到页面中图像的效果，如图 3-91 所示。

图 3-90　　　　　　　图 3-91

> **提示**
>
> 在网页中插入图像时，可以只设置图像的路径地址，在浏览器中预览该网页时，浏览器会按照该图像的原始尺寸在网页中显示图像。如果在网页中需要控制所插入的图像大小，则必须在 <img> 标签中设置宽度和高度属性。

**03** 返回网页的 HTML 代码中，分别在 id 名称为 pic2、pic3、pic4 的 <div> 与 </div> 标签之间添加 <img> 标签，在网页中插入图像，如图 3-92 所示。保存页面，在浏览器中预览页面，可以看到页面中图像的效果，如图 3-93 所示。

> **技巧**
>
> 除了可在图像的 <img> 标签中通过不同的属性对图片进行设置外，还可以通过 CSS 样式实现对图片效果的设置，关于使用 CSS 样式对图片进行设置的方法将在本书后面的章节中进行详细介绍。

图 3-92

图 3-93

## 3.5.2　图文混排

当图片和文字在一起时，可以通过 HTML 代码设置图文混排。<img> 标签的 align 属性定义了图像相对于周围元素的水平和垂直对齐方式。

图像相对于文字的对齐设置的基本语法如下。

```
<img src=" 图像文件的地址 " align=" 对齐方式 ">
```

通过 align 属性来控制带有文字包围的图像的对齐方式，align 属性的属性值说明如表 3-7 所示。

表 3-7　<img> 标签中的 align 属性值说明

| 属性值 | 说明 |
| --- | --- |
| top | 设置 align 属性值为 top，表示图像顶部和同行文本的最高部分对齐 |
| middle | 设置 align 属性值为 middle，表示图像中部和同行文本基线对齐（通常为文本基线，并不是实际中部） |
| bottom | 设置 align 属性值为 bottom，表示图像底部和同行文本的底部对齐 |
| left | 设置 align 属性值为 left，表示使图像和左边界对齐（文本环绕图像） |
| right | 设置 align 属性值为 right，表示使图像和右边界对齐（文本环绕图像） |
| absmiddle | 设置 align 属性值为 absmiddle，表示图像中部和同行文本的中部绝对对齐 |

**实战　制作图文介绍页面**

最终文件：最终文件 \ 第 3 章 \3-5-2.html　　视频：视频 \ 第 3 章 \3-5-2.mp4

**01** 打开页面"源文件 \ 第 3 章 \3-5-2.html"，可以看到该页面的 HTML 代码，如图 3-94 所示。在浏览器中预览页面，效果如图 3-95 所示。

图 3-94

图 3-95

**02** 在网页中的文字内容中添加 <img> 标签，插入需要绕排的图像，如图 3-96 所示。保存页面，在浏览器中预览页面，可以看到刚插入的图像，效果如图 3-97 所示。

**03** 返回网页的 HTML 代码中，在 <img> 标签中添加 align 属性设置，如图 3-98 所示。保存页面，在浏览器中预览页面，可以看到所实现的图文混排效果，如图 3-99 所示。

图 3-96

图 3-97

图 3-98

图 3-99

04 返回网页的 HTML 代码中，在 <img> 标签中修改 align 属性值为 right，如图 3-100 所示。保存页面，在浏览器中预览页面，可以看到网页中图文混排的效果，如图 3-101 所示。

图 3-100

图 3-101

**提示**

为 <img> 标签添加 align 属性可以实现图文排版效果，但是图像与文字的间距无法进行控制，HTML4 中可以在 <img> 标签中通过 hspace 和 vspace 属性设置图像与周围内容的水平间距和垂直间距，但是在 HTML5 中已经不再支持 hspace 和 vspace 属性。W3C 建议使用 CSS 样式对图像的相关效果进行设置，包括图片的边框及间距等。

### 3.5.3　滚动图片

在前面已经讲解了使用 <marquee> 标签使文本在网页中实现滚动的效果，同样使用该标签还可以实现网页中图像的滚动效果。

实现滚动图像的基本语法如下。

```
<marquee>
  <img src=" 图像文件的地址 ">
  <img src=" 图像文件的地址 ">
  …

</marquee>
```

<marquee> 标签可以实现图片的滚动效果，与文字滚动效果的设置方法相同，在 <marquee> 标签中添加相应的属性设置，可以实现不同的图片滚动效果。

# 第 **4** 章 超链接与表格标签的应用

在网页中，可以通过超链接将网站中多个独立的页面链接起来，从而方便浏览者在不同的网页之间进行跳转。随着网络技术的发展，表格布局已经逐渐被 CSS 布局所取代，但表格在网页中依然起到很重要的作用，主要表现为处理表格式数据。本章将向读者详细介绍在 HTML 代码中超链接标签和表格标签的应用。

**本章知识点：**

➢ 掌握超链接 <a> 标签及相关属性设置
➢ 理解相对链接和绝对链接
➢ 掌握锚点链接的创建方法
➢ 理解并掌握各种特殊链接的创建和使用方法
➢ 理解并掌握表格标签的使用
➢ 掌握 iFrame 框架及其相关属性的设置

## 4.1 超链接标签

超链接是网站中使用相对频繁的 HTML 元素，因此超链接是网页中重要、根本的元素之一，页面之间的跳转通常都是通过链接方式相互关联的。每一个文件都有自己的存放位置和路径，理解一个文件到要链接的另一个文件之间的路径关系是创建链接的根本。如果页面之间是彼此独立的，那么这样的网站将无法正常运行。

### 4.1.1 超链接 <a> 标签

超链接 <a> 标签在 HTML 中既可以作为一个跳转到其他页面的链接，也可以作为 "埋设" 在文档中某一处的一个 "锚定位"，<a> 也是一个行内元素，可以成对出现在一段文档的任意位置。

超链接 <a> 标签的基本语法如下。

```
<a href=" 链接目标 " name=" 链接名称 " title=" 提示文字 " target=" 打开方式 " >超链接对象 </a>
```

<a> 标签中的相关属性及说明如表 4-1 所示。

表 4-1　<a> 标签属性说明

| 属性 | 说明 |
| --- | --- |
| href | 该属性用于设置链接地址 |
| name | 该属性用于为链接命名 |
| title | 该属性用于为链接设置提示文字 |
| target | 该属性用于设置超链接的打开方式 |

例如，下面的 HTML 网页代码使用 <a> 标签创建超链接。

```
...
<body>
<a href="about/gongsi.html " name="link" title=" 公司简介 " target="_blank"> 公司简介 </a>
</body>
...
```

### 4.1.2 相对链接和绝对链接

相对路径最适合网站的内部链接。只要是属于同一网站之下的，即使不在同一个目录下，相对路径也非常适合。

相对路径的基本语法如下。

```
<a href=" 相对路径地址 "> 超链接对象 </a>
```

如果链接到同一目录下，则只需输入要链接文档的名称。要链接到下一级目录中的文件，只需先输入目录名，然后加 "/"，再输入文件名。如果要链接到上一级目录中的文件，则先输入 "../"，再输入目录名、文件名。制作网页时使用的大多数路径都属于相对路径。

绝对路径为文件提供完全的路径，包括使用的协议（如 http、ftp 和 rtsp 等）。一般常见的绝对路径如 http://www.sina.com、ftp://202.98.148.1/ 等。

绝对路径的基本语法如下。

```
<a href=" 绝对路径地址 "> 超链接对象 </a>
```

使用绝对路径可以链接自己的网站资源，也可以是别人的。但是此类资源需要依赖于他方，如果他们的链接地址资源有变动，就会使你的链接无法正常访问。尽管本地链接也可以使用绝对路径，但不建议采用这种方式，因为一旦将该站点移动到其他服务器，则所有本地绝对路径链接都将断开。

> **提示**
>
> 被链接文档的完整 URL 就是绝对路径，包括所使用的传输协议。从一个网站的网页链接到另一个网站的网页时，必须使用绝对路径，以保证当一个网站的网址发生变化时，被引用的另一个页面的链接还是有效的。

### 4.1.3 超链接提示——alt 属性

alt 属性是一个在 HTML 中输出纯文字的参数。alt 属性的作用是当 HTML 元素本身的物体无法被渲染时，就显示 alt 属性所设置的内容作为一种补救措施。

超链接提示 alt 属性的基本语法如下。

```
<a href=" 链接目标 " alt=" 超链接替代信息 "><img src=" 图像地址 " alt=" 图像替代信息 "/ ></a>
```

当用户无法查看图像，alt 属性可以为图像提供替代的信息。

### 4.1.4 超链接打开方式——target 属性

在默认情况下，链接打开的方式是在原浏览器窗口中打开，通过设置 target 属性来控制打开的窗口目标。

设置超链接打开方式的基本语法如下。

```
<a href=" 链接目标 " target=" 目标窗口打开方式 "> 超链接对象 </a>
```

target 属性的属性值有 5 个，分别是 _blank、_parent、_self、_top 和 new，说明如表 4-2 所示。

表 4-2　\<a\> 标签中的 target 属性值说明

| 属性值 | 说明 |
| --- | --- |
| _blank | target 属性值设置为 _blank，表示在一个全新的空白窗口中打开链接 |
| _parent | target 属性值设置为 _parent，表示在当前框架的上一层打开链接 |
| _self | target 属性值设置为 _self，表示在当前窗口中打开链接 |
| _top | target 属性值设置为 _top，表示在链接所在的最高级窗口中打开 |
| new | 与 _blank 类似，将链接的页面以一个新的浏览器窗口打开 |

## 实战 在网页中创建超链接

最终文件: 最终文件 \ 第 4 章 \4-1-4.html　　视频: 视频 \ 第 4 章 \4-1-4.mp4

**01** 执行 "文件" > "打开" 命令, 打开页面 "源文件 \ 第 4 章 \4-1-4.html", 可以看到该页面的 HTML 代码, 如图 4-1 所示。在浏览器中预览该页面, 效果如图 4-2 所示。

图 4-1

图 4-2

**02** 返回网页的 HTML 代码中, 为页面中的相应文字添加 <a> 标签并使用相对路径设置链接地址, 如图 4-3 所示。保存页面, 在浏览器中预览页面, 可以看到页面效果, 如图 4-4 所示。

图 4-3

图 4-4

> **提示**
>
> 内部链接就是链接站点内部的文件, 在 <a> 标签中用户需要输入链接文档的相对路径, 即可创建内部链接。

**03** 为网页中相应的图像添加 <a> 标签并使用绝对路径设置其链接地址, 如图 4-5 所示。保存页面, 在浏览器中预览页面, 可以看到页面效果, 如图 4-6 所示。

图 4-5

图 4-6

> **提示**
>
> 外部链接是相对于本地链接而言的, 不同的是外部链接的链接目标文件不在站点内, 而在远程的 Web 服务器上, 只需在 <a> 标签中输入所链接页面的 URL 绝对地址, 并且包括所使用的协议 (例如, 对于 Web 页面, 通常使用 http://, 即超文本传输协议)。

**04** 单击页面中设置了超链接的文字, 可以在当前的页面窗口中打开链接页面 4-3-4.html, 效果如图 4-7 所示。如果单击页面中设置了超链接的图像, 可以在新开的浏览器窗口中打开所链接的 URL 绝对地址页面, 效果如图 4-8 所示。

图 4-7

图 4-8

# 4.2 锚点链接

锚点链接是指同一个页面中不同位置的链接。可以在页面的某个分项内容的标题上设置锚点，然后在页面上设置锚点的链接，那么用户就可以通过链接快速地直接跳转到感兴趣的内容。

## 4.2.1 插入锚点

在创建锚点链接前，首先要在页面中相应的位置插入锚点。

插入锚点的基本语法如下。

```
<a name=" 锚点名称 "></a>
```

利用锚点名称可以链接到相应的位置。在为锚点命名时应该注意遵守以下规则：锚点名称可以是中文、英文或数字的组合，但锚点名称中不能含有空格，并且锚点名称不能以数字开头；同一网页中可以有无数个锚点，但是不能有相同名称的锚点。

## 4.2.2 创建锚点链接

在网页中相应的位置插入锚点以后，就可以创建到锚点的链接，需要用 # 号及锚点的名称作为 href 属性值。

创建锚点链接的基本语法如下。

```
<a href="# 锚点名称 "> 超链接对象 </a>
```

在 href 属性后输入 # 号和在页面插入的锚点名称，可以链接到页面中不同的位置。

如果需要创建到其他页面的锚点链接，可以设置 href 属性为链接页面的路径名称再加上 # 号和锚点名称。

创建到其他页面的锚点链接的基本语法如下。

```
<a href=" 链接页面名称 # 锚点名称 "> 超链接对象 </a>
```

与链接同一页面中的锚点名称不同的是，需要在 # 号前增加页面的路径地址。

**实 战 制作锚点链接页面**

最终文件：最终文件\第 4 章\4-2-2.html　　　视频：视频\第 4 章\4-2-2.mp4

`01` 执行"文件">"打开"命令，打开页面"源文件\第 4 章\4-2-2.html"，可以看到该页面的 HTML 代码，如图 4-9 所示。在浏览器中预览该页面，效果如图 4-10 所示。

图 4-9

图 4-10

`02` 返回网页的 HTML 代码中，在"人类介绍"文字后面添加 <a> 标签，并在该标签中添加 name 属性，插入锚点 rl，如图 4-11 所示。为网页中的第 1 张图像添加超链接 <a> 标签，并创建到 rl 锚点的链接，如图 4-12 所示。

```
<div id="bottom">
    <img src="images/42206.gif" alt="">
    <span class="font">人类介绍</span><br>
    <a name="rl"></a>
    <span class="font01">人类：</span><br>
    <span class="font03">     就是地球文明的代表，在地球毁灭的同时，他们成功脱逃来到了Helen大陆，他们同时担当
    起了延续地球文明的重任，他们是Helen大陆上野心最强，支配占有欲最强的种族，他们渴望着财富，名声和自我价值的实
    现。因为他们短暂的生命中，成就感的追求是他们的活着的目标。</span><br>
```

图 4-11

```
<div id="top"><img src="images/42201.gif" alt=""></div>
<div id="center">
    <a href="#rl"><img src="images/42203.jpg" alt=""></a>
    <img src="images/42204.jpg" alt="">
    <img src="images/42205.jpg" alt="">
</div>
```

图 4-12

提示

　　锚点的名称只能包含小写 ASCII 码和数字，且不能以数字开头。可以在网页的任意位置创建锚点，但是锚点的名称不能重复。

　　**03** 在"精灵介绍"文字后面添加 <a> 标签，并在该标签中添加 name 属性，插入锚点 jl，如图 4-13 所示。为网页中的第 2 张图像添加超链接 <a> 标签，并创建到 jl 锚点的链接，如图 4-14 所示。

```
<img src="images/42206.gif" alt="">
<span class="font">精灵介绍</span><br>
<a name="jl"></a>
<span class="font01">精灵：</span><br>
<span class="font03">     浮在空中的电灵是自负而又阴沉的种族，他们对其他种族的轻蔑常常让其他种族对他们抱有
敌视心理，但是他们的确优秀，这就让其他种族不得不以这种敌视波在心中。</span><br>
```

图 4-13

```
<div id="center">
    <a href="#rl"><img src="images/42203.jpg" alt=""></a>
    <a href="#jl"><img src="images/42204.jpg" alt=""></a>
    <img src="images/42205.jpg" alt="">
</div>
```

图 4-14

　　**04** 在"法师介绍"文字后面添加 <a> 标签，并在该标签中添加 name 属性，插入锚点 fs，如图 4-15 所示。为网页中的第 3 张图像添加超链接 <a> 标签，并创建到 fs 锚点的链接，如图 4-16 所示。

```
<img src="images/42206.gif" alt="">
<span class="font">法师介绍</span><br>
<a name="fs"></a>
<span class="font01">法师：</span><br>
<span class="font03">     这些林间的人型牛物有很多特点，包括：巨大的身形，和藤蔓的奇妙联系，对昆虫的饲养和
驾驭，他们是树林的守护者，树林也守护着他们。</span><br>
```

图 4-15

```
<div id="center">
    <a href="#rl"><img src="images/42203.jpg" alt=""></a>
    <a href="#jl"><img src="images/42204.jpg" alt=""></a>
    <a href="#fs"><img src="images/42205.jpg" alt=""></a>
</div>
```

图 4-16

　　**05** 保存页面，在浏览器中预览页面，可以看到页面效果，如图 4-17 所示。单击页面中设置了锚记链接的图片，页面即可跳转到相应的锚记位置，如图 4-18 所示。

图 4-17

图 4-18

# 4.3　创建特殊链接

　　超链接还可以进一步扩展网页的功能，比较常用的有发送电子邮件、空链接和下载链接等，创

建这些特殊的超链接，关键在于 href 属性值的设置。本节将向读者介绍如何在 HTML 页面中创建各种特殊的超链接。

### 4.3.1　空链接

有些客户端行为的动作，需要由超链接来调用，这时就需要用到空链接。访问者单击网页中的空链接，将不会打开任何文件。

空链接的基本语法如下。

```
<a href="#">链接的文字</a>
```

空链接是设置 href 属性值为 # 号来实现的。

### 4.3.2　文件下载链接

链接到下载文件的方法和链接到网页的方法完全一样。当被链接的文件是 exe 文件或 rar 文件等浏览器不支持的类型时，这些文件会被下载，这就是网上下载的方法。例如，要给页面中的文字或图像添加下载链接，希望用户单击文字或图像后下载相关的文件，这时只需要将文字或图像选中，直接链接到相关的文件即可。

文件下载链接的基本语法如下。

```
<a href=" 文件的路径地址 ">超链接对象 </a>
```

下载链接可以为浏览者提供下载文件，是一种很实用的下载方式。

**实 战　创建空链接和文件下载链接**

最终文件：最终文件\第 4 章 \4-3-2.html　　视频：视频\第 4 章 \4-3-2.mp4

**01** 执行"文件">"打开"命令，打开页面"源文件\第 4 章 \4-3-2.html"，可以看到该页面的 HTML 代码，如图 4-19 所示。在浏览器中预览该页面，效果如图 4-20 所示。

图 4-19　　　　　　　　　　图 4-20

**02** 返回网页的 HTML 代码中，为页面中相应的图像添加超链接 <a> 标签，并设置空链接，如图 4-21 所示。保存页面，在浏览器中预览页面，单击设置了空链接的图像，将重新刷新当前的网页，而不会跳转到其他任何页面，如图 4-22 所示。

图 4-21　　　　　　　　　　图 4-22

> **提示**
>
> 　　所谓空链接，就是没有目标端点的链接。利用空链接，可以激活文件中链接对应的对象和文本。当文本或对象被激活后，可以为之添加行为。例如，当鼠标经过后变换图像，将重新刷新当前页面。

　　**03** 返回网页的 HTML 代码中，为页面中相应的图像添加超链接 <a> 标签，并设置文件下载链接，如图 4-23 所示。保存页面，在浏览器中预览页面，单击刚设置了文件下载链接的图像，将出现文件下载提示，按照提示操作即可下载该文件，如图 4-24 所示。

图 4-23　　　　　　　　　　　　　　　　　　　　图 4-24

> **提示**
>
> 　　在弹出的文件下载提示栏中，单击"保存"按钮，即可保存到默认的路径中；单击"保存"右边的倒三角按钮，选择"另存为"选项，弹出"另存为"对话框，选择想要存储的位置，单击"保存"按钮，所链接的下载文件即可保存到该位置。

### 4.3.3　脚本链接

　　脚本链接对大多数人来说是比较陌生的词汇，脚本链接一般用于提供给浏览者关于某个方面的额外信息，而不用离开当前页面。脚本链接具有执行 JavaScript 代码的功能。例如校验表单等。

　　脚本链接的基本语法如下。

```
<a href="JavaScript: 执行的脚本程序 "> 超链接对象 </a>
```

### 4.3.4　E-mail 链接

　　无论是个人网站还是商业网站，都经常在网页的最下方留下站长或公司的 E-mail 地址，当网友对网站有意见或建议时就可以直接单击 E-mail 超链接，给网站的相关人员发送邮件。E-mail 超链接可以建立在文字上，也可以建立在图像上。

　　电子邮件链接的基本语法如下。

```
<a href="mailto: 邮件地址 "> 发送电子邮件 </a>
```

　　创建电子邮件链接的要求是邮件地址必须完整，如 admin@163.com。

**实 战　创建脚本链接和电子邮件链接**

最终文件：最终文件 \ 第 4 章 \4-3-4.html　　　视频：视频 \ 第 4 章 \4-3-4.mp4

　　**01** 执行"文件" > "打开"命令，打开页面"源文件 \ 第 4 章 \4-3-4.html"，可以看到该页面的 HTML 代码，如图 4-25 所示。在浏览器中预览该页面，效果如图 4-26 所示。

　　**02** 返回网页的 HTML 代码中，为页面底部的"关闭窗口"文字添加超链接 <a> 标签，设置关闭浏览器窗口的 JavaScript 脚本代码，如图 4-27 所示。保存页面，在浏览器中预览页面，单击设置了脚本链接的文字，弹出提示对话框，单击"确定"按钮，自动关闭当前浏览器窗口，如图 4-28 所示。

图 4-25

图 4-26

**03** 返回网页的 HTML 代码中，为页面底部的"联系我们"文字添加超链接 <a> 标签，设置电子邮件链接，如图 4-29 所示。保存页面，在浏览器中预览页面，单击"联系我们"超链接，弹出系统默认的邮件收发软件，如图 4-30 所示。

图 4-27

图 4-28

 **提示**

E-mail 链接是指当用户在浏览器中单击该链接之后，不是打开一个网页文件，而是启动用户系统客户端的 E-mail 软件 ( 如 Outlook Express)，并打开一个空白的新邮件，供用户撰写邮件内容。

**04** 在刚设置图像的 E-mail 链接后面输入 "?subject= 客服帮助"，代码如图 4-31 所示。保存页面，在浏览器中预览页面，单击页面中的"联系我们"超链接，弹出系统默认的邮件收发软件并自动填写邮件主题，如图 4-32 所示。

图 4-29

图 4-31

图 4-30

图 4-32

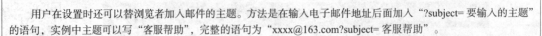

**技巧**

用户在设置时还可以替浏览者加入邮件的主题。方法是在输入电子邮件地址后面加入 "?subject= 要输入的主题" 的语句，实例中主题可以写"客服帮助"，完整的语句为"xxxx@163.com?subject= 客服帮助"。

## 4.4 表格标签

表格 <table> 标签是网页的重要元素，在 CSS 布局方式被广泛运用之前，表格布局在很长一段时间中都是最重要的页面布局方式。在使用 CSS 布局中，也不是完全不可以使用表格，而是将表格回归它本身的作用，用于显示表格式数据。

## 4.4.1　表格的基本构成 <table>、<tr> 和 <td> 标签

表格由行、列和单元格三部分组成，一般通过 3 个标签来创建，分别是表格标签 <table>、单元行标签 <tr> 和单元格标签 <td>。表格的各种属性都要在表格的开始标签 <table> 和表格的结束标签 </table> 之间才会有效。

- ⏬ **行**：表格中的水平间隔。
- ⏬ **列**：表格中的垂直间隔。
- ⏬ **单元格**：表格中行与列相交所产生的区域。

在网页中插入表格的基本语法如下。

```
<table>
    <tr>
        <td> 单元格中内容 </td>
        <td> 单元格中内容 </td>
    </tr>
    <tr>
        <td> 单元格中内容 </td>
        <td> 单元格中内容 </td>
    </tr>
</table>
```

<table> 标签和 </table> 标签分别表示表格的开始和结束，而 <tr> 和 </tr> 则分别表示表格行的开始和结束，在表格中包含几组 <tr>、</tr>，就表示该表格为几行，<td> 和 </td> 表示单元格的起始和结束。

## 4.4.2　表格标题 <caption> 标签

<caption> 标签可以为表格提供一个简短的说明，和图像的说明比较类似。默认情况下，大部分可视化浏览器在表格的上方水平居中位置显示表格标题。

表格标题的基本语法如下。

```
<caption> 表格的标题内容 </caption>
```

表格标题可以让浏览者更好地了解表格中的数据所表达的意思，从而节省了浏览者大量的时间。

**实战** 创建数据表格

最终文件：最终文件 \ 第 4 章 \4-4-2.html　　　视频：视频 \ 第 4 章 \4-4-2.mp4

**01** 执行"文件" > "新建"命令，弹出"新建文档"对话框，单击"确定"按钮，新建 HTML 页面，如图 4-33 所示。执行"文件" > "保存"命令，将该页面保存为"源文件 \ 第 4 章 \4-4-2.html"，如图 4-34 所示。

图 4-33

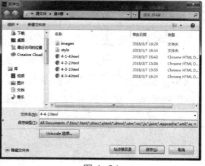

图 4-34

**02** 在 <title> 与 </title> 标签之间输入网页的标题，如图 4-35 所示。在 <body> 与 </body> 标签之间输入组成表格的相关标签和代码，如图 4-36 所示。

**03** 保存页面，在浏览器中预览页面，可以看到网页中表格的效果，如图 4-37 所示。返回网页的 HTML 代码中，在表格的第一个单元行 <tr> 标签上方添加 <caption> 标签，设置表格标题，如图 4-38 所示。

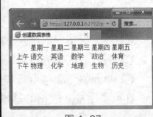

图 4-37

图 4-35

图 4-36

图 4-38

**04** 保存页面，在浏览器中预览页面，可以看到网页中表格的效果，如图 4-39 所示。返回网页的 HTML 代码中，将第一行单元格的 <td> 标签修改为表头 <th> 标签，如图 4-40 所示。

**05** 使用相同的制作方法，将其余单元行中的第一列单元格标签修改为表头 <th> 标签，如图 4-41 所示。保存页面，在浏览器中预览页面，可以看到表格的效果，如图 4-42 所示。

图 4-39

图 4-40

图 4-41

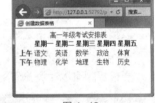

图 4-42

> **提示**
>
> <th> 标签表示表头，表头是表格的第一行或第一列对表格内容的说明，默认的文字样式居中、加粗显示。在表格中，只需要把 <td> 标签改为 <th> 标签就可以实现表格的表头。

### 4.4.3 表头 <thead>、表主体 <tbody> 和表尾 <tfoot> 标签

为了在 HTML 代码中清楚地区分表格结构，HTML 语言中规定了 <thead>、<tbody> 和 <tfoot>3 个标签，分别对应于表格的表头、表主体和表尾。

表格头部的开始标签是 <thead>，结束标签是 </thead>。它们用于定义表格最上端表头的样式，可以设置背景色、文字对齐方式和文字垂直对齐方式等。

表格头部的基本语法如下。

```
<thead>
...
</thead>
```

在一个表格中只能出现一个 <thead> 标签，在 <thead> 与 </thead> 之间还可以包含 <td>、<th> 和 <tr> 标签。

与表格头部的标签功能类似，表格主体用于统一设计表格主体部分的样式，表格主体的标签为 <tbody>。

表格主体的基本语法如下。

```
<tbody>
…
</tbody>
```

在一个表格中只能出现一个 <tbody> 标签。

使用 <tfoot> 标签可以在表格中定义表尾部分。

表格尾部的基本语法如下。

```
<tfoot>
…
</tfoot>
```

在一个表格中只能出现一个 <foot> 标签。

**实战　设置表格中的表头、表主体和表尾**

最终文件：最终文件 \ 第 4 章 \4-4-3.html　　　视频：视频 \ 第 4 章 \4-4-3.mp4

**01** 执行 "文件" > "新建" 命令，弹出 "新建文档" 对话框，选择 HTML 选项，单击 "创建" 按钮，新建 HTML5 文件，如图 4-43 所示。将该页面保存为 "源文件 \ 第 4 章 \4-4-3.html"，在 <title> 与 </title> 标签之间输入网页标题，如图 4-44 所示。

图 4-43

图 4-44

**02** 在 <body> 与 </body> 标签之间添加表格标签并且添加 <thead> 标签，对表格头部进行制作，如图 4-45 所示。完成表头的制作，在表头结束标签 </thead> 之后输入表主体标签 <tbody>，对表主体部分进行制作，如图 4-46 所示。

图 4-45

图 4-46

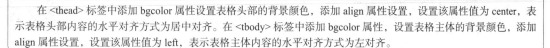

**技巧**

在 <thead> 标签中添加 bgcolor 属性设置表格头部的背景颜色，添加 align 属性设置，设置该属性值为 center，表示表格头部内容的水平对齐方式为居中对齐。在 <tbody> 标签中添加 bgcolor 属性，设置表格主体的背景颜色，添加 align 属性设置，设置该属性值为 left，表示表格主体内容的水平对齐方式为左对齐。

**03** 完成表主体的制作，在表主体结束标签 </tbody> 之后输入表尾标签 <tfoot>，对表尾部分进行制作，如图 4-47 所示。完成页面中表格的制作，保存页面，在浏览器中预览页面，可以看到网页中的表格效果，如图 4-48 所示。

图 4-47

图 4-48

---

**提示**

在 <tfoot> 标签中只包含一个单元格，在该单元格 <td> 标签中添加 colspan 属性，该属性用于设置合并单元格的数量。

---

**技巧**

一个标准的数据表格应该包括标题、表头、表主体和表尾。标题说明这个表格是什么内容的数据；表头可以包含多个表头，<th>、</th> 用来说明每列数据的共性，比如天气报表中的天气；表主体是表格的重点，它包含具体的数据，并往往以多行多列的形式表现出来；表尾一般对表格内容进行注解。

---

# 4.5　iFrame 框架

iFrame 框架是一种特殊的框架，是在浏览器窗口中嵌套的子窗口，整个页面并不一定是框架页面，但要包含一个框架窗口。iFrame 框架可以完全由设计者定义宽度和高度，并且可以放置在一个网页的任何位置，这极大地扩展了框架页面的应用范围。

在 <iframe> 标签中除了可以通过 src 属性来指定所调用的页面以外，还可以添加其他的属性设置，从而控制 iFrame 框架的宽度、高度、对齐方式和滚动条等属性。

iFrame 框架属性设置的基本语法如下。

```
<iframe src="url" width="宽度值" height="高度值" align="对齐方式" scrolling="是否显示滚动条" frameborder="是否显示框架边框"></iframe>
```

<iframe> 标签中各属性说明如表 4-3 所示。

表 4-3　<iframe> 标签属性说明

| 属性 | 说明 |
| --- | --- |
| src | 该属性用于指定框架页面的路径地址和文件名 |
| width | 该属性用于设置 iFrame 框架页面的宽度，以像素值为单位 |
| height | 该属性用于设置 iFrame 框架页面的高度，以像素值为单位 |
| align | 该属性用于设置 iFrame 框架页面的对齐方式，该属性的取值包括左对齐 left、右对齐 right、居中对齐 middle 和底部对齐 bottom |
| scrolling | 该属性用于设置 iFrame 框架是否显示滚动条，该属性有 3 个属性值，分别是 auto、yes 和 no。auto 属性值为默认值，根据窗口内容的宽度和高度决定是否显示滚动条；yes 属性值表示总显示滚动条，即使页面内容不足以撑满框架范围，滚动条的位置也预留；no 属性值表示在任何情况下都不显示滚动条 |
| frameborder | 该属性用于设置 iFrame 框架是否显示边框。该属性值只能取 0 和 1，或 yes 和 no。0 和 no 表示框架边框不显示，1 和 yes 为默认值，表示显示框架边框 |

**实战** 插入并设置 iFrame 框架

最终文件：最终文件\第 4 章\4-5.html　　视频：视频\第 4 章\4-5.mp4

**01** 执行"文件" > "打开"命令，打开页面"源文件\第 4 章\4-5.html"，可以看到该页面的 HTML 代码，如图 4-49 所示。在浏览器中预览该页面，可以看到页面背景效果，如图 4–50 所示。

```
<body>
<div id="box">
  <div id="top">
    <div id="logo">
      <img src="images/45102.png" width="171" height="34" alt="">
    </div>
    <div id="menu">
      <ul>
        <li>故事</li>
        <li>网点</li>
        <li>品牌</li>
        <li>特刊</li>
        <li>论坛</li>
      </ul>
    </div>
  </div>
  <div id="main-bg">

  </div>
</div>
</body>
```

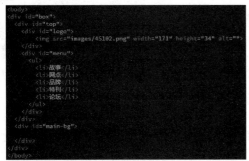

图 4–49

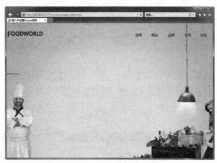

图 4–50

02 返回网页的 HTML 代码中，在 id 名称为 main–bg 的 Div 之间添加 <iframe>、</iframe> 标签，如图 4–51 所示。然后在 <iframe> 标签中添加 src 属性设置，如图 4–52 所示。

```
</div>
<div id="main-bg">
  <iframe></iframe>
</div>
</div>
```

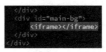

图 4–51

```
<div id="main-bg">
  <iframe src="main.html"></iframe>
</div>
```

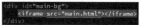

图 4–52

图 4–53

03 保存页面，在浏览器中预览页面，可以看到 iFrame 框架页面已经调用过来了，但是 iFrame 框架过小，如图 4–53 所示。返回 HTML 代码中，继续在 <iframe> 标签中添加宽度和高度等属性设置，如图 4–54 所示。

```
<div id="main-bg">
  <iframe src="main.html" width="570" height="410"></iframe>
</div>
```

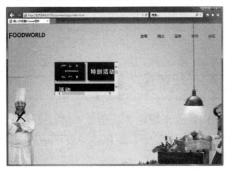

图 4–54

04 继续在 <iframe> 标签中添加浮动框架对齐方式 align 属性设置，如图 4–55 所示。继续在 <iframe> 标签中添加 scrolling 与 frameborder 属性设置，如图 4–56 所示。

```
<div id="main-bg">
  <iframe src="main.html" width="570" height="410" align="right">
  </iframe>
</div>
```

图 4–55

```
<div id="main-bg">
  <iframe src="main.html" width="570" height="410" align="right"
  scrolling="no" frameborder="0"></iframe>
</div>
```

图 4–56

05 保存页面，在浏览器中预览页面，可以看到页面中浮动框架的效果，如图 4–57 所示。

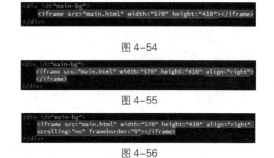

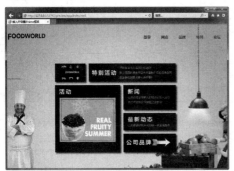

图 4–57

**技巧**

在使用框架制作的网页中，通常情况下，都不显示框架的边框，这样可以使整个框架页面看起来更流畅，是一个有机的整体，显示框架的边框可以更好地区分各框架页面。

# 第 5 章 多媒体标签的应用

在 HTML5 普及之前，在线的音频和视频都是借助 Flash 或第三方工具实现的，现在 HTML5 也支持这方面的功能，HTML5 为开发者提供了标准的、集成的 API。本章将介绍 HTML5 中新增的两个多媒体标签 <audio> 和 <video>，分别用于在网页中使用音频和视频。

**本章知识点：**
- ➤ 掌握使用 <embed> 标签嵌入音频和视频的方法
- ➤ 了解 HTML5 多媒体的基础知识
- ➤ 掌握 <audio> 标签的基础知识和使用方法
- ➤ 掌握 <video> 标签的基础知识和使用方法
- ➤ 掌握 <audio> 与 <video> 标签的属性和事件

## 5.1  使用 <embed> 标签嵌入传统多媒体元素

在网页中嵌入各种多媒体元素越来越常见，也使网页内容越来越精彩。通过 <embed> 标签可以将不同的多媒体元素以插件的形式嵌入网页中，<embed> 标签在 HTML 4.01 中就已经存在，在 HTML5 中依然支持该标签。

### 5.1.1  使用 <embed> 标签在网页中插入 Flash 动画

网页中只有文字和图像是不足以吸引浏览者的，在网页中通过插入 Flash 动画，可使网页内容更加丰富。使用 <embed> 标签可以将 Flash 动画文件插入网页中。插入 Flash 动画的基本语法如下。

```
<embed src=" Flash 动画文件路径和地址 " width=" 宽度 " height=" 高度 ">
```

<embed> 标签中的相关属性介绍如表 5-1 所示。

表 5-1  <embed> 标签属性说明

| 属性 | 说明 |
| --- | --- |
| src | 用于设置 Flash 动画的地址，可以使用相对地址，也可以使用绝对地址 |
| width | 用于设置 Flash 动画的宽度 |
| height | 用于设置 Flash 动画的高度 |

> **提示**
>
> <embed> 标签比较特殊，在 HTML5 之前，该标签一直被定义为普通标签，也就是有开始标签 <embed> 和结束标签 </embed>，而在 HTML5 中将其定义为单标签，也就是只有开始标签，而不需要结束标签。所以目前在 HTML 代码中使用 <embed> 标签时，写为普通标签或者单标签的形式，在浏览器中都能正确对其解析。

**实 战** **制作 Flash 欢迎页面**

最终文件：最终文件 \ 第 5 章 \5-1-1.html     视频：视频 \ 第 5 章 \5-1-1.mp4

<u>01</u> 执行 "文件" > "打开" 命令，打开页面 "源文件 \ 第 5 章 \5-1-1.html"，可以看到该页面的 HTML 代码，如图 5-1 所示。在浏览器中预览该页面，可以看到页面目前并没有

任何内容，只有灰色的背景，如图 5-2 所示。

02 返回网页的 HTML 代码中，在 <body> 与 </body> 标签之间添加 <embed> 标签，插入 Flash 动画，如图 5-3 所示。在 <embed> 标签外部添加 <center> 标签，使 Flash 动画在网页中水平居中显示，如图 5-4 所示。

图 5-1　　　　　　　　　　　　　　　　　　　图 5-2

```
<body>
    <embed src="images/main.swf" width="960" height="568">
</body>
```

图 5-3

```
<body>
<center>
    <embed src="images/main.swf" width="960" height="568">
</center>
</body>
```

图 5-4

03 保存网页，在浏览器中预览网页，可以看到 Flash 欢迎页的效果，如图 5-5 所示。

图 5-5

> **提示**
>
> 　　大部分浏览器并不能直接播放 Flash 动画，必须通过 Flash Player 插件才能播放 Flash 动画，但是 Flash Player 插件通常是随着操作系统安装到计算机中的，所以，一般情况下都可以直接在浏览器中预览 Flash 动画。

## 5.1.2　使用 <bgsound> 标签为网页添加背景音乐

如果只是为网页添加背景音乐，使用 HTML 中的 <bgsound> 标签是简单快捷的方法。
背景音乐 <bgsound> 标签的基本语法如下。

```
<bgsound src=" 背景音乐的地址 " loop=" 播放次数 "></bgsound>
```

src 属性用于设置背景音乐的路径地址，可以是绝对地址，也可以是相对地址。

默认情况下，为网页所设置的背景音乐只播放一次。loop 属性用于设置背景音乐循环播放的次数，如果将该属性值设置为 –1 或 true，则表示无限循环播放。

**实战　为网页添加背景音乐**

最终文件：最终文件 \ 第 5 章 \5-1-2.html　　　视频：视频 \ 第 5 章 \5-1-2.mp4

01 执行"文件">"打开"命令，打开页面"源文件 \ 第 5 章 \5-1-2.html"，可以看到该页面的 HTML 代码，如图 5-6 所示。在浏览器中预览该页面，可以看到页面背景效果，如图 5-7 所示。

02 返回网页的 HTML 代码中，在 <body> 与 </body> 标签之间的任意位置添加 <bgsound> 标

签为网页设置背景音乐，如图 5-8 所示。保存页面，在浏览器中预览页面，可以听到为网页所添加的
背景音乐的效果，如图 5-9 所示。

```
1   <!doctype html>
2 ▼ <html>
3 ▼ <head>
4   <meta charset="utf-8">
5   <title>为网页添加背景音乐</title>
6   <link href="style/5-1-2.css" rel="stylesheet" type="text/css">
7   </head>
8
9 ▼ <body>
10 ▼ <div id="pic">
11
12   </div>
13   </body>
14   </html>
15
```

图 5-6

图 5-7

```
<body>
<div id="pic">
   <bgsound src="images/sound.mp3" loop="-1"></bgsound>
</div>
</body>
```

图 5-8

> **提示**
>
>   <bgsound> 标签是 IE 浏览器的私有标签，只有
> IE 浏览器才支持该标签，其他浏览器并不支持该标
> 签，在使用时需要特别注意。

图 5-9

## 5.1.3 使用 <embed> 标签嵌入音频

  在网页中嵌入音频可以在网页上显示播放器的外观，包括播放、暂停、停止、音量及声音文件
的开始和结束等控制按钮。使用 <embed> 标签即可在网页中嵌入音频文件。

  嵌入音频的基本语法如下。

```
<embed src=" 音频文件地址 " width=" 宽度 " height=" 高度 " autostart=" 是否自动播放 " loop="
是否循环播放 " />
```

  <embed> 标签的相关属性介绍如表 5-2 所示。

表 5-2  <embed> 标签相关属性说明

| 属性 | 说明 |
| --- | --- |
| width 和 height | 默认情况下，在网页中嵌入的音频文件在网页中会显示系统中默认的音频播放器外观，通过 width 和 height 属性可以控制音频播放器外观的宽度和高度 |
| autostart | autostart 属性用于设置视频文件是否自动播放，该属性的属性值有两个，一个是 true，表示自动播放；另一个是 false，表示不自动播放 |
| loop | loop 属性用于设置音频文件是否循环播放，该属性的属性值有两个，一个是 true，表示音频文件将无限次地循环播放；另一个是 false，表示音频只播放一次 |

**实战**   **在网页中嵌入音频**

最终文件：最终文件 \ 第 5 章 \5-1-3.html    视频：视频 \ 第 5 章 \5-1-3.mp4

  **01** 执行 "文件" > "打开" 命令，打开页面 "源文件 \ 第 5 章 \5-1-3.html"，
可以看到该页面的 HTML 代码，如图 5-10 所示。在浏览器中预览该页面，效果如图 5-11 所示。

  **02** 返回网页的 HTML 代码中，在 id 名称为 music 的 Div 之间添加 <embed> 标签，并对
<embed> 标签属性进行设置，如图 5-12 所示。保存页面，在浏览器中预览页面，可以看到在网页
中嵌入音频播放条的效果，并且能听到音频的效果，如图 5-13 所示。

```
1  <!doctype html>
2 ▼ <html>
3 ▼ <head>
4    <meta charset="utf-8">
5    <title>在网页中嵌入音频</title>
6    <link href="style/5-1-3.css" rel="stylesheet" type="text/css">
7    </head>
8
9 ▼ <body>
10 ▼ <div id="pic">
11 ▼    <div id="music">
12
13      </div>
14    </div>
15    </body>
16   </html>
17
```

图 5-10

图 5-11

```
<body>
<div id="pic">
  <div id="music">
    <embed src="images/sound.mp3" width="300" height="45"
    autostart="true" loop="true">
  </div>
</div>
</body>
```

图 5-12

图 5-13

> **提示**
>
> 　　嵌入音频使用的是 <embed> 标签，通过该标签在网页中嵌入音频文件进行播放，在网页中显示系统默认的音频播放控制插件，可以对音频的播放进行控制。需要注意的是，因为 <embed> 标签本质上是通过插件的方式来实现音频播放的，不同的客户端可能默认的音频播放软件不同，也导致在不同的客户端中显示不同的音频控制插件。

## 5.1.4　使用 <embed> 标签嵌入视频

　　在网页中可以嵌入许多普通格式的视频文件，例如 WMV 和 AVI 等格式的视频文件。在网页中嵌入视频可以在网页上显示播放器外观，包括播放、暂停、停止和音量等控制按钮。

　　使用 <embed> 标签在网页中嵌入视频的语法格式如下。

<embed src=" 视频文件地址 " width=" 视频宽度 " height=" 视频高度 " autostart=" 是否自动播放 " loop=" 是否循环播放 "></embed>

　　通过嵌入视频的语法可以看出，在网页中嵌入视频文件与在网页中嵌入音频的方法非常相似，都是使用 <embed> 标签，只不过是嵌入视频文件链接的是视频文件，而 width 和 height 属性分别设置的是视频播放器的宽度和高度。

### 实战　在网页中嵌入普通视频

最终文件：最终文件 \ 第 5 章 \5-1-4.html　　视频：视频 \ 第 5 章 \5-1-4.mp4

　　**01** 执行 "文件" > "打开" 命令，打开页面 "源文件 \ 第 5 章 \5-1-4.html"，可以看到该页面的 HTML 代码，如图 5-14 所示。在浏览器中预览该页面，效果如图 5-15 所示。

图 5-14

图 5-15

返回网页的 HTML 代码中，在 <div id="movie"> 与 </div> 标签之间添加 <embed> 标签，并在该标签中添加相应的属性设置代码，如图 5-16 所示。保存页面，在浏览器中预览页面，可以看到在网页中插入视频的效果，如图 5-17 所示。

图 5-16

图 5-17

> **提示**
>
> 　　使用 <embed> 标签在 HTML 页面中嵌入音频或视频，都是依赖于系统音频和视频播放插件的支持，都会使用系统中默认的音频和视频播放器在网页中播放相应的音频和视频。例如，笔者操作系统中默认的音频和视频播放插件为 Windows Media Player，所以在预览页面时显示 Windows Media Player 的播放控件。如果系统中默认的播放插件为其他的软件，则预览的效果与书中截图的效果不同。
>
> 　　目前许多浏览器已经不再支持 AVI 格式的视频文件 ( 如 Chrome 浏览器 )，在这样的浏览器中打开页面，会默认下载嵌入网页中的视频文件。

# 5.2 了解 HTML5 中的多媒体标签

　　为了能够更加方便地在网页中嵌入音频和视频文件，在 HTML5 中新增了 <audio> 和 <video> 标签，用于统一 HTML 页面中多媒体应用的规范。HTML5 对多媒体的支持是顺势发展，只是目前还没有规范得很完整，各种浏览器的支持差别也很大。

## 5.2.1 在线多媒体的发展

　　早在 2000 年，在线视频都是借助第三方工具实现的，如 RealPlayer 和 QuickTime 等，但它们存在隐私保护问题或兼容性问题。例如，上一节中所介绍的 <embed> 标签，使用该标签在网页中嵌入视频或音频进行播放，其视频与音频的格式及播放器的外观完全受到本地操作系统中安装的播放器的影响，这就会造成显示效果的差异及兼容性问题。

　　随着 Flash 动画的兴起，可以通过 Flash 的方式在网页中嵌入音频和视频进行播放，这种方式与本地操作系统中安装的播放器无关，能够获得统一的播放外观效果，但是其缺点是代码较长，最重要的是需要安装 Flash 插件，并非所有浏览器都拥有同样的插件。

　　在 HTML5 中，不但不需要安装其他插件，而且实现还很简单。播放一个视频只需要一行代码，如：

```
<video src="images\movie.mp4" autoplay></video>
```

　　由此可见，在 HTML5 中省去了许多不必要的信息。

　　在 HTML5 中实现多媒体，不需要知道数据的类型，因为标签已经指明；也不需要设置版本信息，因为不涉及这方面的信息；可以由 CSS 样式表来控制尺寸，因为它们是页面元素。这些原生的优势，是其他任何第三方插件都无法企及的。

## 5.2.2 检查浏览器是否支持 <audio> 和 <video> 标签

　　检查浏览器是否支持 <audio> 和 <video> 标签，可以通过 JavaScript 脚本代码来动态地创建它，并检测是否存在，脚本代码如下。

```
var support = !!document.createElement("audio").canPlayType;
```

这段脚本代码会动态创建 audio 元素，然后检查 canPlayType() 函数是否存在。通过执行两次逻辑非运算符 "!"，将其结果转换成布尔值，就可以确定音频对象是否创建成功。同样，video 元素也可以这样去检查。

# 5.3 HTML5 新增 <audio> 标签的应用

网络上有许多不同格式的音频文件，但 HTML 标签支持的音乐格式并不是很多，并且不同的浏览器支持的格式也不相同。HTML5 针对这种情况，新增了 <audio> 标签来统一网页音频格式，可以直接使用该标签在网页中添加相应格式的音乐。

## 5.3.1 <audio> 标签所支持的音频格式

目前，HTML5 新增的 <audio> 标签所支持的音频格式主要是 WAV、MP3 和 OGG，在各种主要浏览器中的支持情况如表 5-3 所示。

表 5-3　HTML5 音频在浏览器中的支持情况

| 格式 | IE 11 | Firefox 28.0 | Opera 20.0 | Chrome 34.0 | Safari 5.34 |
|---|---|---|---|---|---|
| WAV | × | √ | √ | √ | √ |
| MP3 | √ | √ | × | √ | √ |
| OGG | × | √ | √ | √ | × |

## 5.3.2 使用 <audio> 标签

在 HTML5 中新增了 <audio> 标签，通过该标签在网页中嵌入音频并播放。在网页中使用 HTML5 中的 <audio> 标签嵌入音频时，只需要指定 <audio> 标签中的 src 属性值为一个音频源文件的路径即可，代码如下。

```
<audio src="images/music.mp3">
    你的浏览器不支持audio元素
</audio>
```

通过这种方法将音频文件嵌入网页中，如果浏览器不支持 HTML5 的 <audio> 标签，将会在网页中显示替代文字 "你的浏览器不支持 audio 元素"。这种不兼容的提示与 <canvas> 标签是一样的，也是 HTML5 处理不兼容的统一方法。

**实战　在网页中嵌入 HTML5 音频播放**

最终文件：最终文件 \ 第 5 章 \5-3-2.html　　视频：视频 \ 第 5 章 \5-3-2.mp4

01 执行 "文件" > "打开" 命令，打开页面 "源文件 \ 第 5 章 \5-3-2.html"，可以看到该页面的 HTML 代码，如图 5-18 所示。在浏览器中预览该页面，可以看到页面背景效果，如图 5-19 所示。

图 5-18

图 5-19

02 返回网页的 HTML 代码中，在 id 名称为 music 的 Div 中添加 <audio> 标签，并为其设置相应的属性，如图 5-20 所示。在 <audio> 与 </audio> 标签之间添加当浏览器不支持 <audio> 标签时的提示文字，如图 5-21 所示。

图 5-20

图 5-21

　　在 <audio> 标签中加入 controls 属性设置，使嵌入网页中的音频文件显示音频播放控制条，可以对音频的播放、停止及音量等进行控制。

**03** 保存页面，在浏览器中预览该页面的效果，可以看到播放器控件并播放音乐，如图 5-22 所示。如果使用 IE 9 以下版本浏览器预览该页面，则会显示不支持 HTML5<audio> 标签的提示文字，如图 5-23 所示。

图 5-22

图 5-23

## 5.4 HTML5 新增 <video> 标签的应用

　　视频标签的出现无疑是 HTML5 的一大亮点，但是旧的浏览器不支持 HTML5 Video，并且涉及视频文件的格式问题，Firefox、Safari 和 Chrome 的支持方式并不相同，所以在现阶段要想使用 HTML5 的视频功能，浏览器兼容性是一个不得不考虑的问题。

### 5.4.1 <video> 标签所支持的视频格式 >

　　目前，HTML5 新增的 <video> 标签支持的视频格式主要是 MPEG4、WebM 和 OGG，在各种主要浏览器中的支持情况如表 5-4 所示。

表 5-4　HTML5 视频在浏览器中的支持情况

| 格式 | IE 11 | Firefox 28.0 | Opera 20.0 | Chrome 34.0 | Safari 5.34 |
|------|-------|--------------|------------|-------------|-------------|
| MPEG4 | √ | √ | × | √ | √ |
| WebM | × | √ | √ | √ | × |
| OGG | × | √ | √ | √ | × |

### 5.4.2 使用 <video> 标签

　　在网页中可以使用 HTML5 新增的 Video 元素嵌入视频，其方法与 Audio 元素相似，还可以在 <video> 标签中添加 width 和 height 属性设置，从而控制视频的宽度和高度，代码如下。

```
<video src="images/movie.mp4" width="600" height="400">
    你的浏览器不支持 video 元素
</video>
```

通过这种方法即可把视频添加到网页中，浏览器不兼容时，显示替代文字"你的浏览器不支持 video 元素"。对于兼容性的处理方法，也可以增加丰富的标签内容，或者增加 Flash 的替代方案。

**实战　在网页中嵌入 HTML5 视频播放**

最终文件：最终文件 \ 第 5 章 \5-4-2.html　　　视频：视频 \ 第 5 章 \5-4-2.mp4

**01** 执行"文件" > "打开"命令，打开页面"源文件 \ 第 5 章 \5-4-2.html"，可以看到该页面的 HTML 代码，如图 5-24 所示。在浏览器中预览页面，可以看到页面的背景效果，如图 5-25 所示。

图 5-24　　　　　　　　　　　　　　　　　　图 5-25

**02** 返回网页的 HTML 代码中，在 id 名称为 video 的 Div 标签中加入 <video> 标签，并设置相关属性，如图 5-26 所示。在 <video> 与 </video> 标签之间添加当浏览器不支持 <video> 标签时的提示文字，如图 5-27 所示。

图 5-26　　　　　　　　　　　　　　　　　　图 5-27

**技巧**

在 <video> 标签中的 controls 属性是一个布尔值，显示 play/stop 按钮；width 属性用于设置视频所需要的宽度，默认情况下，浏览器会自动检测所提供的视频尺寸；height 属性用于设置视频所需要的高度。

**03** 切换到设计视图中，可以看到 <video> 标签在网页中显示为一个灰色区域，如图 5-28 所示。保存页面，在浏览器中预览页面，可以看到使用 HTML5 实现的嵌入视频播放的效果，如图 5-29 所示。

图 5-28　　　　　　　　　　　　　　　　　　图 5-29

**提示**

对于 HTML5 的 <video> 标签，每个浏览器的支持情况不同，Firefox 浏览器只支持 .ogg 格式的视频文件，Safari 和 Chrome 浏览器只支持 .mp4 格式的视频文件，而 IE 11 以下版本不支持 <video> 标签，IE 11 浏览器支持 <video> 标签，所以在使用该标签时一定要注意。

### 5.4.3 使用 <source> 标签

由于各种浏览器对音频和视频的编解码器的支持不一样，为了在各种浏览器中都能正常显示音频和视频效果，提供多种不同格式的音频和视频文件。这就需要使用 <source> 标签为 audio 元素或 video 元素提供多个备用多媒体文件，代码如下。

```
<audio src="images/music.mp3">
   <source src="images/music.ogg" type="audio/ogg">
   <source src="images/music.mp3" type="audio/mpeg">
   你的浏览器不支持 audio 元素
</audio>
```

或

```
<video src="images/movie.mp4" width="562" height="423" controls>
   <source src="images/movie.ogg" type="video/ogg" codes="theora,vorbis">
   <source src="images/movie.mp4" type="video/mp4">
   你的浏览器不支持 video 元素
</video>
```

由此可见，使用 source 元素代替 <audio> 或 <video> 标签中的 src 属性，这样浏览器可根据自身的播放能力，按照顺序自动选择最佳的源文件进行播放。

此外，<source> 标签有几个属性，分别介绍如下。

**1. src 属性**

src 属性用于指定媒体文件的 URL 地址，可以是相对路径地址，也可以是绝对路径地址。

**2. type 属性**

type 属性用于指定媒体文件的类型，属性值为媒体文件的 MIME 类型，该属性值还可以通过 codes 参数指定编码格式。为了提高执行效率，定义详细的 type 属性是非常必要的。

## 5.5 <audio> 与 <video> 标签的属性

在 HTML5 新增的 <audio> 与 <video> 标签中都提供了相应的属性，通过在标签中添加相应的属性设置，对页面中的音频和视频进行设置。在 <audio> 与 <video> 标签中提供的属性大致分为标签属性和接口属性。

### 5.5.1 元素的标签属性

<audio> 与 <video> 标签提供的元素标签属性基本相同，主要用于对插入网页中的音频或视频进行控制。<audio> 与 <video> 标签的相关属性说明如表 5-5 所示。

表 5-5　<audio> 与 <video> 标签相关属性说明

| 属性 | 说明 |
| --- | --- |
| src | 用于指定媒体文件的 URL 地址，可以是相对路径地址，也可以是绝对路径地址 |
| autoplay | 用于设置媒体文件加载后自动播放，该属性在标签中使用方法如下。<br><audio src="images/music.mp3" autoplay></video><br>或<br><video src="resources/video.mp4" autoplay></video> |
| controls | 用于为视频和音频添加自带的播放控制条，控制条中包括播放／暂停、进度条、进度时间和音量控制等。该属性在标签中的使用方法如下。<br><audio src="images/music.mp3" controls></video><br>或<br><video src="images/video.mp4" controls></video> |

（续表）

| 属性 | 说明 |
|---|---|
| loop | 用于设置音频或视频循环播放。该属性在标签中的使用方法如下。<br><audio src="images/music.mp3" controls loop></video><br>或<br><video src="images/video.mp4" controls loop></video> |
| preload | 表示页面加载完成后，如何加载视频数据。该属性有 3 个值：none 表示不进行预加载；metadata 表示只加载媒体文件的元数据；auto 表示加载全部视频或音频。默认值为 auto。用法如下。<br><audio src="images/music.mp3" controls preload="auto"></video><br>或<br><video src="images/video.mp4" controls preload="auto"></video><br>如果在标签中设置了 autoplay 属性，则忽略 preload 属性 |
| poster | 该属性是 <video> 标签的属性，<audio> 标签没有该属性<br>该属性用于指定一幅替代图片的 URL 地址，当视频不可用时，会显示该替代图片，用法如下。<br><video src="images/video.mp4" controls poster="images/none.jpg"></video> |
| width 和 height | 这两个属性是 <video> 标签的属性，<audio> 标签没有这两个属性。该属性用于设置视频的宽度和高度，单位是像素，使用方法如下。<br><video src="images/video.mp4" controls width="800" height="600"></video> |

## 5.5.2　元素的接口属性

　　<audio> 与 <video> 标签除了提供标签属性外，还提供了一些接口属性，用于针对音频和视频文件的编程。<audio> 与 <video> 标签的接口属性介绍如表 5-6 所示。

表 5-6　<audio> 与 <video> 标签接口属性说明

| 属性 | 说明 |
|---|---|
| currentSrc | 该属性为只读属性，获取当前正在播放或已加载的媒体文件的 URL 地址 |
| videoWidth | 该属性为只读属性，video 元素特有属性，获取视频原始的宽度 |
| videoHeight | 该属性为只读属性，video 元素特有属性，获取视频原始的高度 |
| currentTime | 该属性用于获取 / 设置当前媒体播放位置的时间点，单位为 s（秒） |
| starTime | 该属性为只读属性，获取当前媒体播放的开始时间，通常是 0 |
| duration | 该属性为只读属性，获取整个媒体文件的播放时长，单位为 s（秒）。如果无法获取，则返回 NaN |
| volume | 该属性用于获取 / 设置媒体文件播放时的音量，取值范围为 0.0~0.1 |
| muted | 该属性用于获取 / 设置媒体文件播放时是否静音。true 表示静音，false 表示消除静音 |
| ended | 该属性为只读属性，如果媒体文件已经播放完毕，则返回 true，否则返回 false |
| played | 该属性为只读属性，获取已播放媒体的 TimesRanges 对象，该对象内容包括已播放部分的开始时间和结束时间 |
| paused | 该属性为只读属性，如果媒体文件当前是暂停的或未播放，则返回 true，否则返回 false |
| error | 该属性为只读属性，读取媒体文件的错误代码。正常情况下，error 属性值为 null；有错误时，返回 MediaError 对象 code<br>code 有 4 个错误状态值。<br>① MEDIA_ERR_ABORTED（值为 1）：中止。媒体资源下载过程中，由于用户操作原因而被中止<br>② MEDIA_ERR_NETWORK（值为 2）：网络中断。媒体资源可用，但下载出现网络错误而中止<br>③ MEDIA_ERR_DECODE（值为 3）：解码错误。媒体资源可用，但解码时发生了错误<br>④ MEDIA_ERR_SRC_NOT_SUPPORTED（值为 4）：不支持格式。媒体格式不被支持 |
| seeking | 该属性为只读属性，获取浏览器是否正在请求媒体数据。true 表示正在请求，false 表示停止请求 |
| seekable | 该属性为只读属性，获取媒体资源已请求的 TimesRanges 对象，该对象内容包括已请求部分的开始时间和结束时间 |

（续表）

| 属性 | 说明 |
|---|---|
| networkState | 该属性为只读属性，获取媒体资源的加载状态。该状态有如下 4 个值。<br>① NETWORK_EMPTY( 值为 0)：加载的初始状态<br>② NETWORK_IDLE( 值为 1)：已确定编码格式，但尚未建立网络连接<br>③ NETWORK_LOADING( 值为 2)：媒体文件加载中<br>④ NETWORK_NO_SOURCE( 值为 3)：没有支持的编码格式，不加载 |
| buffered | 该属性为只读属性，获取本地缓存的媒体数据的 TimesRanges 对象。TimesRanges 对象可以是个数组 |
| readyState | 该属性为只读属性，获取当前媒体播放的就绪状态，共有如下 5 个值。<br>① HAVE_NOTHING( 值为 0)：还没有获取到媒体文件的任何信息<br>② HAVE_METADATA( 值为 1)：已获取到媒体文件的元数据<br>③ HAVE_CURRENT_DATA( 值为 2)：已获取到当前播放位置的数据，但没有下一帧数据<br>④ HAVE_FUTURE_DATA( 值为 3)：已获取到当前播放位置的数据，且包含下一帧的数据<br>⑤ HAVE_ENOUGH_DATA( 值为 4)：已获取足够的媒体数据，可以正常播放 |
| playbackRate | 该属性用于获取 / 设置媒体当前的播放速率 |
| defaultPlaybackRate | 该属性用于获取 / 设置媒体默认的播放速率 |

## 5.6 <audio> 与 <video> 标签的接口方法与事件

HTML5 为 audio 与 video 元素还提供了接口方法和一系列接口事件，方便通过脚本代码对嵌入网页中的音频和视频进行控制，本节将介绍 audio 和 video 元素的接口方法和接口事件。

### 5.6.1 元素的接口方法

HTML5 为 <audio> 和 <video> 标签提供了相同的接口方法，如表 5-7 所示。

表 5-7　<audio> 与 <video> 标签的接口方法

| 接口方法 | 说明 |
|---|---|
| Load() | 该方法用于加载媒体文件，为播放做准备。通常用于播放前的预加载，还用于重新加载媒体文件 |
| Play() | 该方法用于播放媒体文件。如果媒体文件没有加载，则加载并播放；如果是暂停的，则变为播放，自动改变 paused 属性为 false |
| Pause() | 该方法用于暂停播放媒体文件，自动改变 paused 属性为 true |
| canPlayType() | 该方法用于测试浏览器是否支持指定的媒体类型，语法格式如下。<br>canPlayType(<type>)<br><type> 用于指定媒体的类型，与 source 元素的 type 参数的指定方法相同。指定方式如 "video/mp4"，指定媒体文件的 MIME 类型，该属性值还可以通过 codes 参数指定编码格式。该方法可以有如下 3 个返回值。<br>① 空字符串：表示浏览器不支持指定的媒体类型<br>② maybe：表示浏览器可能支持指定的媒体类型<br>③ probably：表示浏览器确定支持指定的媒体类型 |

### 5.6.2 元素的事件

HTML5 还为 <audio> 和 <video> 标签提供了一系列的接口事件。在使用 <audio> 和 <video> 标签读取或播放媒体文件时，会触发一系列的事件，可以用 JavaScript 脚本来捕获这些事件，并进行相应的处理。

捕获事件有两种方法：一种是添加事件句柄；另一种是监听。

在网页的 <audio> 和 <video> 标签中添加事件句柄，如下所示。

```
<video id="myplayer" src="images/movie.mp4" onplay="video_playing()"></video>
```

然后在 video_playing() 函数中，添加需要的代码，监听方式如下。

```
var videoEl=document.getElementById("myPlayer");
videoEl.addEventListener("play",video_playing); /* 添加监听事件 */
```

<audio> 和 <video> 标签的接口事件说明如表 5-8 所示。

表 5-8　<audio> 与 <video> 标签的接口事件

| 接口事件 | 说明 |
| --- | --- |
| play | 当执行 play() 方法时触发该事件 |
| playing | 当多媒体文件正在播放时触发 |
| pause | 当执行 pause() 方法时触发 |
| timeupdate | 当多媒体文件的播放位置被改变时触发，可能是播放过程中的自然改变，也可能是人为改变 |
| ended | 当多媒体文件播放结束后停止播放时触发 |
| waiting | 在等待加载多媒体文件的下一帧时触发 |
| ratechange | 在多媒体文件的当前播放速率改变时触发 |
| volumechange | 在多媒体文件的音量改变时触发 |
| canplay | 多媒体文件以当前播放速率，需要缓冲时触发 |
| canplaythrough | 多媒体文件以当前播放速率，不需要缓冲时触发 |
| durationchange | 当多媒体文件的播放时长改变时触发 |
| loadstart | 当浏览器开始在网上寻找数据时触发 |
| progress | 当浏览器正在获取媒体文件时触发 |
| suspend | 当浏览器暂停获取媒体文件，且文件获取并没有正常结束时触发 |
| abort | 当中止获取媒体数据时触发，但这种中止不是由错误引起的 |
| error | 当获取媒体文件过程中出错时触发 |
| emptied | 当所在网络变为初始化状态时触发 |
| stalled | 浏览器尝试获取媒体数据失败时触发 |
| loadedmetadata | 在加载完媒体文件元数据时触发 |
| loadeddata | 在加载完当前位置的媒体播放数据时触发 |
| seeking | 浏览器正在请求数据时触发 |
| seeked | 浏览器停止请求数据时触发 |

　　在网页中通过 <audio> 或 <video> 标签嵌入视频时，如果在标签中设置 controls 属性，则会在网页中显示音频或视频的播放控制条，使用起来非常方便。但对于设计者来说，播放控制条的外观风格千篇一律，没有太大的新意。通过对 <audio> 和 <video> 标签的接口方法和接口事件的设置，可以自定义出不同风格的播放控制条，使元素在网页中的应用更加个性化。

**实战　自定义播放控制组件**

最终文件：最终文件 \ 第 5 章 \5-6-2.html　　　视频：视频 \ 第 5 章 \5-6-2.mp4

　　**01** 执行"文件">"打开"命令，打开页面"源文件 \ 第 5 章 \5-6-2.html"，可以看到该页面的 HTML 代码，如图 5-30 所示。在浏览器中预览页面，可以看到使用 <video> 标签在网页中嵌入视频的效果，如图 5-31 所示。

　　**02** 为方便调用视频对象，把视频对象定义为全局变量，返回网页的 HTML 代码中，在<head> 与 </head> 标签之间添加 JavaScript 脚本代码，代码如下。

```
<script type="text/javascript">
/* 定义全局视频对象 */
```

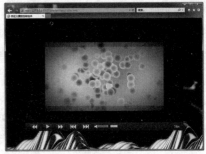

图 5-30　　　　　　　　　　　　　　　　图 5-31

```
var videoEl=null;
/* 网页加载完毕后，读取视频对象 */
window.addEventListener("load",function() {
    videoEl=document.getElementById("myplayer")
});
</script>
```

**03** 继续在 JavaScript 脚本代码中添加实现视频播放和暂停功能的 JavaScript 脚本代码，代码如下。

```
/* 播放 / 暂停 */
function play(e) {
    if(videoEl.paused) {
     videoEl.play();
     document.getElementById("play").innerHTML="<img src='images/56207.png'>"
    }else {
     videoEl.pause();
     document.getElementById("play").innerHTML="<img src='images/56206.png'>"
    }
}
```

**04** 在 id 名称为 play 的 <div> 标签中添加触发事件，输入相应的脚本代码，如图 5-32 所示。

保存页面，在浏览器中预览页面，单击播放按钮开始播放视频，并且播放按钮变为暂停按钮，单击可以暂停视频的播放，如图 5-33 所示。

图 5-32　　　　　　　　　　　　　　　　图 5-33

> **提示**
>
> 此处播放和暂停使用同一个按钮，使用 if 语句来实现，暂停时，播放功能有效，可单击播放视频；播放时，暂停功能有效，可单击暂停播放。

**05** 继续在 JavaScript 脚本代码中添加实现视频前进和后退功能的 JavaScript 脚本代码，代码如下。

```
/* 后退：后退 10s*/
function prev() {
    videoEl.currentTime-=10;
}
/* 前进：前进 10s*/
function next() {
    videoEl.currentTime+=10;
}
```

06 分别在 id 名称为 prev 和 next 的 <div> 标签中添加触发事件，输入相应的脚本代码，如图 5-34 所示。保存页面，在浏览器中预览页面，在视频播放过程中，每单击前进或后退按钮一次，则会向前或向后跳 10 秒，如图 5-35 所示。

图 5-34　　　　　　　　　　　　　　　　　　图 5-35

07 继续在 JavaScript 脚本代码中添加实现视频慢放和快放功能的 JavaScript 脚本代码，代码如下。

```
/* 慢放：小于等于 1 时，每次只减慢 0.2 的速率；大于 1 时，每次减 1*/
function slow() {
    if(videoEl.playbackRate<=1)
        videoEl.playbackRate-=0.2;
    else {
        videoEl.playbackRate-=1;
    }
    document.getElementById("rate").innerHTML=fps2fps(videoEl.playbackRate);
}
/* 快放：小于 1 时，每次只加快 0.2 的速率；大于 1 时，每次加 1*/
function fast() {
    if(videoEl.playbackRate<1)
        videoEl.playbackRate+=0.2;
    else {
        videoEl.playbackRate+=1;
    }
    document.getElementById("rate").innerHTML=fps2fps(videoEl.playbackRate);
}
/* 速率数值处理 */
function fps2fps(fps) {
    if(fps<1)
        return fps.toFixed(1);
    else
        return fps
}
```

08 分别在 id 名称为 slow 和 fast 的 <div> 标签中添加触发事件，输入相应的脚本代码，如图 5-36 所示。保存页面，在浏览器中预览页面，在视频播放过程中，可以单击慢放或快放按钮，查看慢放和快放的效果，如图 5-37 所示。

图 5-36　　　　　　　　　　　　　　　　　　图 5-37

提示

　　此处慢放和快放是通过改变速率来实现的。默认速率为 1。当速率小于 1 时，每次改变 0.2 的速率；当速率大于 1 时，每次改变的速率为 1。速率改变后，会在播放工具条中显示出来。

**09** 继续在 JavaScript 脚本代码中添加实现视频静音和音量功能的 JavaScript 脚本代码，代码如下。

```
/* 静音 */
function muted(e) {
    if(videoEl.muted) {
        videoEl.muted=false;
        e.innerHTML="<img src='images/56211.png'>";
        document.getElementById("volume").value=videoEl.volume;
    }else {
        videoEl.muted=true;
        e.innerHTML="<img src='images/56212.png'>";
        document.getElementById("volume").value=0;
    }
}
/* 调整音量 */
function volume(e) {
    video.volume=e.value;/* 修改音量的值 */
}
```

**10** 分别在 id 名称为 muted 的 <div> 标签和 id 名称为 volume 的 <input> 标签中添加触发事件，输入相应的脚本代码，如图 5-38 所示。保存页面，在浏览器中预览页面，在视频播放过程中，单击静音按钮，可以实现静音效果，再次单击该按钮，消除静音，如图 5-39 所示。

图 5-38

图 5-39

**11** 完成视频播放控制组件的自定义，在网页中可以对视频进行播放、暂停、前进、后退、音量等控制，效果如图 5-40 所示。

图 5-40

# 第 6 章　表单标签的应用

表单是静态 HTML 和动态网页技术的枢纽，是离用户距离最近的部分，所以外观必须给用户以信任感，并且功能模块清晰、操作便捷。不过表单元素在 HTML 中并不属于动态技术，只是一种数据提交的方法。如今，HTML5 正在努力地简化设计师的工作。为此 HTML5 不但增加了一系列功能性的表单、表单元素、表单属性，还增加了自动验证表单的功能。本章将带领大家一起学习 HTML 中的表单元素以及 HTML5 中新增表单元素的使用方法。

**本章知识点：**
- ➤ 了解表单的作用以及 <form> 标签
- ➤ 掌握普通表单元素的使用和设置方法
- ➤ 了解 HTML5 表单的发展以及作用
- ➤ 认识并掌握 HTML5 新增的表单输入类型
- ➤ 理解 HTML5 中新增的表单属性和表单元素
- ➤ 掌握 HTML5 中表单的验证方法

## 6.1　了解 HTML 表单

网站所具有的功能不仅仅是展示信息给浏览者，同时还能接收用户信息。网络上常见的留言本、注册系统等都是能够实现交互功能的动态网页，可以使浏览者充分参与到网页中。实现交互功能最重要的 HTML 元素就是表单，掌握表单的相关内容对于以后学习动态网页有很大帮助。

### 6.1.1　表单的作用

表单不是表格，既不用来显示数据，也不用来布局网页。表单提供一个界面，一个入口，便于用户把数据提交给后台程序进行处理。

网页中的 <from> 与 </form> 标签用来创建表单，定义了表单的开始和结束位置，在标签之间的内容都在一个表单中。表单子元素的作用是提供不同类型的容器，记录用户的数据。

用户完成表单数据输入之后，表单将把数据提交到后台程序页面。页面中可以有多个表单，但要确保一个表单只能提交一次数据。

### 6.1.2　表单 <form> 标签

网页中的 <form> 与 </form> 标签用来插入一个表单，在表单中可以插入相应的表单元素。
<form> 表单的基本语法格式如下。

```
<form name=" 表单名称 " action=" 表单处理程序 " method=" 数据传送方式 ">
...
</form>
```

在表单的 <form> 标签中，可以设置表单的基本属性，包括表单的名称、处理程序和传送方法等。一般情况下，表单的处理程序 action 属性和传送方法 method 属性是必不可少的参数。action 属性用于指定表单数据提交到哪个地址进行处理，name 属性用于给表单命名，这一属性不是表单所必需的属性，下一节具体介绍表单的传送方法 method 属性。

### 6.1.3 表单的数据传递方式

表单的 method 属性用来定义处理程序从表单中获得信息的方式，它决定了表单中已收集的数据是用什么方法发送到服务器的。传送方式的值只有两种选择，即 get 或 post。

#### 1. get

表单数据会被视为 CGI 或 ASP 的参数发送，也就是来访者输入的数据会附加在 URL 之后，由用户端直接发送至服务器，所以速度比 post 快，但缺点是数据长度不能太长。

#### 2. post

表单数据是与 URL 分开发送的，客户端的计算机会通知服务器来读取数据，所以通常没有数据长度上的限制，缺点是速度比 get 慢，默认值为 get。

> **技巧**
>
> 通常情况下，在选择表单数据的传递方式时，简单、少量和安全的数据可以使用 get 方法进行传递，大量的数据内容或者需要保密的内空间则使用 post 方法进行传递。

## 6.2 普通的 HTML 表单元素

只有一个表单域是无法实现功能的，表单标签只有和它所包含的具体表单元素相结合才能真正实现表单收集信息的功能。属于表单内部的元素比较多，适用于不同类型的数据记录。大部分的表单元素都采用单标签 <input>，不同的表单元素 <input> 标签的 type 属性取值不同。

### 6.2.1 文本域

文本域属于表单中使用比较频繁的表单元素，在网页中很常见。文本域又分为单行文本字段、密码框和多行文本框，此处所说的文本域就是单行文本框。

文本域的基本语法如下。

```
<input type="text" value=" 初始内容 " size=" 字符宽度 " maxlength=" 最多字符数 ">
```

该语法中包含很多属性，它们的含义和取值方法并不相同，其中 name、size、maxlength 属性一般是不会省略的参数。

文本域各属性的说明如表 6-1 所示。

表 6-1　文本域属性说明

| 属性 | 说明 |
| --- | --- |
| name | 该属性用于设置文本域的名称，用于和页面中其他表单元素加以区别，命名时不能包含特殊字符，也不能以 HTML 预留作为名称 |
| size | 该属性用于设置文本域在页面中显示的宽度，以字符作为单位 |
| maxlength | 该属性用于设置在文本域中最多可以输入的字符数 |
| value | 该属性用于设置在文本域中默认显示的内容 |

> **技巧**
>
> 如果只需要单行文本框显示相应的内容，而不允许浏览者输入内容，可以在单行文本框的 <input> 标签中添加 readonly 属性，并设置该属性的值为 true。

### 6.2.2 密码域

密码域用于输入密码,在浏览者填入内容时,密码框内将以星号或其他系统定义的密码符号显示,以保证信息安全。

密码域的基本语法如下。

```
<input type="password" name="元素名称" size="元素宽度" maxlength="最长字符数" value="默认内容">
```

该语法将生成一个空的密码框，除了显示不同的内容外，密码框的其他属性和单行文本框一样。

### 6.2.3 文本区域

如果用户需要输入大量的内容，单行文本框显然无法完成，需要用到文本区域。
文本区域的基本语法如下。

```
<textarea cols="宽度" rows="行数"></textarea>
```

<textarea> 与 </textarea> 标签之间的内容为文本区域中显示的初始文本内容。文本区域的常用属性有 cols(列) 和 rows(行)，cols 属性设定文本区域的宽度，rows 属性设定文本区域的具体行数。

> **提示**
>
> 在文本区域 <textarea> 标签中可以通过 wrap 属性控制文本的换行方法。该属性的值有 off、virtual 和 physical。off 值代表字符输入超过文本框宽度时不会自动换行；virtual 值和 physical 值都是自动换行，不同的是 virtual 值输出的数据在自动换行处没有换行符号，physical 值输出的数据在自动换行处有换行符号。

### 6.2.4 隐藏域

隐藏域在网页中起着非常重要的作用，它可以存储用户输入的信息，如姓名、电子邮件地址或常用的查看方式，在用户下次访问该网站时使用这些数据，但是隐藏域在浏览页面的过程中是看不到的，只有在页面的 HTML 代码中才可以看到。

很多时候传给程序的数据不需要浏览者填写，这种情况下通常采用隐藏域传递数据。

隐藏域的基本语法如下。

```
<input type="hidden" name="hiddenField" value="数据">
```

隐藏域在页面中不可见，但是可以装载和传输数据。

### 6.2.5 复选框

为了让浏览者更快捷地在表单中填写数据，表单提供了复选框元素，浏览者可以在复选框中勾选一个或多个选项。

复选框的基本语法如下。

```
<input type="checkbox" checked="checked" value="选项值">
```

在网页中插入的复选框，默认状态下是没有被选中的，如果希望复选框默认就是选中状态，可以在复选框的 <input> 标签中添加 checked 属性设置。

### 6.2.6 单选按钮

单选按钮和复选框一样可以快捷地让浏览者在表单中填写数据。
单选按钮的基本语法如下。

```
<input type="radio" name="radio" checked="checked">
```

为了保证多个单选按钮属于同一组，所以一组中每个单选按钮都需要具有相同的 name 属性值，操作时在单选按钮组中只能选定一个单选按钮。

## 6.2.7　选择域

选择域的功能与复选框和单选按钮的功能差不多，都可以列举出很多选项供浏览者选择，其最大的好处就是可以在有限的空间内为用户提供更多的选项，非常节省版面。其中列表提供一个滚动条，它使用户可以浏览许多项，并进行多重选择；下拉菜单默认仅显示一个项，该项为活动选项，用户可以单击打开菜单，但只能选择其中一项。

插入选择域的基本语法如下。

```
<select>
  <option>列表值</option>
</select>
```

网页的表单提供了选择域控件，其标签为 <select> 与 </select>，且其子项 <option> 与 </option> 为数据选项。<select> 与 </select> 标签如果加上 multiple 属性，选择域即呈现出菜单控件。无论是下拉列表还是菜单，数据选项 <option> 与 </option> 的 select 属性可指示初始值。

## 6.2.8　文件域

文件域可以让用户在域的内部填写文件路径，然后通过表单上传，这是文件域的基本功能，如在线发送 E-mail 时常见的附件功能。有时候要求用户将文件提交给网站，例如，Office 文档、浏览者的个人照片或者其他类型的文件，这时就需要使用文件域。

文件域的基本语法如下。

```
<input type="file" name="fileField">
```

文件域由一个文本框和一个"浏览"按钮组成。浏览者可通过表单的文件域来上传指定的文件，浏览者既可以在文件域的文本框中输入一个文件的路径，也可以单击文件域的"浏览"按钮来选择一个文件，当访问者提交表单时，这个文件将被上传。

## 6.2.9　按钮

HTML 中的按钮有着广泛的应用，根据 type 属性的不同可以分为 3 种类型。

按钮表单元素的基本语法如下。

```
普通按钮: <input type="button" value=" 按钮名称 ">
重置按钮: <input type="reset" value=" 按钮名称 ">
提交按钮: <input type="submit" value=" 按钮名称 ">
```

普通按钮需要 JavaScript 技术进行动态行为的编程；重置按钮即当浏览者单击该按钮，表单中的所有表单元素将恢复初始值；提交按钮即当浏览者单击该按钮，所属表单提交数据。

对于表单而言，按钮是非常重要的，其能够控制对表单内容的操作，如"提交"或"重置"。如果要将表单内容发送到远端服务器上，可以使用"提交"按钮；如果要清除现有的表单内容，可以使用"重置"按钮。如果需要修改按钮上的文字，可以在按钮的 <input> 标签中修改 value 属性值。

## 6.2.10　图像域

使用默认的按钮形式往往会让人觉得单调，如果网页使用了较为丰富的色彩，或稍微复杂的设计，再使用表单默认的按钮形式甚至会破坏整体的美感。这时，可以使用图像域创建和网页整体效果相统一的图像提交按钮。

表单提供的图像域元素可以替代提交按钮，实现提交表单的功能。

图像域的基本语法如下。

```
<input type="image" src=" 图片路径 ">
```

> **提示**
>
> 默认情况下，图像域只能起到提交表单数据的作用，不能起到其他作用。如果想要改变其用途，则需要在图像域标签中添加特殊的代码来实现。

## 实战　制作登录表单

最终文件：最终文件 \ 第 6 章 \6-2-10.html　　　视频：视频 \ 第 6 章 \6-2-10.mp4

**01** 执行 "文件" > "打开" 命令，打开页面 "源文件 \ 第 6 章 \6-2-10.html"，可以看到该页面的 HTML 代码，如图 6-1 所示。在浏览器中预览该页面，可以看到该登录页面的背景效果，如图 6-2 所示。

图 6-1

图 6-2

**02** 返回网页的 HTML 代码中，在 <div id="login"> 与 </div> 标签之间输入表单域 <form> 标签，并添加相应的属性设置，如图 6-3 所示。切换到设计视图中，可以看到刚插入的表单域在 Dreamweaver 的设计视图中显示为红色的虚线框，如图 6-4 所示。

图 6-3

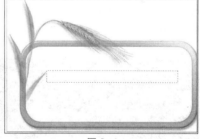

图 6-4

> **提示**
>
> Dreamweaver 设计视图中的表单域显示为红色虚线框的效果，仅仅是为了用户在使用 Dreamweaver 设计视图时能够更加方便地识别表单域的范围，并没有其他作用。在浏览器中预览时，该红色的虚线框是不会显示的。

**03** 返回网页的 HTML 代码中，在表单域 <form> 与 </form> 标签之间输入文字和文本域代码，如图 6-5 所示。保存该页面，在浏览器中预览页面，可以看到网页中文本域的默认显示效果，如图 6-6 所示。

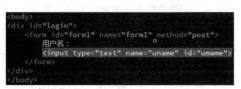

图 6-5

图 6-6

04 返回网页的 HTML 代码中，在"用户名"文本域后输入换行符标签 <br>，如图 6-7 所示。在 <br> 标签之后输入相应的文字和密码域代码，如图 6-8 所示。

图 6-7

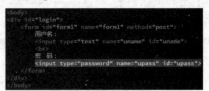

图 6-8

**技巧**

在制作表单页面时，页面中的表单元素要尽量都放置在表单域 <form> 与 </form> 标签之间。如果将表单元素放置在 <form> 与 </form> 标签之外，则需要为该表单元素添加 form 属性设置，通过该属性指定该表单元素隶属于页面中哪一个 id 名称的表单域。关于 form 属性将在 6.4.1 节中进行详细介绍。

05 保存该页面，在浏览器中预览页面，可以看到在密码域所输入内容的默认显示效果，如图 6-9 所示。转换到该网页所链接的外部 CSS 样式表文件中，创建名称为 .input01 的类 CSS 样式，如图 6-10 所示。

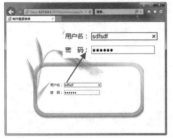

图 6-9

图 6-10

06 返回网页的 HTML 代码中，分别在文本域和密码域的 <input> 标签中添加 class 属性来应用刚创建的名称为 input01 的类 CSS 样式，如图 6-11 所示。切换到设计视图中，可以看到使用 CSS 样式对表单元素外观进行美化后的效果，如图 6-12 所示。

图 6-11

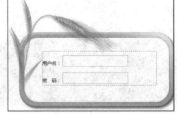

图 6-12

**提示**

此处为了美化表单元素的外观，使用了 CSS 样式进行设置。使用 CSS 样式可以对网页中的任何元素进行设置，可以实现各种不同的外观效果，这就有效地弥补了 HTML 代码的不足。

07 返回网页的 HTML 代码中，在"用户名"文字之前输入图像域代码，如图 6-13 所示。切换到设计视图中，可以看到在网页中插入的图像域效果，如图 6-14 所示。

图 6-13

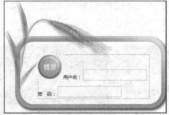

图 6-14

08 转换到 CSS 样式表文件中，创建名称为 #btn 的 CSS 样式，如图 6-15 所示。完成登录页面的制作，保存该页面，在浏览器中预览页面，可以看到页面的最终效果，如图 6-16 所示。

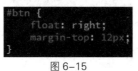

```
#btn {
    float: right;
    margin-top: 12px;
}
```

图 6-15

图 6-16

# 6.3  HTML5 新增表单输入类型

HTML5 大幅度地改进了 <input> 标签的类型。不同类型的表单元素所附加的功能也不相同。到目前为止，对 HTML5 新增表单元素支持最多、最全面的浏览器是 Opera 浏览器。对于不支持新增表单类型的浏览器来说，会默认识别为 text 类型，即显示为普通文本域。

## 6.3.1  url 类型

url 类型的 input 元素，是专门为输入 url 地址定义的文本框。在验证输入文本的格式时，如果该文本框中的内容不符合 url 地址的格式，会提示验证错误。

url 表单类型的使用方法如下。

```
<input type="url" name="weburl" id="weburl" value="http://www.baidu.com">
```

## 6.3.2  email 类型

email 类型的 input 元素，是专门为输入 E-mail 地址定义的文本框。在验证输入文本的格式时，如果该文本框中的内容不符合 E-mail 地址的格式时，会提示验证错误。

email 表单类型的使用方法如下。

```
<input type="email" name="myEmail" id=" myEmail" value="xxxxxx@163.com">
```

此外 email 类型的 input 元素还有一个 multiple 属性，表示在该文本框中可输入用逗号隔开的多个邮件地址。

## 6.3.3  range 类型

range 类型的 input 元素将输入框显示为滑动条，可以在设定的数值选择范围内滑动选择相应的数值。它还具有 min 和 max 属性，表示选择范围的最小值 ( 默认为 0) 和最大值 ( 默认为 100)；还有 step 属性，表示拖动步长 ( 默认为 1)。

range 表单类型的使用方法如下。

```
<input type="range" name="volume" id="volume" min="0" max="10" step="2">
```

range 表单类型在 IE 浏览器中的显示效果如图 6-17 所示。

## 6.3.4  number 类型

number 类型的 input 元素是专门为输入特定的数字而定义的文本框。与 range 类型类似，都具有 min、max 和 step 属性，表示允许范围的最小值、最大值和调整步长。

number 表单类型的使用方法如下。

```
<input type="number" name="score" id="score" min="0" max="10" step="0.5">
```

number 表单类型在 IE 浏览器中的显示效果如图 6-18 所示。

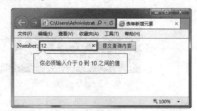

图 6-17　　　　　　　　　　　　　　　　图 6-18

### 6.3.5　tel 类型

tel 类型的 input 元素是专门为输入电话号码而定义的文本框，没有特殊的验证规则。
tel 表单类型的使用方法如下。

```
<input type="tel" name="tel" id="tel">
```

### 6.3.6　search 类型

search 类型的 input 元素是专门为输入搜索引擎关键词定义的文本框，没有特殊的验证规则。
search 表单类型的使用方法如下。

```
<input type="search" name="search" id="search">
```

### 6.3.7　color 类型

color 类型的 input 元素，默认会提供一个颜色选择器，主流浏览器还没有支持它。
color 表单类型的使用方法如下。

```
<input type="color" name="color" id="color">
```

在 Chrome 浏览器中预览页面，可以看到颜色表单元素的效果，如图 6-19 所示。单击颜色表单元素的颜色块，弹出"颜色"对话框，选择颜色，如图 6-20 所示。选中颜色后，单击"确定"按钮，如图 6-21 所示。

图 6-19　　　　　　　　　　图 6-20　　　　　　　　　　图 6-21

### 6.3.8　date 类型

date 类型的 input 元素是专门用于输入日期的文本框，默认为带日期选择器的输入框。
date 表单类型的使用方法如下。

```
<input type="date" name="date" id="date">
```

在 Chrome 浏览器中预览页面，可以看到 date 表单类型的显示效果，如图 6-22 所示。通过单击在文本框右侧的向下箭头图标，在弹出的面板中选择相应的日期，如图 6-23 所示。

图 6-22　　　　　　　　　　　　　图 6-23

## 6.3.9　month、week、time、datetime、datetime-local 类型

　　month、week、time、datetime、datetime-local 类型的 input 元素与 date 类型的 input 元素类似，都会提供一个相应的选择器。其中，month 会提供一个月选择器；week 会提供一个周选择器；time 会提供时间选择器；datetime 会提供完整的日期和时间（包含时区）的选择器；datetime-local 也会提供完整的日期和时间（不包含时区）选择器。

　　month、week、time、datetime、datetime-local 表单类型的使用方法如下。

```
<input type="month" name="month" id="month">
<input type="week" name="week" id="week">
<input type="time" name="time" id="time">
<input type="datetime" name="datetime" id="datetime">
<input type="datetime-local" name="datetime-local" id="datetime-local">
```

　　在 Chrome 浏览器中预览页面，可以看到 HTML5 中时间和日期表单元素的效果，如图 6-24 所示。通过在文本框中输入时间和日期或者在不同类型的时间和日期选择器中可以选择时间和日期，如图 6-25 所示。

图 6-24　　　　　　　　　　　　　图 6-25

**实战　制作留言表单页面**

最终文件：最终文件 \ 第 6 章 \6-3-9.html　　视频：视频 \ 第 6 章 \6-3-9.mp4

　　**01** 执行"文件">"打开"命令，打开页面"源文件 \ 第 6 章 \6-3-9.html"，可以看到页面的 HTML 代码，如图 6-26 所示。在浏览器中预览页面，可以看到该页面的背景效果，如图 6-27 所示。

　　**02** 返回网页的 HTML 代码中，将光标移至 <p> 与 </p> 标签之间，将多余文字删除，输入相应的文字并添加 <input> 标签插入文本域，如图 6-28 所示。切换到网页设计视图中，可以看到所插入的文本域的显示效果，如图 6-29 所示。

　　**03** 切换到该网页所链接的外部 CSS 样式表文件中，创建名称为 .input01 的类 CSS 样式，如图 6-30 所示。返回网页的 HTML 代码中，在刚添加的文本域 <input> 标签中添加 class 属性应用名称为 input01 的类 CSS 样式，如图 6-31 所示。

图 6-26　　　　　　　　　　　　　　　　　　　　图 6-27

图 6-28　　　　　　　　　　　　　　　　　　　　图 6-29

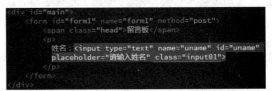

图 6-30　　　　　　　　　　　　　　　　　　　　图 6-31

**04** 切换到网页设计视图中，可以看到文本域的显示效果，如图 6-32 所示。返回网页的 HTML 代码中，在文本域所在的段落之后添加段落标签，输入相应的文字并添加 <input> 标签插入电子邮件表单元素，如图 6-33 所示。

图 6-32　　　　　　　　　　　　　　　　　　　　图 6-33

**05** 切换到网页设计视图中，可以看到电子邮件表单元素的显示效果，如图 6-34 所示。转换到网页 HTML 代码中，在电子邮件表单元素所在的段落之后添加段落标签，分别添加 url 表单元素和 tel 表单元素，如图 6-35 所示。

图 6-34　　　　　　　　　　　　　　　　　　　　图 6-35

**06** 在 tel 表单元素所在的段落之后添加段落标签，添加 range 表单元素，如图 6-36 所示。使用相同的制作方法，编写其他的表单元素代码，并创建相应的 CSS 样式为其应用，如图 6-37 所示。

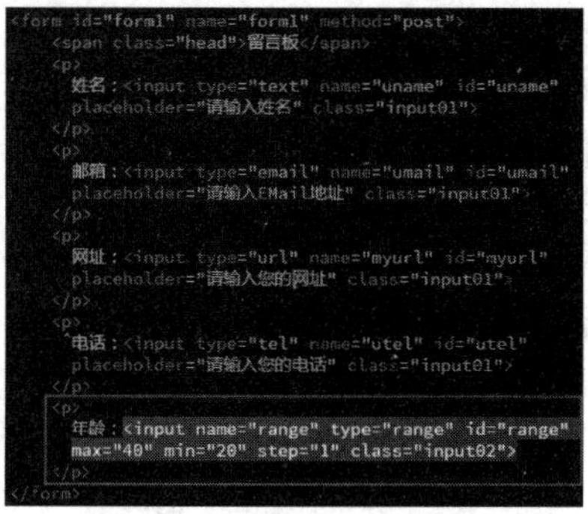

```
<form id="form1" name="form1" method="post">
  <span class="head">留言板</span>
  <p>
    姓名：<input type="text" name="uname" id="uname"
    placeholder="请输入姓名" class="input01">
  </p>
  <p>
    邮箱：<input type="email" name="umail" id="umail"
    placeholder="请输入EMail地址" class="input01">
  </p>
  <p>
    网址：<input type="url" name="myurl" id="myurl"
    placeholder="请输入您的网址" class="input01">
  </p>
  <p>
    电话：<input type="tel" name="utel" id="utel"
    placeholder="请输入您的电话" class="input01">
  </p>
  <p>
    年龄：<input name="range" type="range" id="range"
    max="40" min="20" step="1" class="input02">
  </p>
</form>
```

图 6-36

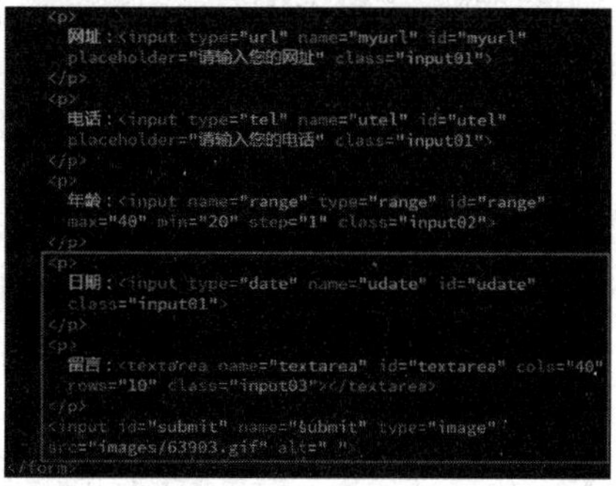

```
  <p>
    网址：<input type="url" name="myurl" id="myurl"
    placeholder="请输入您的网址" class="input01">
  </p>
  <p>
    电话：<input type="tel" name="utel" id="utel"
    placeholder="请输入您的电话" class="input01">
  </p>
  <p>
    年龄：<input name="range" type="range" id="range"
    max="40" min="20" step="1" class="input02">
  </p>
  <p>
    日期：<input type="date" name="udate" id="udate"
    class="input01">
  </p>
  <p>
    留言：<textarea name="textarea" id="textarea" cols="40"
    rows="10" class="input03"></textarea>
  </p>
  <input id="submit" name="submit" type="image"
  src="images/63903.gif" alt="">
</form>
```

图 6-37

07 完成该页面表单内容的制作，完整的表单 HTML 代码如下。

```
<form id="form1" name="form1" method="post">
  <span class="head"> 留言板 </span>
  <p>
    姓名：<input type="text" name="uname" id="uname" placeholder=" 请输入姓名 "
class= "input01">
  </p>
  <p>
    邮箱：<input type="email" name="umail" id="umail" placeholder=" 请输入 EMail
地址 " class="input01">
  </p>
  <p>
    网址：<input type="url" name="myurl" id="myurl" placeholder=" 请输入您的网址 "
class= "input01">
  </p>
  <p>
    电话：<input type="tel" name="utel" id="utel" placeholder=" 请输入您的电话 "
class= "input01">
  </p>
  <p>
    年龄：<input name="range" type="range" id="range" max="40" min="20" step="1"
class= "input02">
  </p>
  <p>
    日期：<input type="date" name="udate" id="udate" class="input01">
  </p>
  <p>
    留言：<textarea name="textarea" id="textarea" cols="40" rows="10" class= "input03">
</textarea>
  </p>
  <input id="submit" name="submit" type="image" src="images/63903.gif" alt=" ">
</form>
```

08 保存页面，在 Chrome 浏览器中预览页面，可以看到页面中 HTML5 表单元素的效果，如图 6-38 所示。当在电子邮件表单元素中填写的电子邮箱格式不正确时，单击“提交”按钮，网页会弹出相应的提示信息，如图 6-39 所示。

09 当在网址表单元素中填写的 URL 地址格式不正确时，单击“提交”按钮，网页会弹出相应的提示信息，如图 6-40 所示。可以在日期表单元素的选择器中选择需要的日期，如图 6-41 所示。

图 6-38

图 6-39

图 6-40

图 6-41

> **提示**
>
> url 类型的表单元素要求所输入的内容必须是包含协议的完整 URL 地址，例如 http://www.xxx.com 或 ftp://129.0.0.1 等。

### 6.3.10　浏览器对 HTML5 表单的支持情况

由于 HTML5 的规范还在渐进发展中，各个浏览器的支持程度也不一样，因此在使用 HTML5 表单功能时，应尽量避免滥用，最好再提供替代解决方案。

根据 HTML5 的设计原则，在旧的浏览器中，新的表单元素会平滑降级，不需要判断浏览器的支持情况。

虽然 HTML5 表单的一些规范还没有获得浏览器的支持，但仍然可以借鉴表单规范的设计思想，如果浏览器不支持，还可以通过其他方式帮助实现。

## 6.4　HTML5 新增表单属性

如果开发一个用户体验非常好的页面，需要编写大量的代码，而且还需要考虑兼容性问题。使用 HTML5 表单的某些特性，可以开发出前所未有的页面效果，可以写更少的代码，并能解决传统开发中遇到的一些问题。

### 6.4.1　form 属性

通常情况下，从属于表单的元素必须放在表单 <form> 与 </form> 标签之间。但是在 HTML5 中，可以把从属于表单的元素放在任何地方，然后指定该元素的 form 属性值为表单的 id，这样该元素就从属于表单了。例如下面的 HTML 代码。

```
<input type="text" id="uname" name="uname" form="form1">
<form id="form1" name="form1" method="post">
  <input type="submit" value=" 提交 ">
</form>
```

在以上这段 HTML 代码中，使用 <input> 标签实现的文本域放置在表单 <form> 与 </form> 标签之外，由于 <input> 标签中的 form 属性值指定了表单的 id，说明该表单元素从属于表单。当单击"提交"按钮时，会验证该从属元素。目前，form 属性已获得主流浏览器的支持。

## 6.4.2 formaction 属性

每个表单都会通过 action 属性把表单内容提交到另一个页面。在 HTML5 中，为不同的提交按钮分别添加 formaction 属性，该属性会覆盖表单的 action 属性，将表单提交至不同的页面。例如下面的 HTML 代码。

```
<form id="form1" name="form1" method="post">
  <input type="text" id="uname" name="uname" form="form1">
  <input type="submit" value=" 提交到页面 1" formaction="?page=1">
  <input type="submit" value=" 提交到页面 2" formaction="?page=2">
  <input type="submit" value=" 提交到页面 3" formaction="?page=3">
  <input type="submit" value=" 提交 ">
</form>
```

在以上的 HTML 代码中，添加了 4 个提交按钮，其中前 3 个"提交"按钮设置了 formaction 属性，提交表单时，会优先使用 formaction 属性值作为表单提交的目标页面。目前，formaction 属性已获得主流浏览器的支持。

## 6.4.3 formmethod、formenctype、formnovalidate、formtarget 属性

这 4 个属性的使用方法与 formaction 属性一致，设置在"提交"按钮上，可以覆盖表单的相关属性。formmethod 属性可覆盖表单的 method 属性；formenctype 属性可覆盖表单的 enctype 属性；formnovalidate 属性可覆盖表单的 novalidate 属性；formtarget 属性可覆盖表单的 target 属性。

## 6.4.4 placeholder 属性

当用户还没有把焦点定位到输入文本框时，可以使用 placeholder 属性向用户提示描述的信息，当该输入文本框获取焦点时，该提示信息就会消失。

placeholder 属性的使用方法如下。

```
<input type="text" id="uname" name="uname" placeholder=" 请输入用户名 ">
```

placeholder 属性还可用于其他输入类型的 input 元素，如 url、email、number、search、tel 和 password 等。目前，placeholder 属性已获得主流浏览器的支持。

## 6.4.5 autofocus 属性

使用 autofocus 属性可用于所有类型的 input 元素，当页面加载完成时，可自动获取焦点。每个页面只允许出现一个有 autofocus 属性的 input 元素。如果为多个 input 元素设置了 autofocus 属性，则相当于未指定该行为。

autofocus 属性的使用方法如下。

```
<input type="text" id="key" name="key" autofocus>
```

自动获取焦点的功能也要防止滥用。如果页面加载缓慢，用户又做了一部分操作，这时如果焦

点发生莫名其妙的转移，用户体验是非常不好的。目前，autofocus 属性已获得主流浏览器的支持。

**实 战** 为表单元素设置默认提示内容

最终文件：最终文件 \ 第 6 章 \6-4-5.html      视频：视频 \ 第 6 章 \6-4-5.mp4

01 打开页面 "源文件 \ 第 6 章 \6-4-5.html"，可以看到页面的 HTML 代码，如图 6-42 所示。在浏览器中预览该页面，可以看到页面中表单元素的默认显示效果，如图 6-43 所示。

图 6-42

图 6-43

02 返回网页的 HTML 代码中，在"用户名"文字后面的 <input> 标签中添加 placeholder 属性设置，如图 6-44 所示。保存页面，在浏览器中预览页面，可以看到为该文本域所设置的默认提示内容，如图 6-45 所示。

图 6-44

图 6-45

03 返回网页的 HTML 代码中，在 "密码" 文字后面的 <input> 标签中添加 placeholder 属性设置，如图 6-46 所示。保存页面，在浏览器中预览页面，可以看到为表单元素设置默认提示内容的效果，如图 6-47 所示。

图 6-46

图 6-47

### 6.4.6 autocomplete 属性 ⟩

IE 早期版本就已经支持 autocomplete 属性。autocomplete 属性可应用于 form 元素和输入型的 input 元素，用于表单的自动完成。autocomplete 属性会把输入的历史记录下来，当再次输入时，会把输入的历史记录显示在一个下拉列表中，以实现自动完成输入。

autocomplete 属性的使用方法如下。

```
<input type="text" id="name" name="uname" autocomplete="on">
```

autocomplete 属性有 3 个属性值，分别是 on、off 和 ""（不指定值）。不指定值时，使用浏览器的默认设置。由于不同的浏览器默认值不相同，因此当需要使用自动完成的功能时，最好指定该属性值。目前，autofocus 属性已获得主流浏览器的支持。

## 6.5　使用 HTML5 表单验证

HTML5 为表单验证提供了极大的方便，在验证表单的方式上显得更加灵活。表单验证，首先基于前面讲解的表单类型的规则进行验证；其次为表单元素提供了一些用于辅助表单验证的属性；更重要的是，HTML5 还提供了专门用于表单验证的属性、方法和事件。

### 6.5.1　用于实现验证的表单元素属性

HTML5 提供了用于辅助表单验证的元素属性。利用这些属性为后续的表单自动验证提供验证依据。下面就对这些新的属性进行讲解。

#### 1. required 属性

一旦在某个表单元素标签中添加了 required 属性，则该表单元素的值不能为空，否则无法提交表单。以文本域为例，只需要添加 required 属性即可。使用方法如下。

```
<input type="text" id="uname" name="uname" placeholder=" 请输入用户名 " required>
```

如果该文本域为空，则无法提交。required 属性可用于大多数输入或选择元素，隐藏的元素除外。

#### 2. pattern 属性

pattern 属性用于为 input 元素定义一个验证模式。该属性值是一个正则表达式，提交时，会检查输入的内容是否符合给定的格式，如果输入内容不符合格式，则不能提交。使用方法如下。

```
<input type="text" id="code" name="code" value="" placeholder="6 位邮政编码 " pattern="[0-9]{6}" >
```

使用 pattern 属性验证表单非常灵活。例如，前面讲到的 email 类型的 input 元素，使用 pattern 属性完全可以实现相同的验证功能。

#### 3. min、max 和 step 属性

min、max 和 step 属性专门用于指定针对数字或日期的限制。min 属性表示允许的最小值；max 属性表示允许的最大值；step 属性表示合法数据的间隔步长。使用方法如下。

```
<input type="range" name="volume" id="volume" min="0" max="1" step="0.2" >
```

在该 HTML 代码中，最小值是 0，最大值是 1，步长为 0.2，合法的取值有 0、0.2、0.4、0.6、0.8 和 1。

#### 4. novalidate 属性

novalidate 属性用于指定表单或表单内的元素在提交时不验证。如果在 <form> 标签中应用 novalidate 属性，则表单中的所有元素在提交时都不再验证。使用方法如下。

```
<form id="form1" name="form1" method="post" novalidate="novalidate" >
  <input type="email" id="umail" name="umail" placeholder=" 请输入电子邮箱 " >
  <input type="submit" value=" 提交 " >
</form>
```

则提交该表单时，不会对表单中的表单元素进行验证。

**实战　验证网页表单元素**

最终文件：最终文件 \ 第 6 章 \6-5-1.html　　视频：视频 \ 第 6 章 \6-5-1.mp4

01 打开页面"源文件 \ 第 6 章 \6-5-1.html"，可以看到页面中表单部分的 HTML 代码，如图 6-48 所示。在 Chrome 浏览器中预览该页面，可以看到该留言表单页面的效果，如图 6-49 所示。

```
<form id="form1" name="form1" method="post">
  <span class="head">留言板</span>
  <p>
    姓名：<input type="text" name="uname" id="uname" placeholder="请输入姓名" class="input01">
  </p>
  <p>
    邮箱：<input type="email" name="umail" id="umail" placeholder="请输入EMail地址" class="input01">
  </p>
  <p>
    网址：<input type="url" name="myurl" id="myurl" placeholder="请输入您的网址" class="input01">
  </p>
  <p>
    电话：<input type="tel" name="utel" id="utel" placeholder="请输入您的电话" class="input01">
  </p>
  <p>
    年龄：<input name="range" type="range" id="range" max="40" min="20" step="1" class="input02">
  </p>
  <p>
    日期：<input type="date" name="udate" id="udate" class="input01">
  </p>
  <p>
    留言：<textarea name="textarea" id="textarea" cols="40" rows="10" class="input03"></textarea>
  </p>
  <input id="submit" name="submit" type="image" src="images/63903.gif" alt=" ">
</form>
```

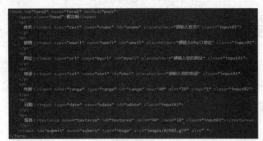

图 6-48

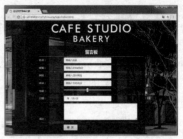

图 6-49

02 返回网页的 HTML 代码中，在“姓名”文字后面的 <input> 标签中添加 required 属性设置，如图 6-50 所示。设置该表单元素为必填项，保存页面，在 Chrome 浏览器中预览页面，没有在文本域中填写内容直接单击“提交”按钮，将显示错误提示，如图 6-51 所示。

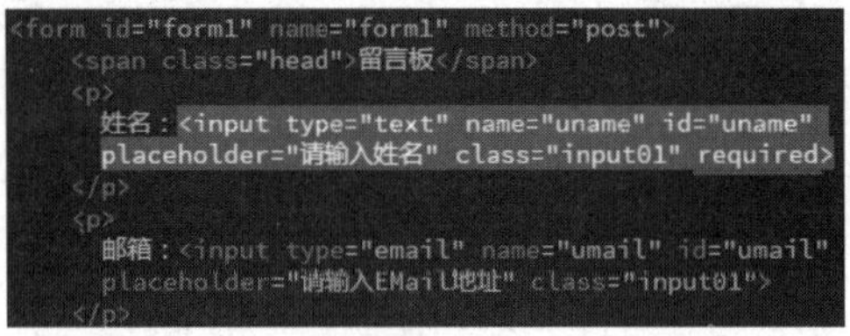

```
<form id="form1" name="form1" method="post">
  <span class="head">留言板</span>
  <p>
    姓名：<input type="text" name="uname" id="uname"
    placeholder="请输入姓名" class="input01" required>
  </p>
  <p>
    邮箱：<input type="email" name="umail" id="umail"
    placeholder="请输入EMail地址" class="input01">
  </p>
```

图 6-50

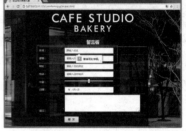

图 6-51

03 返回网页的 HTML 代码中，在“电话”文字后面的 <input> 标签中添加 pattern 属性设置，如图 6-52 所示。设置该表单元素中填写的内容必须为 11 位的数字，保存页面，在 Chrome 浏览器中预览页面，当在电话表单元素中填充的并非 11 位数字时，单击“提交”按钮，将显示错误提示，如图 6-53 所示。

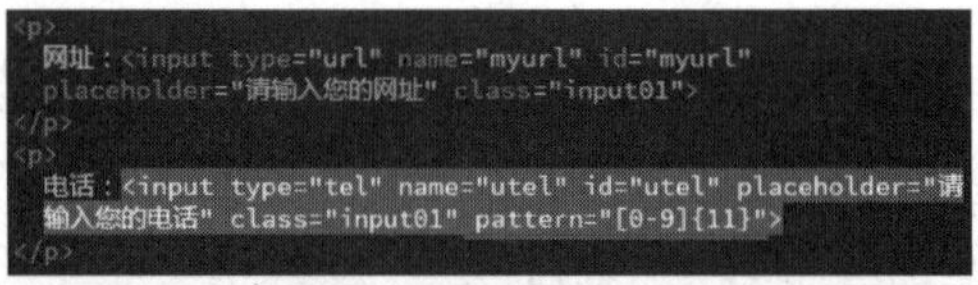

```
<p>
  网址：<input type="url" name="myurl" id="myurl"
  placeholder="请输入您的网址" class="input01">
</p>
<p>
  电话：<input type="tel" name="utel" id="utel" placeholder="请
  输入您的电话" class="input01" pattern="[0-9]{11}">
</p>
```

图 6-52

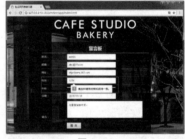

图 6-53

## 6.5.2 表单验证方法

HTML5 为用户提供了两个用于表单验证的方法。

### 1. checkValidity() 方法

显示验证方法。每个表单元素都可以调用 checkValidity() 方法 ( 包括 form)，它返回一个布尔值，表示是否通过验证。默认情况下，表单的验证发生在表单提交时，如果使用 checkValidity() 方法，可以在需要的任何地方验证表单。一旦表单没有通过验证，则会触发 invalid 事件。

如下的 HTML 代码，是使用 checkValidity() 方法显式验证表单。

```
…
<head>
…
<script type="text/javascript">
function CheckForm(frm) {
  if(frm.umail.checkValidity()) {
    alert(" 电子邮件格式正确！ ");
```

```
    } else {
      alert(" 电子邮件格式错误！ ");
    }
  }
</script>
</head>
<body>
<form id="form1" name="form1" method="post" >
  <input type="email" id="umail" name="umail" value="xxxxx@163.com" >
  <br>
  <input type="submit" value=" 提交 " onClick="return CheckForm(this.form)" >
</form>
</body>
...
```

单击"提交"按钮时，会先调用 CheckForm() 函数进行验证，再使用浏览器内置的验证功能进行验证。CheckForm() 函数包含 checkValidity() 方法的显式验证。在使用 checkValidity() 进行显式的验证时，还会触发所有的结果事件和 UI 触发器，就好像表单提交了一样。

### 2. setCustomValidity() 方法

自定义错误提示信息的方法。当默认的提示错误满足不了需求时，可以通过该方法自定义错误提示。当通过该方法自定义错误提示信息时，元素的 validationMessage 属性值会更改为定义的错误提示信息，同时 ValidityState 对象的 customError 属性值变成 true。

如下的 HTML 代码，是使用 setCustomValidity() 方法自定义错误提示信息。

```
...
<head>
...
<script type="text/javascript">
function CheckForm(frm) {
  var uname=frm.uname;
  if(uname.value=="") {
    uname.setCustomValidity(" 请填写您的姓名！ ");   /* 自定义错误提示 */
  } else {
    uname.setCustomValidity("");                    /* 取消自定义错误提示 */
  }
}
</script>
</head>
<body>
<form id="form1" name="form1" method="post" >
  <input type="text"  id="uname" name="uname" placeholder=" 请输入姓名 " required >
  <br>
  <input type="submit" value=" 提交 " onClick="return CheckForm(this.form)" >
</form>
</body>
...
```

在提交表单时，如果姓名为空，则自定义一个提示信息；如果姓名不为空，则取消自定义错误信息。

## 6.5.3  表单验证事件

invalid 事件是 HTML5 为用户提供的表单验证事件。表单元素为通过验证时触发。无论是提交表单还是直接调用 checkValidity 方法，只要有表单元素没有通过验证，就会触发 invalid 事件。invalid 事件本身不处理任何事情，我们可以监听该事件，自定义事件处理。

如下的 HTML 代码可监听 invalid 事件。

```
...
<head>
...
<script type="text/javascript">
function invalidHandler(evt) {
  // 获取当前被验证的对象
  var validity = evt.srcElement.validity;
  // 检测 ValidityState 对象的 valueMissing 属性
  if(validity.valueMissing) {
    alert(" 姓名是必填项，不能为空 ")
  }
  // 如果不希望看到浏览器默认的错误提示方式，可以使用下面的方式取消
  evt.preventDefault();
}
window.onload=function() {
  var uname=document.getElementById("uname");
  // 注册监听 invalid 事件
  uname.addEventListener("invalid",invalidHandler,false);
}
</script>
</head>
<body>
<form id="form1" name="form1" method="post" >
  <input type="text" id="uname" name="uname" placeholder=" 请输入姓名 " required >
  <br>
  <input type="submit" value=" 提交 " >
</form>
</body>
...
```

页面初始化时，为姓名输入框添加了一个监听的 invalid 事件。当表单验证没有通过时，会触发 invalid 事件，invalid 事件会调用注册到事件里的函数 invalidHandler()，这样就可以在自定义的函数 invalidHandler() 中做任何事情了。

一般情况下，在 invalid 事件处理完成后，还是会触发浏览器默认的错误提示。必要的时候，可以屏蔽浏览器后续的错误提示，可以使用事件的 preventDefault() 方法阻止浏览器的默认行为，并自行处理错误提示信息。

通过使用 invalid 事件使表单开发更加灵活。如果需要取消验证，可以使用前面介绍的 novalidate 属性。

# 第 7 章　HTML5 中 <cavas> 标签的应用

在 HTML5 中新增了 <canvas> 标签，通过该标签可以在网页中绘制出各种几何图形，它是基于 HTML5 的原生绘图功能。使用 <canvas> 标签与 JavaScript 脚本代码相结合，寥寥数行代码就可以轻松绘制出相应的图形。本章将介绍如何使用 HTML5 新增的 <canvas> 与 JavaScript 相结合来绘制一些简单的图形。

**本章知识点：**
➢ 了解 <canvas> 标签的相关知识
➢ 理解使用 <canvas> 标签在网页中绘图的流程
➢ 掌握使用 <canvas> 标签在网页中绘制各种基本图形的方法
➢ 掌握在网页中绘制文本和实现图形阴影的方法
➢ 掌握在网页中绘制图像和裁切图像的方法

## 7.1　<canvas> 标签

在 HTML 页面中使用 <canvas> 标签，像使用其他 HTML 标签一样简单，然后利用 JavaScript 脚本调用绘图 API，绘制各种图形。<canvas> 标签拥有多种绘制路径、矩形、圆形、字符及添加图形的方法。

### 7.1.1　了解 <canvas> 标签

<canvas> 标签是为了客户端矢量图形而设计的。它自己没有行为，但却把一个绘图 API 展现给客户端 JavaScript，从而使脚本能够把想绘制的东西都绘制到一块画布上。canvas 的概念最初是由苹果公司提出的，并在 Safari 1.3 浏览器中首次引入。随后 Firefox 1.5 和 Opera 9 两款浏览器都开始支持使用 <canvas> 标签绘图。目前 IE 9 以上版本的 IE 浏览器也已经支持这项功能。canvas 的标准化由一个 Web 浏览器厂商的非正式协会推进，目前，<canvas> 标签已经成为 HTML5 标准规范中一个正式的标签。

<canvas> 标签有一个基于 JavaScript 的绘图 API，而 SVG 和 VML 使用一个 XML 文档来描述绘图。Canvas 与 SVG 和 VML 的实现方式不同，但在实现上可以相互模拟。<canvas> 标签有自己的优势，由于不存储文档对象，性能较好。但如果需要移除画布中的图形元素，往往需要擦掉绘图重新绘制它。

### 7.1.2　在网页中使用 <canvas> 标签

canvas 元素是以标签的形式应用到 HTML5 页面里的。在 HTML5 页面中 <canvas> 标签的应用格式如下。

```
<canvas>...</canvas>
```

<canvas> 标签毕竟是个新事物，很多旧的浏览器都不支持。为了增加用户体验，可以提供替代文字放在 <canvas> 标签中，例如：

```
<canvas> 你的浏览器不支持该功能！</canvas>
```

当浏览器不支持 <canvas> 标签时，标签里的文字就会显示出来。跟其他 HTML 标签一样，<canvas> 标签有一些共同的属性。

```
<canvas id="canvas" width="300" height="200">你的浏览器不支持该功能！</canvas>
```

其中，id 属性决定了 <canvas> 标签的唯一性，方便查找。width 和 height 属性分别决定了 canvas 元素的宽和高，其数值代表 <canvas> 标签内包含多少像素。

<canvas> 标签可以像其他标签一样应用 CSS 样式表。如果在头部的 CSS 样式表中添加如下的 CSS 样式设置代码。

```
canvas{
        border:1px solid #CCC;
}
```

那么该页面中的 <canvas> 标签将会显示一个 1 像素的浅灰色边框。

HTML5 中的 <canvas> 标签本身并不能绘制图形，必须与 JavaScript 脚本结合使用，才能在网页中绘制出图形。

> **提示**
>
> 默认插入网页中的 canvas 元素宽是 300 像素，高是 150 像素，使用 CSS 样式设置 canvas 尺寸只能体现 canvas 占用的页面空间，但是 canvas 内部的绘图像素还是由 width 和 height 属性来决定的，这样会导致整个 canvas 内部的图像变形。

## 7.1.3 使用 <canvas> 标签实现绘图的流程

<canvas> 标签本身是没有绘图能力的，所有的绘制工作必须在 JavaScript 内部完成。前面讲过，<canvas> 标签提供了一套绘图 API，那么，实现使用 <canvas> 标签绘图的流程首先需要获取页面中 canvas 元素的对象，再获取一个绘图上下文，接下来就可以使用绘图 API 中丰富的功能了。

### 1. 获取 canvas 对象

在绘图之前，首先从页面中获取 canvas 对象，通常使用 document 对象的 getElementById() 方法获取。例如，以下代码获取页面中 id 名称为 canvas1 的 canvas 对象。

```
var canvas=document.getElementById("canvas1");
```

开发者还可以通过标签名称来获取对象的 getElementByTagName 方法。

### 2. 创建二维的绘图上下文对象

canvas 对象包含不同类型的绘图 API，还需要使用 getContext() 方法来获取接下来要使用的绘图上下文对象。

```
var context=canvas.getContext("2d");
```

getContext 对象是内建的 HTML5 对象，拥有多种绘制路径、矩形、圆形、字符及添加图像的方法。参数为 2d，说明接下来将绘制的是一个二维图形。

### 3. 在 Canvas 上绘制文字

设置绘制文字的字体样式、颜色和对齐方式。

```
// 设置字体样式、颜色及对齐方式
context.font="98px 黑体 ";
context.fillStyle="#036";
context.textAlign="center";
// 绘制文字
context.fillText(" 中 ",100,120,200);
```

font 属性设置了字体样式。fillStyle 属性设置了字体颜色。textAlign 属性设置了对齐方式。fillText() 方法用填充的方式在 Canvas 上绘制文字。

## 7.2　绘制基本图形

使用 HTML5 中新增的 &lt;canvas&gt; 标签能够实现最简单直接的绘图，也能够通过编写脚本实现极为复杂的应用。本节将向读者介绍如何使用 &lt;canvas&gt; 标签与 JavaScript 脚本相结合实现一些简单的基本图形绘制。

### 7.2.1　绘制直线

使用 &lt;canvas&gt; 标签绘制直线，需要通过 &lt;canvas&gt; 标签与 JavaScript 中的 moveTo 和 lineTo 方法相结合。

moveTo 方法用于创建新的子路径，并设置其起始点，其使用方法如下。

```
context.moveTo(x,y)
```

lineTo 方法用于从 moveTo 方法设置的起始点开始绘制一条到设置坐标的直线，如果前面没有用 moveTo 方法设置路径的起始点，则 lineTo 方法等同于 moveTo 方法。lineTo 方法的用法如下。

```
context.lineTo(x,y)
```

通过 moveTo 和 lineTo 方法设置直线路径的起点和终点，而 stroke 方法用于沿该路径绘制一条直线。

**实　战　在网页中绘制直线**

最终文件：最终文件 \ 第 7 章 \7-2-1.html　　　视频：视频 \ 第 7 章 \7-2-1.mp4

**01** 打开页面"源文件 \ 第 7 章 \7-2-1.html"，可以看到该页面的 HTML 代码，如图 7-1 所示。在浏览器中预览页面，可以看到页面背景与文字的效果，如图 7-2 所示。

图 7-1

图 7-2

**02** 返回网页 HTML 代码中，在 id 名称为 text 的 Div 中的文字之后添加 &lt;canvas&gt; 标签，并对相关属性进行设置，如图 7-3 所示。切换到设计视图中，可以看到 &lt;canvas&gt; 标签在 Dreamweaver 的设计视图中显示为灰色区域，如图 7-4 所示。

图 7-3

图 7-4

**03** 在 &lt;body&gt; 的结束标签之前添加相应的 JavaScript 脚本代码。

```
<script type="text/javascript">
var myCanvas=document.getElementById("canvas1");    // 获得页面中的 canvas 对象
var con1=myCanvas.getContext("2d");                 // 创建二维绘图对象
con1.moveTo(0,0);                                   // 确定直线起点
con1.lineTo(990,0);                                 // 确定直线终点
con1.strokeStyle="#FFFFFF";                         // 设置线条颜色
con1.lineWidth=10;                                  // 设置线条宽度
con1.stroke();
</script>
```

保存页面，在浏览器中预览页面，可以看到使用 <canvas> 标签与 JavaScript 脚本相结合绘制的直线效果，如图 7–5 所示。

图 7–5

> **提示**
>
> 　　在编写的 JavaScript 脚本代码中，通过 moveTo() 方法确定所绘制路径的起点，通过 lineTo() 方法确定路径的终点，strokeStyle 属性用于设置线条的颜色，lineWidth 属性用于设置线条的宽度，单位为像素。stroke() 方法用于沿路径起点和终点绘制一条直线。

## 7.2.2　绘制矩形

　　矩形属于一种特殊而又普遍使用的一种图形，矩形的宽和高就确定了图形的样子，再给予一个绘制起始坐标，就可以确定其位置，这样整个矩形就确定下来了。

　　绘图 API 为绘制矩形提供了两个专用的方法：strokeRect() 和 fillRect()，可分别用于绘制矩形边框和填充矩形区域。在绘制之前，往往需要先设置样式，然后才能进行绘制。

　　关于矩形可以设置的属性有：边框颜色、边框宽度、填充颜色等。绘图 API 提供了几个属性可以设置这些样式，属性说明如表 7–1 所示。

表 7-1　绘制矩形可以设置的属性

| 属性 | 属性值 | 说明 |
| --- | --- | --- |
| strokeStyle | 符合 CSS 规范的颜色值及对象 | 设置线条的颜色 |
| lineWidth | 数字 | 设置线条宽度，默认宽度为 1，单位是像素 |
| fillStyle | 符合 CSS 规范的颜色值 | 设置区域或文字的填充颜色 |

### 1.　绘制矩形边框

绘制矩形边框需要使用 strokeRect 方法，其使用方法如下。

```
strokeRect (x,y,width,height);
```

　　其中，width 表示矩形的宽度，height 表示矩形的高度，x 和 y 分别是矩形起点的横坐标和纵坐标。例如，以下代码以 (50,50) 为起点绘制一个宽度为 150、高度为 100 的矩形。

```
context.strokeRect(50,50,150,100);
```

　　这里仅绘制了矩形的边框，且边框的颜色和宽度由属性 strokeStyle 和 lineWidth 来指定。

### 2.　填充矩形区域

填充矩形区域需要使用 fillRect() 方法，其使用方法如下。

```
fillRect(x,y,width,height);
```

　　该方法的参数和 strokeRect() 方法的参数是一样的，用于确定矩形的位置及大小。例如，以下代

码以 (50,50) 为起点填充一个宽度为 150、高度为 100 的矩形。

```
context.fillRect(50,50,150,100);
```

这里填充了一个矩形区域，颜色由 fillStyle 属性来设置。

**实 战　在网页中绘制矩形**

最终文件：最终文件 \ 第 7 章 \7-2-2.html　　　视频：视频 \ 第 7 章 \7-2-2.mp4

**01** 打开页面"源文件 \ 第 7 章 \7-2-2.html"，可以看到该页面的 HTML 代码，如图 7-6 所示。在浏览器中预览页面，可以看到页面背景与文字的效果，如图 7-7 所示。

图 7-6

图 7-7

**02** 返回网页 HTML 代码中，在 id 名称为 main 的 Div 中添加 <canvas> 标签，并对相关属性进行设置，如图 7-8 所示。切换到设计视图中，可以看到 <canvas> 标签在 Dreamweaver 的设计视图中显示为灰色区域，如图 7-9 所示。

图 7-8

图 7-9

**03** 在 <canvas> 结束标签之后添加相应的 JavaScript 脚本代码。

```
<script type="text/javascript">
var myCanvas=document.getElementById("canvas1");
var con1=myCanvas.getContext("2d");
// 填充矩形区域
con1.fillStyle="#1695F7";              // 设置填充颜色
con1.fillRect(0,0,200,200);            // 填充矩形区域
</script>
```

**04** 保存页面，在浏览器中预览页面，可以看到使用 <canvas> 标签与 JavaScript 脚本相结合绘制的矩形效果，如图 7-10 所示。

图 7-10

**提示**

　　在本实例中将不同的对象放置在不同 id 名称的 Div 中，将 canvas 元素放置在 id 名称为 main 的 Div 中，将 logo 图像放置在 id 名称为 logo 的 Div 中，并且事先通过 CSS 样式实现了两个元素的叠加显示，所以最终所绘制的矩形才会显示在 Logo 图像的下方。关于 CSS 样式将在后面的章节中详细介绍。

### 7.2.3　绘制圆形

圆形的绘制是采用绘制路径并填充颜色的方法来实现的。路径可以在实际绘图前勾勒出图形的轮廓，这样就可以绘制复杂的图形。

在 canvas 中，所有基本图形都是以路径为基础的，通常会调用 linTo()、rect()、arc() 等方法来设置一些路径。在最后使用 fill() 或 stroke() 方法进行绘制边框或填充区域时，都是参照这个路径来进行的。使用路径绘图基本上分为如下 3 个步骤。

(1) 创建绘图路径。

(2) 设置绘图样式。

(3) 绘制图形。

#### 1. 创建绘图路径

创建绘图路径常常会用到两个方法，即 beginPath() 和 closePath()，分别表示开始一个新的路径和关闭当前的路径。首先，使用 beginPath() 方法创建一个新的路径。该路径是以一组子路径的形式存储的，它们共同构成一个图形。每次调用 beginPath() 方法，都会产生一个新的子路径。beginPath() 的使用方法如下。

```
context.beginPath();
```

接着就可以使用多种设置路径的方法，绘图 API 为用户提供了多种路径方法，如表 7-2 所示。

表 7-2　常用路径方法

| 方法 | 参数 | 说明 |
| --- | --- | --- |
| moveTo(x,y) | x 和 y 确定了起始坐标 | 绘图开始的坐标 |
| lineTo(x,y) | x 和 y 确定了直线路径的终点坐标 | 绘制直线到终点坐标 |
| arc(x,y,radius,startAngle, endAngle,counterclockwise) | x 和 y 设置圆形的圆心坐标；radius 设置圆形的半径；startAngle 设置圆弧开始点的角度；endAngle 设置圆弧结束点的角度；counterclockwise 逆时针方向为 true，顺时针方向为 false | 使用一个中心点和半径，为一个画布的当前路径添加一条弧线。圆形为弧形的特例 |
| rect(x,y,width,height) | x 和 y 设置矩形起点坐标；width 和 height 设置矩形的宽度和高度 | 矩形路径方法 |

最好使用 closePath() 方法关闭当前路径，使用方法如下。

```
context.closePath();
```

它会尝试使用直线连接当前端点与起始端点来闭合当前路径，但是如果当前路径已经闭合或者只有一个点，则什么都不做。

#### 2. 设置绘图样式

设置绘图样式包括边框样式和填充样式，其形式如下。

(1) 使用 strokeStyle 属性设置边框颜色，代码如下。

```
context.strokeStyle="#000";
```

(2) 使用 lineWidth 属性设置边框宽度，代码如下。

```
context.lineWidth=3;
```

(3) 使用 fillStyle 属性设置填充颜色，代码如下。

```
context.fillstyle="#F90";
```

#### 3. 绘制图形

路径和样式都设置好了，最好就是调用 stroke() 方法绘制边框，或调用 fill() 方法填充区域，代码如下。

```
context.stroke();                // 绘制边框
context.fill();                  // 填充区域
```

经过以上的操作，图形才绘制到 canvas 对象中。

**实战　在网页中绘制圆形**

最终文件：最终文件 \ 第 7 章 \7-2-3.html　　　视频：视频 \ 第 7 章 \7-2-3.mp4

**01** 打开页面 "源文件 \ 第 7 章 \7-2-3.html"，在浏览器中预览页面，效果如图 7-11 所示。

返回网页 HTML 代码中，在 id 名称为 main 的 Div 中添加 <canvas> 标签，并对相关属性进行设置，如图 7-12 所示。

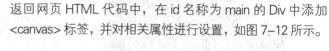

图 7-11

图 7-12

**02** 在 <canvas> 结束标签之后添加相应的 JavaScript 脚本代码。

```
<script type="text/javascript">
var myCanvas=document.getElementById("canvas1");
var con1=myCanvas.getContext("2d");
// 创建绘图路径
con1.beginPath();                     // 创建新路径
con1.arc(175,175,165,0,Math.PI*2,true);   // 圆形路径
con1.closePath();                     // 闭合路径
// 设置样式
con1.strokeStyle="#E9BD51";           // 设置边框颜色
con1.lineWidth-10;                    // 设置边框宽度
con1.fillStyle="#000000";             // 设置填充颜色
// 绘制图形
con1.stroke();                        // 绘制边框
con1.fill();                          // 绘制填充
</script>
```

**03** 保存页面，在浏览器中预览页面，可以看到使用 <canvas> 标签与 JavaScript 脚本相结合绘制圆形的效果，如图 7-13 所示。

图 7-13

> **提示**
> 在 JavaScript 脚本代码中，使用 arc() 方法创建一个圆形路径，设置其 x 轴和 y 轴的位置和圆形的半径，并且为该圆形设置边框和填充。

## 7.2.4　绘制三角形

三角形同样需要通过绘制路径的方法来实现，了解了前面讲解的绘制图形的相关方法和属性，使用绘制路径的方法能够自由地绘制出其他形状图形，本节将带领读者在网页中绘制一个三角形。

| 实 战 | 在网页中绘制三角形 |

最终文件：最终文件\第 7 章\7-2-4.html　　　视频：视频\第 7 章\7-2-4.mp4

**01** 打开页面"源文件\第 7 章\7-2-4.html"，在浏览器中预览页面，效果如图 7-14 所示。返回网页 HTML 代码中，在 id 名称为 bottom 的 Div 中添加 <canvas> 标签，并对相关属性进行设置，如图 7-15 所示。

图 7-14

图 7-15

**02** 在 <canvas> 结束标签之后添加相应的 JavaScript 脚本代码。

```html
<script type="text/javascript">
var myCanvas=document.getElementById("canvas1");
var con1=myCanvas.getContext("2d");
// 创建绘图路径
con1.beginPath();                         // 创建新路径
con1.moveTo(0,150);                       // 确定起始坐标
con1.lineTo(0,0);                         // 目标坐标
con1.lineTo(900,150);                     // 目标坐标
con1.closePath();                         // 闭合路径
// 设置样式
con1.fillStyle="rgba(88,191,224,0.7)";   // 设置填充颜色
// 绘制图形
con1.fill();                             // 绘制填充
</script>
```

**03** 保存页面，在浏览器中预览页面，可以看到使用 <canvas> 标签与 JavaScript 脚本相结合绘制三角形的效果，如图 7-16 所示。

图 7-16

**提示**

closePath() 方法习惯性地放在路径设置的最后一步，切勿认为是路径设置的结束，因为在此之后，还可以继续设置路径。

### 7.2.5　图形组合

通常把一个图形绘制在另一个图形之上，称为图形组合。默认情况是上面的图形覆盖下面的图形，这是由于图形组合默认设置了 source-over 属性值。

在 canvas 中，可通过 globalCompositeOperation 属性来设置如何在两个图形叠加的情况下组合颜色，其用法如下。

```
globalCompositeOperation= [value];
```

value 参数的合法值有 12 个，决定了 12 种图形组合类型，默认值是 source-over。12 种组合类型如表 7-3 所示。

表 7-3　图形组合属性值说明

| 属性值 | 说明 |
| --- | --- |
| copy | 只绘制新图形，删除其他所有内容 |
| darker | 在图形重叠的地方，颜色由两个颜色值相减后决定 |
| destination-atop | 已有内容只在它和新的图形重叠的地方保留，新图形绘制于内容之后 |
| destination-in | 在新图形和已有画布重叠的地方，已有内容都保留，所有其他内容成为透明的 |
| destination-out | 在已有内容和新图形不重叠的地方，已有内容保留，所有其他内容成为透明的 |
| destination-over | 新图形绘制于已有内容的后面 |
| lighter | 在图形重叠的地方，颜色由两种颜色值的加值来决定 |
| source-atop | 只有在新图形和已有内容重叠的地方，才绘制新图形 |
| source-in | 只有在新图形和已有内容重叠的地方，才绘制新图形，所有其他内容成为透明的 |
| source-out | 只有在和已有图形不重叠的地方，才绘制新图形 |
| source-over | 新图形绘制于已有图形的顶部，这是默认的行为 |
| xor | 在重叠和正常绘制的其他地方，图形都成为透明的 |

例如，编写如下的 JavaScript 脚本代码。

```javascript
<script type="text/javascript">
function Draw(){
    var myCanvas=document.getElementById("canvas1");
    var context=myCanvas.getContext("2d");
    // source-over
    context.globalCompositeOperation = "source-over";
    RectArc(context);
    // lighter
    context.globalCompositeOperation = "lighter";
    context.translate(90,0);
    RectArc(context);
    // xor
    context.globalCompositeOperation = "xor";
    context.translate(-90,90);
    RectArc(context);
    // destination-over
    context.globalCompositeOperation = "destination-over";
    context.translate(90,0);
    RectArc(context);
}
// 绘制组合图形
function RectArc(context){
    context.beginPath();
    context.rect(10,10,50,50);
    context.fillStyle = "#F90";
    context.fill();
    context.beginPath();
    context.arc(60,60,30,0,Math.PI*2,true);
    context.fillStyle = "#0f0";
    context.fill();
```

```
}
window.addEventListener("load",Draw,true);
</script>
```

函数 RectArc(context) 是用来绘制组合图形的，使用方法 translate() 移动不同的位置，连续绘制 4 种组合图形：source-over、lighter、xor、destination-over。在浏览器中预览，可以看到代码中设置的 4 种图形组合的表现方式，如图 7-17 所示。

图 7-17

# 7.3 绘制文本

使用 HTML5 中新增的 <canvas> 标签除了可以绘制基本的图形以外，还可以绘制出文字的效果，本节将向读者介绍如何使用 <canvas> 标签与 JavaScript 脚本相结合在网页中绘制文字效果。

## 7.3.1 使用文本

通过 <canvas> 标签，可以使用填充的方法绘制文本，也可以使用描边的方法绘制文本，在绘制文本之前，还可以设置文字的字体样式和对齐方式。绘制文本有两种方法，分别为填充绘制方法 fillText() 和描边绘制方法 strokeText()，其使用方法如下。

```
fillText(text,x,y,maxwidth);
strokeText(text,x,y,maxwidth);
```

参数 text 表示需要绘制的文本；参数 x 表示文本的起点 x 轴坐标；参数 y 表示文本的起点 y 轴坐标；参数 maxwidth 为可选参数，表示显示文本的最大宽度，可以防止文本溢出。

在绘制文本之前，可以先对文本进行样式设置。绘图 API 提供了专门用于设置文本样式的属性，可以设置文本的字体、大小等，类似于 CSS 的字体属性。也可以设置对齐方式，包括水平方向上的对齐和垂直方向上的对齐。文本相关属性介绍如表 7-4 所示。

表 7-4 文本的相关属性

| 属性 | 值 | 说明 |
|------|------|------|
| font | CSS 字体样式字符串 | 设置字体样式 |
| textAlign | start\|end\|left\|right\|center | 设置水平对齐方式，默认为 start |
| textBaseline | top\|hanging\|middle\|alphabetic\|bottom | 设置垂直对齐方式，默认为 alphabetic |

**实战** 在网页中绘制文字

最终文件：最终文件 \ 第 7 章 \7-3-1.html    视频：视频 \ 第 7 章 \7-3-1.mp4

 **01** 打开页面"源文件 \ 第 7 章 \7-3-1.html"，在浏览器中预览该页面，效果如

图 7-18 所示。返回网页的 HTML 代码中，在 id 名称为 text 的 Div 中添加 &lt;canvas&gt; 标签，并对相关属性进行设置，如图 7-19 所示。

图 7-18

图 7-19

02 在 &lt;canvas&gt; 结束标签之后添加相应的 JavaScript 脚本代码。

```
<script type="text/javascript">
var myCanvas=document.getElementById("canvas1");
var context=myCanvas.getContext("2d");
// 描边方式绘制文本
context.strokeStyle="#FFFFFF";
context.font="bold italic 100px 微软雅黑 ";
context.strokeText("2018",0,100);
// 填充方式绘制文本
context.fillStyle="#FFFFFF";
context.font="bold 70px 微软雅黑 ";
context.fillText(" 全新时尚品牌强势入驻！ ",0,200);
</script>
```

03 保存页面，在浏览器中预览页面，可以看到使用 &lt;canvas&gt; 标签与 JavaScript 脚本相结合绘制填充文字和描边文字的效果，如图 7-20 所示。

图 7-20

**提示**

font 属性设置了文字相关样式：字体为微软雅黑和 Arial Black，字体加粗效果 bold，文字大小为 60，字体倾斜效果 italic。其填充样式仍然使用 fillStyle 属性来设置，描边样式仍然使用 strokeStyle 属性来设置。

## 7.3.2　创建对象阴影

阴影效果可以增加图像的立体感，为所绘制的图形或文字添加阴影效果，利用绘图 API 提供的绘制阴影属性。阴影属性不会单独去绘制阴影，只需要在绘制任何图形或文字之前添加阴影属性，就能绘制出带有阴影效果的图形或文字。

如表 7-5 所示为设置阴影的 4 个属性。

表 7-5　阴影属性说明

| 属性 | 值 | 说明 |
|---|---|---|
| shadowColor | 符合 CSS 规范的颜色值 | 可以使用半透明颜色 |
| shadowOffsetX | 数值 | 阴影的横向位移量，向右为正，向左为负 |
| shadowOffsetY | 数值 | 阴影的纵向位移量，向下为正，向上为负 |
| shadowBlur | 数值 | 高斯模糊，值越大，阴影边缘越模糊 |

**实 战** 为网页中所绘制的文字添加阴影

最终文件：最终文件 \ 第 7 章 \7-3-2.html　　　视频：视频 \ 第 7 章 \7-3-2.mp4

**01** 打开页面"源文件 \ 第 7 章 \7-3-2.html"，在浏览器中预览该页面，效果如图 7-21 所示。返回网页的 HTML 代码中，在 id 名称为 text 的 Div 中添加 <canvas> 标签，并对相关属性进行设置，如图 7-22 所示。

图 7-21

图 7-22

**02** 在 <canvas> 结束标签之后添加相应的 JavaScript 脚本代码。

```
<script type="text/javascript">
var myCanvas=document.getElementById("canvas1");
var context=myCanvas.getContext("2d");
// 设置阴影属性
context.shadowColor="#CD9848";
context.shadowOffsetX=0;
context.shadowOffsetY=0;
context.shadowBlur=10;
// 填充方式绘制文本
context.fillStyle="#FFFFFF";
context.font="bold 70px 微软雅黑";
context.fillText("2018",0,100);
context.fillText(" 全新时尚品牌强势入驻！",0,200);
</script>
```

**03** 保存页面，在浏览器中预览页面，可以看到使用 <canvas> 标签与 JavaScript 脚本相结合绘制文字及为文字添加的阴影效果，如图 7-23 所示。

图 7-23

**技巧**

　　阴影属性不仅可以为文字添加阴影效果，还可以为其他在 canvas 元素中所绘制的图形添加阴影效果。在绘制文本和图形之前，设置相应的阴影属性，其后所绘制的所有文本和图形都会附带阴影效果。

# 7.4　在网页中绘制特殊形状图像

　　有时候，可能需要借助一些图片素材使绘图更加灵活和方便。在 canvas 中，绘图 API 已经提供了插入图像的方法，只需要几行代码就能将图像绘制到画布上。

## 7.4.1　绘制图像

　　使用 drawImage() 方法可以将图像添加到 canvas 画布中，即绘制一幅图像，有 3 种使用方法。

(1) 把整个图像复制到画布，将其放置到指定的左上角，并且将每个图像像素映射成画布坐标系统的一个单元，其使用格式如下。

```
drawImage(image,x,y);
```

image 表示所要绘制的图像对象，x 和 y 表示要绘制的图像的左上角的位置。

(2) 把整个图像复制到画布，但是允许用画布单位来指定想要图像的宽度和高度，其使用格式如下。

```
drawImage(image,x,y,width,height);
```

image 表示所需要绘制的图像对象，x 和 y 表示要绘制图像的左上角的位置，width 和 height 表示图像所应该绘制的尺寸，指定这些参数使图像可以缩放。

(3) 该方法是完全通用的，它允许指定图像的任何矩形区域并复制它，对画布中的任何位置都可以进行任意缩放，其使用格式如下。

```
drawImage(image,sourceX,sourceY,sourceWidth,sourceHeight,destX,destY,destWidth,destHeight);
```

image 表示所要绘制的图像对象；sourceX 和 sourceY 表示图像将要被绘制区域的左上角使用图像像素来度量；sourceWidth 和 sourceHieght 表示图像所要绘制区域的大小使用图像像素表示。destX 和 destY 表示所要绘制图像区域的左上角的画布坐标；destWidth 和 destHeight 表示图像区域所要绘制画布的大小。

以上 3 种方法中的 image 参数都表示所要绘制图像的对象必须是 Image 对象或 canvas 元素。一个 Image 对象能够表示文档中的一个 <img> 标签或者使用 Image() 构造函数所创建的一个屏幕外图像。

## 实 战　在网页中绘制图像

最终文件：最终文件 \ 第 7 章 \7-4-1.html　　　视频：视频 \ 第 7 章 \7-4-1.mp4

01 打开页面"源文件 \ 第 7 章 \7-4-1.html"，可以看到该页面的 HTML 代码，如图 7-24 所示。在浏览器中预览页面，可以看到页面的效果，如图 7-25 所示。

图 7-24

图 7-25

02 返回网页的 HTML 代码中，在 id 名称为 banner 的 Div 中添加 <canvas> 标签，并对相关属性进行设置，如图 7-26 所示。切换到设计视图中，可以看到 <canvas> 标签在 Dreamweaver 的设计视图中显示为灰色区域，如图 7-27 所示。

图 7-26

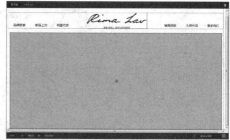

图 7-27

03 返回网页的 HTML 代码中，在 <canvas> 结束标签之后添加相应的 JavaScript 脚本代码。

```
<script type="text/javascript">
var myCanvas=document.getElementById("canvas1");
var con1=myCanvas.getContext("2d");
var newImg=new Image();          // 使用 Image() 构造函数创建图像对象
newImg.src="images/74102.jpg";   // 指定图像的文件地址
newImg.onload=function() {
    con1.drawImage(newImg,0,0);  // 从左上角开始绘制图像
}
</script>
```

04 保存页面，在浏览器中预览页面，可以看到使用 <canvas> 标签与 JavaScript 脚本代码相结合绘制图像的效果，如图 7-28 所示。

图 7-28

> **提示**
>
> 在插入图像之前，需要考虑图像加载时间。如果图像没有加载完成就已经执行了 drawImage() 方法，则不会显示任何图片。可以考虑为图像对象添加 onload() 处理函数，从而保证在图像加载完成之后执行 drawImage() 方法。

## 7.4.2 裁切区域

在路径绘图中使用了两种绘图方法，即用于绘制线条的 stroke() 方法和用于填充区域的 fill() 方法。关于路径的处理，还有一种方法叫作裁切方法 clip()。

说起裁切，大多数人会想到裁切图片，即保留图片的一部分。裁切区域是通过路径来确定的。和绘制线条的方法和填充区域的方法一样，也需要预先确定绘图路径，再执行裁切区域路径方法 clip()，这样就确定了裁切区域。裁切区域的使用方法如下。

```
clip();
```

该方法没有参数，在设置路径之后执行。

**实 战** 在网页中实现圆形图像效果

最终文件：最终文件 \ 第 7 章 \7-4-2.html　　　视频：视频 \ 第 7 章 \7-4-2.mp4

01 打开页面"源文件 \ 第 7 章 \7-4-2.html"，可以看到该页面的 HTML 代码，如图 7-29 所示。在浏览器中预览页面，可以看到页面的效果，如图 7-30 所示。

图 7-29

图 7-30

02 返回网页的 HTML 代码中，在 <body> 与 </body> 标签之间添加 <canvas> 标签，并对相关属性进行设置，注意两个 <canvas> 标签的 id 名称不同，如图 7-31 所示。转换到该网页所链接的外部 CSS 样式表文件中，创建名称为 #canvas1 和 #canvas2 的 CSS 样式，如图 7-32 所示。

图 7-31

图 7-32

> **提示**
>
> 在页面中添加两个 <canvas> 标签，一个用于绘制白色的圆形；另一个用于将图像裁切为圆形。通过 CSS 样式进行设置，使两个 canvas 元素相互重叠，通过 z-index 属性设置，设置这两个 canvas 元素之间的叠加顺序。

03 返回网页的 HTML 代码中，在 <canvas> 结束标签之后添加相应的 JavaScript 脚本代码。

```
<script type="text/javascript">
var canvas=document.getElementById("canvas1");
var context=canvas.getContext("2d");
// 绘制底部白色圆形
context.arc(300,300,300,0,Math.PI*2,true);
context.fillStyle="#FFFFFF";
context.fill();
function Draw(){
    var canvas=document.getElementById("canvas2");
     var context=canvas.getContext("2d");
    // 在画布对象中绘制图像
    var newImg=new Image();
    newImg.src="images/74203.png";
    newImg.onload=function(){
            ArcClip(context);
            context.drawImage(newImg,-650,0);
            }
}
function ArcClip(context) {
    // 裁切路径
    context.beginPath();
    context.arc(300,300,290,0,Math.PI*2,true);// 设置一个圆形绘图路径
    context.clip();                            // 裁剪区域
}
window.addEventListener("load",Draw,true);
</script>
```

04 切换到设计视图中，可以看到 <canvas> 标签在 Dreamweaver 的设计视图中显示为灰色区域，如图 7-33 所示。保存页面，在浏览器中预览页面，可以看到使用 <canvas> 标签与 JavaScript 脚本代码相结合在网页中实现圆形图像的效果，如图 7-34 所示。

提示

在绘制图片之前，首先使用 ArcClip(context) 方法设置一个圆形裁剪区域。先设置一个圆形的绘图路径，再调用 clip() 方法，即完成区域的裁剪。

图 7-33

图 7-34

# 第 8 章　HTML5 文档结构标签的应用

　　一个典型的 HTML 页面中通常包含头部、导航、主体内容、侧边内容和页脚等区域。在之前的 HTML 页面中，这些区域全部都使用 <div> 标签进行标识，并不易于用户的识别和浏览器引擎的分析。在 HTML5 中新增了描述文档结构的相关标签，通过使用这些标签，可以很清晰地在 HTML 代码中标识出页面的结构。本章将向读者介绍 HTML5 中新增的文档结构标签。

**本章知识点：**

➤ 理解 <article> 和 <section> 标签的作用和使用方法
➤ 理解使用 <nav> 标签标识导航的方法
➤ 理解使用 <aside> 标签标识辅助信息内容的方法
➤ 理解各种语义模块标签的使用方法
➤ 掌握 HTML5 结构标签在 HTML 文件中的应用

## 8.1　构建 HTML5 页面主体内容

　　在 HTML5 页面中，为了使文档的结构更加清晰明确，新增了几个与页眉、页脚、内容区块等文档结构相关联的文档结构标签。本节将向读者详细介绍 HTML5 中在页面的主体结构方面新增的结构标签。

　　需要注意的是，内容区块是指将 HTML 页面按逻辑进行分隔后的单位。例如，对于博客网站来说，导航菜单、文章正文、文章的评论等每一个部分都可以称为内容区块。

### 8.1.1　文章 <article> 标签

　　网页中常常出现大段的文章内容，通过文章结构元素可以将网页中大段的文章内容标识出来，使网页的代码结构更加整齐。在 HTML5 中新增了 <article> 标签，使用该标签可以在网页中定义独立的内容，包括文章、博客和用户评论等内容。

　　<article> 标签的基本语法格式如下。

`<article> 文章内容 </article>`

　　一个 article 元素通常有它自己的标题，一般放在一个 <header> 标签中，有时还有自己的脚注。例如下面的网页 HTML 代码。

```
...
<body>
<article>
  <header>
    <h1> 新闻标题 </h1>
    <time pubdate="pubdate">2018 年 1 月 12 日 </time>
  </header>
  <p> 新闻正文内容 </p>
  <footer>
    新闻版底信息
  </footer>
```

```
</article>
</body>
...
```

在以上的 HTML 页面代码中，在 <header> 标签中嵌入文章的标题，在这部分中，使用 <h1> 标签包含文章的标题，使用 <time> 标签包含文章的发布日期。在 <header> 标签的结束标签之后使用 <p> 标签包含新闻的正文内容，在结尾处使用 <footer> 标签嵌入文章的版底信息，作为脚注。整个示例的内容相对比较独立、完整，因此，对这部分使用了 <article> 标签。

<article> 标签是可以嵌套使用的，当 <article> 标签进行嵌套使用时，内部的 <article> 标签中的内容必须和外部的 <article> 标签中的内容相关。例如下面的网页 HTML 代码。

```
...
<body>
<article>
  <header>
    <h1> 新闻标题 </h1>
    <time pubdate="pubdate">2018 年 1 月 12 日 </time>
  </header>
  <p> 新闻正文内容 </p>
  <footer>
    新闻版底信息
  </footer>
  <section>
    <h2> 评论 </h2>
    <article>
      <header>
        <h3> 用户 1</h3>
      </header>
      <p> 评论内容 </p>
    </article>
    <article>
      <header>
        <h3> 用户 2</h3>
      </header>
      <p> 评论内容 </p>
    </article>
  </section>
</article>
</body>
...
```

以上的 HTML 代码中通过结构标签将内容分为几个部分，文章标题放在 <header> 标签中，文章正文放在 <header> 标签的结束标签后的 <p> 标签中，然后使用 <section> 标签将正文与评论部分进行了区分，在 <section> 标签中嵌入了评论的内容，评论中每一个人的评论相对来说又是比较独立、完整的，因此对它们都使用了一个 <article> 标签，在评论的 <article> 标签中，又可以分为标题与评论内容部分，分别放在 <header> 与 <p> 标签中。

另外，<article> 标签也可以用来表示插件，它的作用是使插件看起来好像内嵌在页面中的一样。使用 <article> 标签表示插件的代码如下。

```
<article>
  <h1> 使用插件 </h1>
  <object>
    <param name="allowFullScreen" value="true">
```

```
        <embed src=" 文件地址 " width=" 宽度 " height=" 高度 "> </embed>
    </object>
</article>
```

## 8.1.2　章节 <section> 标签 ⊙

在网页文档中常常需要定义章节等特定的区域。在 HTML5 中新增了 <section> 标签，该标签用于对页面中的内容进行分区。一个 section 元素通常由内容及其标题组成。<div> 标签也可以用来对页面进行分区，但是 <section> 标签并不是一个普通的容器元素，当一个容器需要被直接定义样式或通过脚本定义行为时，推荐使用 <div> 标签，而非 <section> 标签。

<section> 标签的基本语法格式如下。

```
<section> 文章内容 </section>
```

> **提示**
>
> <div> 标签关注结构的独立性，而 <section> 标签关注内容的独立性。<section> 标签包含的内容可以单独存储到数据库中输出到 Word 文档中。

例如，下面的 HTML 代码中使用 <section> 标签将新闻列表的内容单独分隔，在 HTML5 之前，通常使用 <div> 标签来分隔该块内容。

```
...
<body>
<section>
    <h1> 网站新闻 </h1>
    <ul>
        <li> 新闻标题 1</li>
        <li> 新闻标题 2</li>
        ...
    </ul>
</section>
</body>
...
```

<article> 标签和 <section> 标签都是 HTML5 新增的标签，它们的功能与 <div> 标签类似，都是用来区分页面中不同的区域，它们的使用方法也相似，因此很多初学者会将其混用。HTML5 之所以新增这两种标签，就是为了更好地描述 HTML 文件的内容，所以它们之间存在一定的区别。

<article> 标签代表 HTML 文件中独立完整地可以被外部引用的内容。例如，博客中的一篇文章，论坛中的一个帖子或者一段用户评论等。因为 <article> 标签是一段独立的内容，所以 <article> 标签中通常包含头部 (<header> 标签 ) 和底部 (<footer> 标签 )。

<section> 标签用于对 HTML 文件中的内容进行分块，一个 <section> 标签中通常由内容及标题组成。<section> 标签中包含一个 <h$_n$> 标签，一般不包含头部 (<header> 标签 ) 或者底部 (<footer> 标签 )。通常使用 <section> 标签为那些有标题的内容进行分段。

<section> 标签的作用是对页面中的内容进行分块处理，相邻的 <section> 标签中的内容应该是相关的，而不是像 <article> 标签中的内容那样是独立的。例如下面的 HTML 代码。

```
<article>
    <header>
        <h1> 网页设计介绍 </h1>
    </header>
    <p> 这里是网页设计的介绍内容，介绍有关网页设计的相关知识……</p>
    <section>
```

```
      <h2> 评论 </h2>
      <article>
        <h3> 评论者：用户 1</h3>
        <p> 这里是评论内容 </p>
      </article>
      <article>
        <h3> 评论者：用户 2</h3>
        <p> 这里是评论内容 </p>
      </article>
    </section>
  </article>
```

在以上这段 HTML 代码中，可以观察到 <article> 标签与 <section> 标签的区别。事实上 <article> 标签可以看作特殊的 <section> 标签。<article> 标签更强调独立性、完整性，<section> 标签更强调相关性。

既然 <article> 和 <section> 标签是用来划分区域的，又是 HTML5 的新增标签，那么是否可以使用 <article> 和 <section> 标签来取代 <div> 标签进行网页布局呢？答案是否定的，<div> 标签的作用就是用来布局网页、划分大区域的。在 HTML4 中只有 <div> 和 <span> 标签用来在 HTML 页面中划分区域，所以我们习惯性地把 <div> 当成一个容器。而 HTML5 改变了这种用法，它让 <div> 的工作更纯正，<div> 标签就是用来布局大块，在不同的内容块中，按照需求添加 <article>、<section> 等内容块，并且显示其中的内容，这样才能合理地使用这些元素。

因此，在使用 <section> 标签时需要注意以下几个问题。

(1) 不要将 <section> 标签当作设置样式的页面容器，对于此类操作应该使用 <div> 标签来实现。

(2) 如果 <article> 标签、<aside> 标签或者 <nav> 标签更符合使用条件，不要使用 <section> 标签。

(3) 不要为没有标题的内容区块使用 <section> 标签。

在 HTML5 中，<article> 标签可以看作一种特殊种类的 <section> 标签，它比 <section> 标签更强调独立性，即 <section> 标签强调分段或分块，而 <article> 标签则强调独立性。具体来说，如果一块内容相对来说比较独立、完整的时候，应该使用 <article> 标签，但是如果想将一块内容分成几段时，应该使用 <section> 标签。另外，在 HTML5 中，<div> 标签只是一个容器，当使用 CSS 样式时，可以对这个容器进行一个总体的 CSS 样式的套用。

## 8.1.3  导航 <nav> 标签

导航是每个网页中都包含的重要元素之一，通过网站导航可以在网站中各页面之间进行跳转。在 HTML5 中新增了 <nav> 标签，使用该标签可以在网页中定义网页的导航部分。

<nav> 标签的基本语法格式如下。

<nav> 导航内容 </nav>

<nav> 标签标识的是一个可以用作页面导航的链接组，其中的导航元素链接到其他页面或当前页面的其他部分，并不是所有的链接组都需要被放置在 <nav> 标签中，只需要将主要的、基本的链接组放进 <nav> 标签中即可。

一个页面中可以拥有多个 <nav> 标签，作为页面整体或不同部分的导航。具体来说，<nav> 标签可以用于以下位置。

**◑ 传统导航条**：常规网站都设置有不同层级的导航条，其作用是将当前画面跳转到网站的其他主要页面上去。

**◑ 侧边栏导航**：现在主流博客网站及电商网站上都有侧边栏导航，其作用是将页面从当前页面跳转到其他页面上去。

⊙ **页内导航**：页面导航的作用是在本页面几个主要的组成部分之间进行跳转。

⊙ **翻页操作**：翻页操作是指在多个页面的前后页或博客网站的前后篇文章滚动。

在 HTML5 中，只要是导航性质的链接，就要很方便地将其放入 <nav> 标签中，该标签可以在一个 HTML 文件中出现多次，作为整个页面的导航或部分区域内容的导航。例如，下面的 HTML 代码。

```
...
<body>
<nav>
  <ul>
    <li><a href="#">网站首页 </a></li>
    <li><a href="#">关于我们 </a></li>
    <li><a href="#">设计作品 </a></li>
    <li><a href="#">联系我们 </a></li>
  </ul>
</nav>
</body>
...
```

在以上的 HTML 代码中，<nav> 标签中包含 4 个用于导航的超链接，该导航可以用于网页全局导航，也可以放在某个段落，作为区域导航。

> **提示**
>
> 很多用户喜欢使用 <menu> 标签进行导航，<menu> 标签主要用于在一系列交互命令的菜单上，例如，使用在 Web 应用程序中。在 HTML5 中不要使用 <menu> 标签代替 <nav> 标签。

## 8.1.4　辅助内容 <aside> 标签

侧边结构元素可用于创建网页中文章内容的侧边栏内容。在 HTML5 中新增了 <aside> 标签，<aside> 标签用于创建其所处内容之外的内容，<aside> 标签中的内容应该与其附近的内容相关。

<aside> 标签的基本语法格式如下。

```
<aside>辅助信息内容</aside>
```

<aside> 标签用来表示当前页面或文章的辅助信息内容部分，它可以包含与当前页面或主要内容相关的引用、侧边栏、广告、导航条及其他类似的有别于主要内容的部分。<aside> 标签主要有以下两种使用方法。

第 1 种方法，<aside> 标签被包含在 <article> 标签中，作为主要内容的辅助信息部分，其中的内容可以是与当前文章有关的资料、名词解释等。其基本应用格式如下。

```
<article>
  <h1>文章标题 </h1>
  <p>文章主体内容 </p>
  <aside>文章内容的辅助信息内容 </aside>
</article>
```

第 2 种方法，在 <article> 标签之外使用 <aside> 标签，作为页面或全局的辅助信息部分。最典型的是侧边栏，其中的内容可以是友情链接，博客中的其他文章列表、广告等。其基本应用格式如下。

```
<aside>
  <h2>列表标题 1</h2>
  <ul>
```

```
        <li> 列表项 1</li>
        <li> 列表项 2</li>
    </ul>
    <h2>列表标题 2</h2>
    <ul>
        <li> 列表项 1</li>
        <li> 列表项 2</li>
    </ul>
</aside>
```

### 8.1.5　日期时间 &lt;time&gt; 标签　⊙

　　微格式是一种利用 HTML 的 class 属性来对网页添加附加信息的方法，附加信息如新闻事件发生的日期和时间、个人电话号码、企业邮箱等。微格式并不是在 HTML5 之后才有的，在 HTML5 之前是它就和 HTML 结合使用了，但是在使用过程中发现，在日期和时间的机器编码上出现了一些问题，编码过程中会产生一些歧义。HTML5 新增了 &lt;time&gt; 标签，通过该标签可以无歧义、明确地对机器的日期和时间进行编码，并且以让人易读的方式展现出来。

　　&lt;time&gt; 标签用于表示 24 小时中的某个时间或某个日期，当使用 &lt;time&gt; 标签表示时间时，允许设置带有时差的表现方式。它可以定义很多格式的日期和时间，其语法格式如下。

```
<time datetime="2018-1-12">2018 年 1 月 12 日 </time>
<time datetime="2018-1-12">1 月 12 日 </time>
<time datetime="2018-1-12"> 我的生日 </time>
<time datetime="2018-1-12T18:00"> 我生日的晚上 6 点 </time>
<time datetime="2018-1-12T18:00Z"> 我生日的晚上 6 点 </time>
<time datetime="2018-1-12T18:00+09:00"> 我生日的晚上 8 点的美国时间 </time>
```

　　编码时引擎读到的部分在 datetime 属性中，而元素的开始标签与结束标签中间的部分是显示在网页上的。datetime 属性中日期与时间之间要使用字母 T 分隔，T 表示时间。

　　注意倒数第 2 行，时间加上字母 Z 表示机器编码时使用 UTC 标准时间，倒数第一行则加上了时差，表示向机器编码另一地区时间，如果是编码本地时间，则不需要添加时差。

　　pubdate 属性是一个可选的布尔值属性，可以添加在 &lt;time&gt; 标签中，用于表示文章或者整个网页的发布日期，使用格式如下。

```
<time datetime="2018-1-12" pubdate>2018 年 1 月 12 日 </time>
```

　　由于 &lt;time&gt; 标签不仅仅表示发布时间，而且还可以表示其他用途的时间，如通知、约会等。为了避免引擎误解发布日期，使用 pubdate 属性可以显式地告诉引擎文章中哪个时间是真正的发布时间。

## 8.2　HTML5 文档中的语义模块标签

　　除了以上几个主要的结构元素之外，在 HTML5 中还新增了一些表示逻辑结构或附加信息的非主体结构元素。

### 8.2.1　标题 &lt;header&gt; 标签　⊙

　　&lt;header&gt; 标签是一种具有引导和导航作用的结构元素，通常用来放置整个页面或页面内的一个内容区块的标题，但也可以包含其他内容，如数据表格、搜索表单或相关的 Logo 图片，因此整个页面的标题应该放在页面的开头。

　　&lt;header&gt; 标签的基本语法格式如下。

```
<header> 网页或文章的标题信息 </header>
```

例如，如下的网页 HTML 代码。

```
...
<body>
<header>
    <h1> 网页标题 </h1>
</header>
<article>
    <header>
        <h1> 文章标题 </h1>
    </header>
    <p> 文章正文内容 </p>
</article>
</body>
...
```

在一个网页中可以多次使用 <header> 标签。在 <header> 标签中通常包含 <h1> 至 <h6> 标签，也可以包含 <hgroup>、<table>、<form> 和 <nav> 等标签，只要应该显示在头部区域的语义标签，都可以包含在 <header> 标签中。

## 8.2.2　标题分组 <hgroup> 标签

<hgroup> 标签可以为标题或子标题进行分组，通常它与 <h1> 至 <h6> 标签组合使用，一个内容块中的标题及子标题可以通过 <hgroup> 标签组成一组。但是，如果文章只有一个主标题，则不需要使用 <hgroup> 标签。

<hgroup> 标签的基本语法格式如下。

```
<hgroup>
    标题 1
    标题 2
    ......
</hgroup>
```

例如下面的网页 HTML 代码。

```
...
<body>
<article>
    <header>
        <hgroup>
            <h1> 文章主标题 </h1>
            <h2> 文章副标题 </h2>
            <h3> 文章标题说明 </h3>
        </hgroup>
        <p>
            <time datetime="2017-10-12"> 发布时间：2017 年 10 月 12 日 </time>
        </p>
    </header>
    <p> 文章正文内容 </p>
</article>
</body>
...
```

在该 HTML 代码中，使用 <hgroup> 标签将文章的主标题、副标题和文章的标题说明进行分组，以便让搜索引擎更容易识别标题块。

## 8.2.3 页脚 \<footer> 标签

HTML5 中新增了 \<footer> 标签，\<footer> 标签中的内容可能作为网页或文章的注脚，如在父级内容块中添加注释，或者在页脚添加版权信息等。页脚信息有很多形式，如作者、相关阅读链接及版权信息等。

在 HTML5 之前，要描述页脚信息，通常使用 \<div id="footer"> 标签定义包含框。自从 HTML5 新增了 \<footer> 标签，这种方式将不再使用，而是使用更加语义化的 \<footer> 元素来替代。

\<footer> 标签的基本语法格式如下。

```
<footer> 页脚信息内容 </footer>
```

例如，在下面的 HTML 代码中使用 \<footer> 标签分别为页面中的文章和整个页面添加相应的脚注信息。

```
...
<body>
<article>
  <header>
    <h1> 文章标题 </h1>
    <p>
      <time datetime="2018-1-12"> 发布时间：2018 年 1 月 12 日 </time>
    </p>
  </header>
  <p> 文章正文内容 </p>
  <footer> 文章注释信息 </footer>
</article>
<footer> 网页版权信息 </footer>
</body>
...
```

与 \<header> 标签一样，页面中也可以重复使用 \<footer> 标签。同时，可以为 \<article> 标签所标注的文章或 \<section> 标签所标注的章节内容添加 \<footer> 标签，添加相应的文章或章节注释信息。

## 8.2.4 联系信息 \<address> 标签

在 HTML5 中新增了 \<address> 标签，\<address> 标签用来在 HTML 文件中定义联系信息，包括文档作者、电子邮箱、地址、电话号码等信息。

\<address> 标签的基本语法格式如下。

```
<address> 联系信息内容 </address>
```

\<address> 标签的用途不仅仅用来描述电子邮箱或地址等联系信息，还可以用来描述与文档相关的联系人的相关联系信息。例如下面的 HTML 代码。

```
...
<body>
<article>
  <header>
    <h1> 文章标题 </h1>
    <p>
      <time datetime="2018-1-12"> 发布时间：2018 年 1 月 12 日 </time>
    </p>
  </header>
```

```
    <p> 文章正文内容 </p>
    <footer> 文章注释信息 </footer>
</article>
<address>
    <a href="http://www.w3c.org">W3C</a>
    <a href="http://whatwg.org">WHATWG</a>
    <a href="http://www.mhtml5.com">HTML5 研究小组 </a>
</address>
</body>
...
```

## 8.3 制作 HTML5 文章页面

HTML5 中新增的文档结构元素非常适合制作文章或博客类的网站页面。通过使用 HTML5 的结构元素，HTML5 的文档结构比大量使用 <div> 标签的 HTML 文件结构清晰、明确了很多。本节将综合使用前面所介绍的 HTML5 结构元素制作一个文章页面。

**实 战  制作 HTML5 文章页面**

最终文件：最终文件 \ 第 8 章 \8-3.html  　视频：视频 \ 第 8 章 \8-3.mp4

**01** 执行"文件" > "打开"命令，打开页面"源文件 \ 第 8 章 \8-3.html"，可以看到该页面的 HTML 代码，如图 8-1 所示。在浏览器中预览该页面，可以看到页面的背景，如图 8-2 所示。

图 8-1

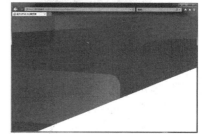

图 8-2

**02** 制作页面的头部，在 <body> 与 </body> 标签之间编写如下的 HTML 代码。

```
<header>
    <div id="logo"><img src="images/8302.png" width="133" height="40" alt=""></div>
    <nav>
        <ul>
            <li> 网站首页 </li>
            <li> 关于我们 </li>
            <li> 我们的服务 </li>
            <li> 我们的作品 </li>
            <li> 联系我们 </li>
        </ul>
    </nav>
</header>
```

> **提示**
>
> 通过编写的 HTML 代码可以看出，使用 <header> 标签标识出页面的头部区域，在头部区域中放置网站的 Logo 图像，并使用 <nav> 标签标识出网页的导航内容。默认情况下，HTML 代码中的标签仅用于表现文档的结构，并不会在页面中显示出特殊的表现效果。

03 通过 CSS 样式对页面头部的显示效果进行设置。转换到外部 CSS 样式表文件中，创建名称为 .header01 的类 CSS 样式，如图 8-3 所示。返回网页的 HTML 代码中，在 <header> 标签中添加 class 属性应用名称为 .header01 的类 CSS 样式，如图 8-4 所示。

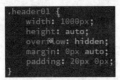

```
.header01 {
    width: 1000px;
    height: auto;
    overflow: hidden;
    margin: 0px auto;
    padding: 20px 0px;
}
```

图 8-3

```
<body>
<header class="header01">
  <div id="logo">
      <img src="images/8302.png" width="133" height="40" alt="">
  </div>
  <nav>
    <ul>
      <li>网站首页</li>
      <li>关于我们</li>
      <li>我们的服务</li>
      <li>我们的作品</li>
      <li>联系我们</li>
    </ul>
  </nav>
</header>

</body>
```

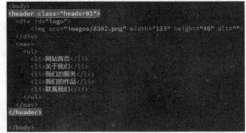

图 8-4

**提示**

HTML 代码中的结构标签仅仅是在 HTML 文件中提供一种良好的文档内容表现结构，本身并没有任何的外观样式，还需要通过 CSS 样式对其外观的显示效果进行控制。关于 CSS 样式的设置将在后面的章节中进行详细介绍。

04 转换到外部 CSS 样式表文件中，创建名称为 #logo 的 CSS 样式和名称为 .nav01 的类 CSS 样式，如图 8-5 所示。返回网页的 HTML 代码中，在 <nav> 标签中添加 class 属性应用名称为 .nav01 的类 CSS 样式，如图 8-6 所示。

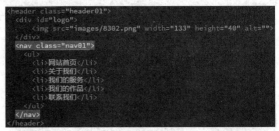

```
#logo {
    width: 133px;
    height: 40px;
    margin-right: 20px;
    float: left;
}
.nav01 {
    width: 600px;
    height: 40px;
    line-height: 40px;
    float: left;
}
```

图 8-5

```
<header class="header01">
  <div id="logo">
      <img src="images/8302.png" width="133" height="40" alt="">
  </div>
  <nav class="nav01">
    <ul>
      <li>网站首页</li>
      <li>关于我们</li>
      <li>我们的服务</li>
      <li>我们的作品</li>
      <li>联系我们</li>
    </ul>
  </nav>
</header>
```

图 8-6

05 转换到外部 CSS 样式表文件中，创建名称为 .nav01 li 的 CSS 样式，如图 8-7 所示。完成使用 CSS 样式对页面头部外观效果的设置，保存外部 CSS 样式表文件并保存 HTML 页面，在浏览器中预览页面，可以看到页面头部的显示效果，如图 8-8 所示。

```
.nav01 li {
    list-style-type: none;
    width: 120px;
    line-height: 40px;
    text-align: center;
    float: left;
}
```

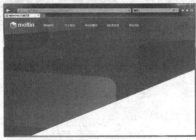

图 8-7

图 8-8

06 制作页面的主体内容部分。返回网页的 HTML 代码中，在页面头部的 <header> 标签的结束标签之后编写如下的 HTML 代码。

```
<article>
<aside>
  <img src="images/8303.png" width="518" height="392" alt="">
</aside>
  <h1> 提供完善的互联网解决方案 </h1>
  <p> 分析、定位、思考，通过这三个步骤我们可以让事情变得更加透明简单化！基于对市场和客户群体的分析，我们只生产解决问题的创意。</p>
    <p> 我们追求动人的设计，我们追求完美的体验，我们关注设计情感，为客户提供商业和视觉完美融合的设计方案，我们也会帮助客户在互联网建立更好的网络形象与口碑，让我们的工作变得更加有趣，更加实用，更加具有商业价值。</p>
```

&lt;p&gt; 在过去的这几年里，我们的作品被国内外知名媒体转载收录！并接受设计联盟专访，国内知名平台网站推荐等。&lt;/p&gt;
　　&lt;/article&gt;

　　07 转换到外部 CSS 样式表文件中，创建名称为 .article01 的类 CSS 样式，如图 8-9 所示。返回网页 HTML 代码中，在 &lt;article&gt; 标签中添加 class 属性应用名称为 .article01 的类 CSS 样式，如图 8-10 所示。

图 8-9

图 8-10

　　08 转换到外部 CSS 样式表文件中，创建名称为 .aside01 的 CSS 样式，如图 8-11 所示。返回网页 HTML 代码中，在 &lt;aside&gt; 标签中添加 class 属性应用名称为 .aside01 的类 CSS 样式，如图 8-12 所示。

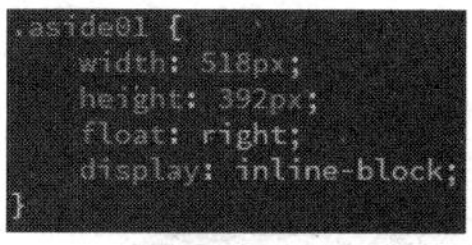

图 8-11

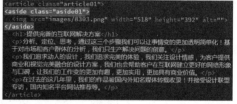

图 8-12

　　09 保存页面，在浏览器中预览页面，可以看到该部分内容的效果，如图 8-13 所示。转换到外部 CSS 样式表文件中，创建名称为 .article01 h1 的 CSS 样式，如图 8-14 所示。

图 8-13

图 8-14

　　10 转换到外部 CSS 样式表文件中，创建名称为 .article01 p 的 CSS 样式，如图 8-15 所示。完成使用CSS 样式对正文标题和段落的设置，保存页面，在浏览器中预览页面，可以看到正文内容的效果，如图 8-16 所示。

图 8-15

图 8-16

　　11 制作页面的版底信息内容部分。返回网页的 HTML 代码中，在页面文章的 &lt;article&gt; 标签的结束标签之后编写如下的 HTML 代码。

```
<footer>
Copyright © 2019 moltin.com by:moltin<br>
  <address>
  联系电话：010-xxxxxxxx  E-Mail:xxxxx@163.com
```

```
    </address>
  </footer>
```

12 转换到外部 CSS 样式表文件中，创建名称为 .footer01 的类 CSS 样式，如图 8–17 所示。返回网页的 HTML 代码中，在 <footer> 标签中添加 class 属性应用名称为 .footer01 的类 CSS 样式，如图 8–18 所示。

```
.footer01 {
    position: absolute;
    width: 1000px;
    height: auto;
    overflow: hidden;
    bottom: 0px;
    left: 50%;
    margin-left: -500px;
    font-size: 12px;
    color: #666;
    line-height: 22px;
    text-align: center;
}
```

图 8–17

```
</article>
<footer class="footer01">
Copyright © 2019 moltin.com by:moltin<br>
  <address>
  联系电话：010-xxxxxxxx  E-Mail:xxxxx@163.com
  </address>
</footer>
</body>
```

图 8–18

13 完成使用 CSS 样式对版底信息的设置，保存页面，并保存外部 CSS 样式表文件，在浏览器中预览页面，可以看到页面的效果，如图 8–19 所示。

图 8–19

# 第 9 章　CSS 样式基础

　　对于网页设计制作而言，HTML 是网页的基础和本质，任何网页的基础源代码都是 HTML 代码，但是，如果希望制作出来的网页美观和大方，并且便于后期的升级维护，那么仅仅掌握 HTML 是远远不够的，还需要熟练地掌握 CSS 样式。CSS 样式控制着网页的外观，是网页制作过程中不可缺少的重要内容。本章将向读者介绍 CSS 样式的相关基础，为后面的学习打下基础。

**本章知识点：**
➢ 了解 CSS 样式的基础知识
➢ 掌握各种不同类型 CSS 选择器的创建和使用
➢ 掌握在网页中应用 CSS 样式的 4 种方式
➢ 理解 CSS 样式的特性

## 9.1　了解 CSS 样式

　　CSS 样式是对 HTML 语言的有效补充，通过使用 CSS 样式，能够节省许多重复性的格式设置，例如，网页文字的大小和颜色等。通过 CSS 样式可以轻松地设置网页元素的显示位置和格式，还可以使用 CSS3 新增的样式属性，在网页中实现动态的交互效果，大大提升网页的美观性。

### 9.1.1　什么是 CSS 样式

　　CSS 是 Cascading Style Sheets(层叠样式表)的缩写，它是一种对 Web 文档添加样式的简单机制，是一种表现 HTML 或 XML 等文件外观样式的计算机语言，它是由 W3C 来定义的。CSS 用来作为网页的排版与布局设计，在网页设计制作中无疑是非常重要的一环。

　　CSS 是由 W3C 发布的，用来取代基于表格布局、框架布局及其他非标准的表现方法。CSS 是一组格式设置规则，用于控制 Web 页面的外观。通过使用 CSS 样式设置页面的格式，可以将页面的内容与表现形式分离。页面内容存放在 HTML 文件中，而用于定义表现形式的 CSS 样式存放在另一个文件中。将内容与表现形式分离，不仅可以使维护站点的外观更加容易，而且还可以使 HTML 文件代码更加简练，缩短浏览器的加载时间。

### 9.1.2　CSS 样式的发展

　　随着 CSS 的广泛应用，CSS 技术也越来越成熟。CSS 现在有 3 个不同层次的标准，即 CSS1、CSS2 和 CSS3。CSS1 主要定义了网页的基本属性，如字体、颜色和空白边等。CSS2 在此基础上添加了一些高级功能，如浮动和定位，以及一些高级选择器，如子选择器和相邻选择器等。CSS3 开始遵循模块化开发，这将有助于厘清模块化规范之间的不同关系，减少完整文件的大小。

#### 1. CSS1

　　CSS1 是 CSS 的第一层次标准，它正式发布于 1996 年 12 月，在 1999 年 1 月进行了修改。该标准提供简单的 CSS 样式表机制，使网页的编写者可以通过附属的样式对 HTML 文件的表现进行描述。

### 2. CSS2

CSS2 是 1998 年 5 月正式作为标准发布的，CSS2 基于 CSS1，包含 CSS1 的所有特点和功能，并在多个领域进行完善，将样式文档与文档内容相分离。CSS2 支持多媒体样式表，使网页设计者能够根据不同的输出设备给文档制定不同的表现形式。

### 3. CSS3

随着互联网的发展，网页的表现方式更加多样化，需要新的 CSS 规则来适应网页的发展，所以在最近几年 W3C 已经开始着手 CSS3 标准的制定。CSS3 目前还处于工作草案阶段，在该工作草案中制定了 CSS3 的发展路线，详细列出了所有模块，并在逐步进行规范。目前许多 CSS3 属性已经得到了浏览器的广泛支持，让用户已经可以领略到 CSS3 的强大功能和效果。

## 9.2　CSS 样式语法

CSS 样式是纯文本格式文件，在编辑 CSS 时，可以使用一些简单的纯文本编辑工具，例如记事本，同样也可以使用专业的 CSS 编辑工具，例如 Dreamweaver。CSS 样式是由若干条样式规则组成的，这些样式规则可以应用到不同的元素或文档中来定义它们所显示的外观。

### 9.2.1　CSS 样式基本语法

CSS 样式由选择器和属性构成，CSS 样式的基本语法如下。

```
CSS 选择器 {
属性 1：属性值 1；
属性 2：属性值 2；
属性 3：属性值 3；
……
}
```

下面是在 HTML 页面内直接引用 CSS 样式，这个方法必须把 CSS 样式信息包括在 <style> 和 </style> 标签中，为了使样式在整个页面中产生作用，应把该组标签及内容放到 <head> 和 </head> 标签中去。

例如，需要设置 HTML 页面中所有 <p> 标签中的文字都显示为红色，其代码如下。

```
...
<head>
<meta charset="utf-8">
<title>CSS 基本语法 </title>
<style type="text/css">
p {color: red;}
</style>
</head>
<body>
<p> 这里是页面的正文内容 </p>
</body>
...
```

> **提示**
>
> <style> 标签中添加了 type 属性设置，设置该属性值为 text/css，这是为了让浏览器知道在 <style> 与 </style> 标签之间的代码是 CSS 样式代码。

在使用 CSS 样式过程中，经常会有几个选择器用到同一个属性。例如，规定页面中凡是粗体字、斜体字和 1 号标题字都显示为蓝色，按照上面介绍的写法应该将 CSS 样式写为如下的形式。

```
b { color: blue; }
i { color: blue; }
h1 { color: blue; }
```

这样书写十分麻烦，在 CSS 样式中引进了分组的概念，可以将相同属性的样式写在一起，也就是后面介绍的群组选择器，CSS 样式的代码就会简洁很多，其代码形式如下。

```
b,i,h1 {color: blue ;}
```

用逗号分隔各个 CSS 样式选择器，将 3 行代码合并写在一起。

## 9.2.2  CSS 样式规则

所有 CSS 样式的基础就是 CSS 规则，每一条规则都是一条单独的语句，确定应该如何设计样式，以及应该如何应用这些样式。因此，CSS 样式由规则列表组成，浏览器用它来确定页面的显示效果。

CSS 由两部分组成：选择器和声明，其中声明由属性和属性值组成，如图 9-1 所示。简单的 CSS 规则形式如下。

图 9-1

### 1) 选择器

选择器部分指定对文档中的哪个对象进行定义，选择器最简单的类型是"标签选择器"，它可以直接输入 HTML 标签的名称，对其进行定义，例如，定义 HTML 中的 <p> 标签，只要给出 < > 内的标签名称，用户即可编写标签选择器。

### 2) 声明

声明包含在 {} 内，在大括号中首先给出属性名，接着是冒号，然后是属性值，结尾分号是可选项，推荐使用结尾分号，整条规则以结尾大括号结束。

### 3) 属性

属性由官方 CSS 规范定义。用户可以定义特有的样式效果，与 CSS 兼容的浏览器会支持这些效果，尽管有些浏览器识别不是正式语言规范部分的非标准属性，但是大多数浏览器很可能会忽略一些非 CSS 规范部分的属性，最好不要依赖这些专有的扩展属性，不识别它们的浏览器只是简单地忽略它们。

### 4) 属性值

声明的值放置在属性名和冒号之后。它确切定义应该如何设置属性。每个属性值的范围也在 CSS 规范中定义。

## 9.3  创建和使用 CSS 选择器

在 CSS 样式中提供了多种类型的 CSS 选择器，包括通配符选择器、标签选择器、ID 选择器、类选择器和伪类选择器等，还有一些特殊的选择器，在创建 CSS 样式时，首先要了解各种选择器类型的作用。

## 9.3.1  通配符选择器

如果接触过 DOS 命令或是 Word 中的替换功能，对于通配符操作应该不会陌生，通配符是指使用字符替代不确定的字，如在 DOS 命令中，使用 *.* 表示所有文件，使用 *.bat 表示所有扩展名称为 bat 的文件。因此，所谓的通配符选择器，也是指对对象可以使用模糊指定的方式进行选择。CSS 的通配符选择器使用 * 作为关键字，使用方法如下。

```
* {
    属性：属性值；
}
```

　　* 号表示所有对象，包含所有不同 id 不同 class 的 HTML 所有标签。使用上面的选择器进行样式定义，页面中所有对象都会使用相同的属性设置。

> **实 战　使用通配符选择器控制网页中的所有标签**
>
> 最终文件：最终文件 \ 第 9 章 \9-3-1.html　　　视频：视频 \ 第 9 章 \9-3-1.mp4

　　**01** 执行"文件">"打开"命令，打开页面"源文件 \ 第 9 章 \9-3-1.html"，可以看到该页面的 HTML 代码，如图 9-2 所示。在浏览器中预览该页面，可以看到页面的效果，如图 9-3 所示。

图 9-2

图 9-3

> **提示**
>
> 　　通过观察浏览器中的页面效果，可以发现页面内容并没有顶到浏览器窗口的边界，这是因为网页中许多元素的边界和填充属性值不为 0，其中就包括页面主体 <body> 标签，所以页面内容并没有沿着浏览器窗口的边界显示。

　　**02** 转换到该网页所链接的外部 CSS 样式表文件中，创建通配符 * 的 CSS 样式，如图 9-4 所示。

　　**03** 保存外部 CSS 样式表文件，在浏览器中预览页面，可以看到页面内容与浏览器窗口之间的间距消失了，如图 9-5 所示。

图 9-4

图 9-5

> **技巧**
>
> 　　在 HTML 页面中，很多标签默认的间距和填充均不为 0，包括 body、p、ul 等标签，这样就导致在使用 CSS 样式进行定位布局时比较难控制，所以在使用 CSS 样式对网页进行布局制作时，首先要使用通配选择器将页面中所有元素的边界和填充均设置为 0，这样便于控制。

## 9.3.2　标签选择器

　　HTML 文件是由多个不同的标签组成，CSS 标签选择器用来控制标签的应用样式。例如，p 选择器是用来控制页面中所有 <p> 标签的样式风格。

　　标签选择器的语法格式如下。

```
标签名 {
    属性：属性值；
    ……
}
```

如果在整个网站中经常出现一些基本样式，可以采用具体的标签来命名，从而达到对文档中标签出现的地方应用标签样式，使用方法如下。

```
body {
    font-family: 微软雅黑 ;
    font-size: 14px;
    color: #333333;
}
```

**实战** 使用标签选择器设置网页整体样式

最终文件：最终文件 \ 第 9 章 \9-3-2.html　　　视频：视频 \ 第 9 章 \9-3-2.mp4

**01** 执行 "文件" > "打开" 命令，打开页面 "源文件\第9章\9-3-2.html"，可以看到该页面的 HTML 代码，如图 9-6 所示。在浏览器中预览该页面，可以看到页面的效果，如图 9-7 所示。

图 9-6　　　　　　　　　　　　　　　　　　图 9-7

**02** 转换到该网页所链接的外部 CSS 样式表文件中，创建 body 标签的 CSS 样式，如图 9-8 所示。保存外部 CSS 样式表文件，在浏览器中预览页面，可以看到页面整体的效果，如图 9-9 所示。

图 9-8　　　　　　　　　　　　　　　　　　图 9-9

> **提示**
>
> 在此处的 body 标签 CSS 样式中，定义了页面中默认的字体、字体大小和字体颜色，以及页面整体的背景颜色、背景图像、背景图像平铺方式和背景图像定位。

> **技巧**
>
> HTML 标签在网页中都是具有特定作用的，并且有些标签在一个网页中只能出现一次，例如 body 标签。如果定义了两次 body 标签的 CSS 样式，则两个 CSS 样式中相同属性设置会出现覆盖的情况。

### 9.3.3  ID 选择器

ID 选择器是根据 DOM 文档对象模型原理出现的选择器类型。对于一个网页而言，其中的每一个标签（或其他对象）均可以使用一个 id=" " 的形式，对 id 属性进行一个名称的指派，id 可以理解为一个标识，在网页中每个 id 名称只能使用一次。

```
<div id="top"></div>
```

如本例所示，HTML 中的一个 Div 标签被指定了 id 名称为 top。

在 CSS 样式中，ID 选择器使用 # 进行标识，如果需要对 id 名称为 top 的标签设置样式，应当使用如下格式。

```
#top {
    属性：属性值；
    ......
}
```

id 的基本作用是对页面中唯一的元素进行定义，如可以对导航条命名为 nav，对网页头部和底部命名为 header 和 footer，对于类似于此的元素在页面中均出现一次，使用 id 进行命名具有进行唯一性的指派含义，有助于代码阅读及使用。

**实战 创建和使用 ID CSS 样式**

最终文件：最终文件 \ 第 9 章 \9-3-3.html　　视频：视频 \ 第 9 章 \9-3-3.mp4

01 执行"文件">"打开"命令，打开页面"源文件 \ 第 9 章 \9-3-3.html"，可以看到该页面的 HTML 代码，如图 9-10 所示。转换到设计视图中，可以看到页面中 id 名称为 logo 的 Div，默认在页面中占据一整行空间，并且在容器中是居左居顶显示的，如图 9-11 所示。

图 9-10　　　　　　　　　　图 9-11

> **提示**
>
> 在该网页中 id 名称为 logo 的 Div 没有设置相应的 CSS 样式，所以其内容在网页中的显示效果为默认的效果，并不符合页面整体风格的需要。

02 在浏览器中预览该页面，可以看到页面中 id 名称为 logo 的元素的默认效果，如图 9-12 所示。切换到该网页所链接的外部 CSS 样式表文件中，创建名称为 #logo 的 ID CSS 样式，如图 9-13 所示。

图 9-13

图 9-12

03 保存外部 CSS 样式表文件，在浏览器中预览页面，可以看到 id 名称为 logo 的元素的显示效果，如图 9-14 所示。

图 9-14

## 9.3.4　类选择器

　　在网页中通过使用标签选择器，可以控制网页所有该标签显示的样式，但是根据网页设计过程中的实际需要，标签选择器对设置个别标签的样式还是力不能及的，因此，就需要使用类 (class) 选择器来达到特殊效果的设置。

　　类选择器用来为一系列的标签定义相同的显示样式，其基本语法如下。

```
. 类名称 {
属性：属性值；
……
}
```

　　类名称表示类选择器的名称，其具体名称由 CSS 定义者自己命名。在定义类选择器时，需要在类名称前面加一个英文句点 (.)。

```
.font01 { color: black;}
.font02 { font-size: 14px;}
```

　　以上定义了两个类选择器，分别是 font01 和 font02。类的名称可以是任意英文字符串，也可以是以英文字母开头与数字组合的名称，通常情况下，这些名称都是其效果与功能的简要缩写。

　　可以使用 HTML 标签的 class 属性来引用类 CSS 样式。

```
<p class="font01"> 文字内容 </p>
```

　　以上所定义的类选择器被应用于指定的 HTML 标签中 ( 如 <p> 标签 )，同时它还可以应用于不同的 HTML 标签中，使其显示出相同的样式。

```
<span class="font01"> 文字内容 </span>
<h1 class="font01"> 文字内容 </h1>
```

**实战　创建和使用类 CSS 样式**

最终文件：最终文件 \ 第 9 章 \9-3-4.html　　视频：视频 \ 第 9 章 \9-3-4.mp4

　　01 执行 "文件" > "打开" 命令，打开页面 "源文件 \ 第 9 章 \9-3-4.html"，可以看到该页面的 HTML 代码，如图 9-15 所示。在浏览器中预览该页面，可以看到页面背景及页面中默认的文字效果，如图 9-16 所示。

图 9-15

图 9-16

　　02 切换到该网页所链接的外部 CSS 样式表文件中，创建名称为 .font01 的类 CSS 样式，如图 9-17 所示。返回网页的 HTML 代码中，为相应的文字添加 <span> 标签，并在 <span> 标签中通过 class 属性应用相应的类 CSS 样式，如图 9-18 所示。

```
.font01 {
    font-family: Arial;
    font-size: 90px;
    line-height: 120px;
    color: #FFF;
    letter-spacing: 10px;
}
```
图 9-17

```
<body>
<div id="logo">
    <img src="images/93402.png" width="179" height="68" alt="">
</div>
<div id="text">
<span class="font01">FRESH VISION</span><br>
    <br>
    进入网站  了解更多 》》
    </div>
</body>
```
图 9-18

> **提示**
>
> ID 选择器与类选择器有一定的区别，ID 选择器并不像类选择器那样可以给任意数量的标签定义样式，它在页面的标签中只能使用一次；同时，ID 选择器比类选择器还具有更高的优先级，当 ID 选择器与类选择器发生冲突时，将会优先使用 ID 选择器。

**03** 保存页面和外部 CSS 样式表文件，在浏览器中预览页面，可以看到应用了类 CSS 样式后的文字效果，如图 9-19 所示。返回外部 CSS 样式表文件中，创建名称为 .font02 的类 CSS 样式，如图 9-20 所示。

图 9-19

```
.font02 {
    font-family: 微软雅黑;
    font-size: 18px;
    color: #FFF;
    text-decoration: underline;
}
```
图 9-20

**04** 返回网页的 HTML 代码中，为相应的文字添加 <span> 标签，并在 <span> 标签中通过 class 属性应用相应的类 CSS 样式，如图 9-21 所示。保存页面和外部 CSS 样式表文件，在浏览器中预览页面，可以看到页面效果，如图 9-22 所示。

```
<body>
<div id="logo">
    <img src="images/93402.png" width="179" height="68" alt="">
</div>
<div id="text">
    <span class="font01">FRESH VISION</span><br>
    <br>
    <span class="font02">进入网站  了解更多 》》 </span>
    </div>
</body>
```
图 9-21

图 9-22

> **提示**
>
> 新建类 CSS 样式时，默认在类 CSS 样式名称前有一个"."。这个"."说明此 CSS 样式是一个类 CSS 样式 (class)，根据 CSS 规则，类 CSS 样式 (class) 必须为网页中的元素应用才会生效，类 CSS 样式可以在一个 HTML 元素中被多次的调用。

## 9.3.5 伪类选择器

伪类及伪对象是一种特殊的类和对象，由 CSS 样式自动支持，属于 CSS 的一种扩展类型和对象，名称不能被用户自定义，使用时只能够按标准格式进行应用。使用形式如下。

```
a:hover {
    background-color:#ffffff;
}
```

伪类和伪对象由以下两种形式组成。

选择器：伪类

选择器：伪对象

上面说到的 hover 便是一个伪类，用于指定对象的鼠标经过状态。CSS 样式中内置了几个标准的伪类用于用户的样式定义。

CSS 样式内置伪类的说明如表 9-1 所示。

表 9-1　CSS 样式中内置伪类说明

| 伪类 | 说明 |
| --- | --- |
| :link | 该伪类用于设置超链接元素未被访问的样式 |
| :hover | 该伪类用于设置当鼠标移至指定元素上方时的样式 |
| :active | 该伪类用于设置当指定元素被单击并且还没有释放鼠标时的样式 |
| :visited | 该伪类用于设置超链接元素被访问过后的样式 |
| :focus | 该伪类用于设置当元素成为输入焦点时的样式 |
| :first-child | 该伪类用于设置指定元素的第一个子元素的样式 |
| :first | 该伪类用于设置指定页面的第一页使用的样式 |

同样 CSS 样式中内置了几个标准伪对象用于用户的样式定义，CSS 样式中内置伪对象的说明如表 9-2 所示。

表 9-2　CSS 样式中内置伪对象说明

| 伪对象 | 说明 |
| --- | --- |
| :after | 该伪对象用于设置指定元素之后的内容 |
| :first-letter | 该伪对象用于设置指定元素中第一个字符的样式 |
| :first-line | 该伪对象用于设置指定元素中第一行的样式 |
| :before | 该伪对象用于设置指定元素之前的内容 |

实际上，除了对于链接样式控制的 :hover、:active 几个伪类之外，大多数伪类及伪对象在实际使用上并不常见。设计者所接触到的 CSS 布局中，大部分是关于排版的样式，对于伪类及伪对象所支持的多类属性基本上很少用到，但是不排除使用的可能，由此也可看到 CSS 对于样式及样式中对象的逻辑关系、对象组织提供了很多便利的接口。

> **技巧**
>
> 伪类 CSS 样式在网页中应用最广泛的是应用在网页的超链接中，但是也可以为其他的网页元素应用伪类 CSS 样式，特别是 :hover 伪类，该伪类是当鼠标移至元素上时的状态，通过该伪类 CSS 样式的应用可以在网页中实现许多交互效果。

**实战　设置网页中超链接伪类样式**

最终文件：最终文件 \ 第 9 章 \9-3-5.html　视频：视频 \ 第 9 章 \9-3-5.mp4

**01** 打开页面 "源文件 \ 第 9 章 \9-3-5.html"，可以看到该页面的 HTML 代码，如图 9-23 所示。为页面中相应的文字添加超链接标签，设置空链接，如图 9-24 所示。

图 9-23

图 9-24

**02** 在浏览器中预览该页面，可以看到网页中默认的超链接文字的效果，如图 9-25 所示。转换到该文件所链接的外部 CSS 样式表文件中，创建超链接标签 a 的 4 种伪类 CSS 样式，如图 9-26 所示。

图 9-25

图 9-26

> **技巧**
>
> 通过对超链接 <a> 标签的 4 种伪类 CSS 样式进行设置，可以控制网页中所有超链接文字的样式，如果要在网页中实现不同的超链接样式，则可以定义类 CSS 样式的 4 种伪类或 ID CSS 样式的 4 种伪类来实现。

**03** 切换到设计视图中，可以看见链接文字的效果，如图 9-27 所示。保存页面，并保存外部 CSS 样式表文件，在浏览器中预览页面，可以看到页面中超链接文字的效果，如图 9-28 所示。

图 9-27

图 9-28

### 9.3.6 派生选择器

例如下面的 CSS 样式代码。

```
h1 span {
    font-weight: bold;
}
```

当仅仅想对某一个对象中的"子"对象进行样式设置时，派生选择器就被派上用场，派生选择器指选择器组合中前一个对象包含后一个对象，对象之间使用空格作为分隔符，如本例所示，对 h1 下的 span 进行样式设置，最后应用到 HTML 如下格式。

> <h1> 这是一段文本 <span> 这是 span 内的文本 </span></h1>
> <h1> 单独的 h1</h1>
> <span> 单独的 span</span>
> <h2> 被 h2 标签套用的文本 <span> 这是 h2 下的 span</span></h2>

h1 标签之中的 span 标签将被应用 font-weight:bold 的样式设置，注意，仅仅对有此结构的标签有效，对于单独存在的 h1 或是单独存在的 span 及其他非 h1 标签下属的 span 均不会应用此样式。

这样做能帮助避免过多的 id 及 class 的设置，直接对所需要设置的元素进行设置，派生选择器除了可以二者包含，也可以多级包含，例如，以下选择器样式同样能够使用。

```
body h1 span {
    font-weight: bold;
}
```

**实战　创建派生选择器样式**

最终文件：最终文件 \ 第 9 章 \9-3-6.html　　　视频：视频 \ 第 9 章 \9-3-6.mp4

`01` 打开页面 "源文件 \ 第 9 章 \9-3-6.html"，可以看到该页面的 HTML 代码，如图 9-29 所示。在浏览器中预览该页面，可以看到页面中 id 名称为 box 的 Div 中所包含的 3 张图片的默认显示效果，如图 9-30 所示。

图 9-29

图 9-30

`02` 返回该网页所链接的外部 CSS 样式表文件中，创建名称为 #box img 的派生 CSS 样式，如图 9-31 所示。保存页面，并保存外部 CSS 样式表文件，在浏览器中预览页面，可以看到页面中 id 名称为 box 的 Div 中所包含的 3 张图片应用了相同的 CSS 样式设置效果，如图 9-32 所示。

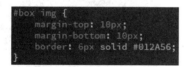

图 9-31

图 9-32

> **提示**
>
> 此处通过派生 CSS 样式定义了网页中 id 名称为 box 的元素中的 <img> 标签，也就是定义了 id 名称为 box 元素中的图片，主要设置了图片的上边距、下边距和边框。此处的定义仅针对 id 名称为 box 的元素中包含的图片起作用，不会对网页中其他的图片起作用。

> **技巧**
>
> 派生选择器是指选择符组合中的前一个对象包含后一个对象，对象之间使用空格作为分隔符。这样做能够避免定义过多的 ID 和类 CSS 样式，直接对需要设置的元素进行设置。派生选择符除了可以二级包含，也可以多级包含。

## 9.3.7　群组选择器

可以对单个 HTML 对象进行 CSS 样式设置，同样可以对一组对象进行相同的 CSS 样式设置。

```
h1,h2,h3,p,span {
font-size: 14px;
font-family: 宋体 ;
}
```

使用逗号对选择器进行分隔，使页面中所有的 <h1>、<h2>、<h3>、<p> 和 <span> 标签都将

HTML5+CSS3+JavaScript 网页设计与制作全程揭秘

具有相同的样式定义，这样做的好处是对页面中需要使用相同样式的地方只要书写一次 CSS 样式即可实现，减少代码量，改善 CSS 代码的结构。

**实战** 使用群组选择器同时定义多个网页元素样式

最终文件：最终文件 \ 第 9 章 \9-3-7.html　　视频：视频 \ 第 9 章 \9-3-7.mp4

**01** 打开页面"源文件\第9章\9-3-7.html"，可以看到该页面的 HTML 代码，如图 9-33 所示。切换到设计视图中，可以看到 id 名称为 pic1 至 pic4 的这 4 个 Div 目前并没有设置 CSS 样式效果，所以其显示为默认效果，如图 9-34 所示。

图 9-33

图 9-34

**02** 在浏览器中预览页面，可以看到 pic1 至 pic4 的这 4 个 Div 默认的显示效果，如图 9-35 所示。

图 9-35

返回该网页所链接的外部 CSS 样式表文件中，创建名称为 #pic1,#pic2,#pic3,#pic4 的群组选择器样式，如图 9-36 所示。

```css
#pic1,#pic2,#pic3,#pic4 {
    width: 225px;
    height: 216px;
    padding: 2px;
    border: dashed 2px #1A8F5;
    margin-left: 6px;
    margin-right: 6px;
    float: left;
}
```

图 9-36

**03** 切换到设计视图中，可以看到 id 名称为 pic1 至 pic4 的这 4 个 Div 同时设置 CSS 样式后的效果，如图 9-37 所示。保存页面，并保存外部 CSS 样式表文件，在浏览器中预览页面，可以看到页面的效果，如图 9-38 所示。

图 9-37

图 9-38

**提示**

在群组选择器中使用逗号对各选择器名称进行分隔，使群组选择器中所定义的多个选择器均具有相同的 CSS 样式定义，这样做的好处是使页面中需要使用相同样式的地方只需要书写一次 CSS 样式即可实现，减少了代码量。

## 9.4　在网页中应用 CSS 样式的 4 种方式

CSS 样式能够很好地控制页面的显示，以分离网页内容和样式代码。在网页中应用 CSS 样式表有 4 种方式：内联样式、内部样式、外部样式和导入外部样式。在实际操作中，选择方式根据设计的不同要求来进行选择。

### 9.4.1　内联 CSS 样式 ›

内联 CSS 样式是所有 CSS 样式中比较简单和直观的方法，就是直接把 CSS 样式代码添加到 HTML 的标签中，即作为 HTML 标签的属性存在。通过这种方法，可以很简单地对某个元素单独定义样式。

使用内联样式方法是直接在 HTML 标签中使用 style 属性，该属性的内容就是 CSS 的属性和值，其应用格式如下。

```
<p style="font-family: 宋体; font-size:14px; color:#333333;"> 内联样式 </p>
```

内联 CSS 样式由 HTML 文件中元素的 style 属性所支持，只需要将 CSS 代码用 ";" 分号隔开输入在 style="" 中，即可完成对当前标签的样式定义，是 CSS 样式定义的一种基本形式。

> **实战**　创建并应用内联 CSS 样式
>
> 最终文件：最终文件 \ 第 9 章 \9-4-1.html　　视频：视频 \ 第 9 章 \9-4-1.mp4

01 打开页面 "源文件 \ 第 9 章 \9-4-1.html"，可以看到该页面的 HTML 代码，如图 9-39 所示。在浏览器中预览该页面，可以看到页面中文字内容的默认显示效果，如图 9-40 所示。

图 9-39

图 9-40

02 返回网页 HTML 代码中，在包含文字内容的 <p> 标签中添加 style 属性，在 style 属性中设置相应的内联 CSS 样式代码，如图 9-41 所示。保存页面，在浏览器中预览该页面，可以看到页面中文字内容设置后的效果，如图 9-42 所示。

图 9-41

图 9-42

> **提示**
>
> 内联 CSS 样式仅仅是 HTML 标签对于 style 属性的支持所产生的一种 CSS 样式表编写方式，并不符合表现与内容分离的设计模式，用内联 CSS 样式与表格布局从代码结构上来说完全相同，仅仅利用了 CSS 对于元素的精确控制优势，并没有很好地实现表现与内容的分离，所以这种书写方式应当尽量少用。

## 9.4.2 内部 CSS 样式

内部 CSS 样式就是将 CSS 样式代码添加到 `<head>` 与 `</head>` 标签之间，并且用 `<style>` 与 `<style>` 标签进行声明。这种写法虽然没有完全实现页面内容与 CSS 样式表现的完全分离，但可以将内容与 HTML 代码分离在两个部分进行统一的管理，代码如下。

```
...
 <head>
 <title>内部样式表</title>
 <style type="text/css">
 body{
      font-family: 宋体 ;
      font-size: 14px;
      color: #333333;
 }
 </style>
 </head>
 <body>
 内部 CSS 样式
 </body>
...
```

内部 CSS 样式是 CSS 样式的初级应用形式，它只针对当前页面有效，不能跨页面执行，因此达不到 CSS 代码多用的目的，在实际的大型网站开发中，很少会用得到内部 CSS 样式。

**实战 创建并应用内部 CSS 样式**

最终文件：最终文件 \ 第 9 章 \9-4-2.html 　　视频：视频 \ 第 9 章 \9-4-2.mp4

**01** 打开页面"源文件 \ 第 9 章 \9-4-2.html"，可以看到该页面的 HTML 代码，如图 9-43 所示。在浏览器中预览该页面，可以看到页面中文字内容的默认显示效果，如图 9-44 所示。

图 9-43

图 9-44

图 9-45

**02** 返回网页 HTML 代码中，在页面头部的 `<head>` 与 `</head>` 标签之间可以看到该页面的内部 CSS 样式代码，如图 9-45 所示。在内部 CSS 样式中创建名称为 .font01 的类 CSS 样式，如图 9-46 所示。

**03** 在页面中 id 名称为 text 的 Div 标签中添加 class 属性，应用刚定义的名称为 font01 的类 CSS 样式，如图 9-47 所示。保存页面，在浏览器中预览该页面，可以看到页面中文字内容设置后的效果，如图 9-48 所示。

```
.font01 {
    font-family: 微软雅黑;
    font-size: 14px;
    color: #FFF;
    line-height: 28px;
}
```

图 9-46

图 9-47

> **提示**
>
> 　　在内部 CSS 样式中，所有的 CSS 代码都编写在 `<style>` 与 `</style>` 标签之间，方便后期对页面的维护，页面相对于内联 CSS 样式的方式大大瘦身了。但是如果一个网站拥有很多页面，对于不同页面中的 `<p>` 标签都希望采用同样的 CSS 样式设置时，内部 CSS 样式的方法都显得有点麻烦。该方法只适用于单一页面设置单独的 CSS 样式。

图 9-48

## 9.4.3　外部 CSS 样式

　　外部 CSS 样式表文件是 CSS 样式中较为理想的一种形式。将 CSS 样式代码单独编写在一个独立文件之中，由网页进行调用，多个网页可以调用同一个外部 CSS 样式表文件，因此能够实现代码的最大化重用及网站文件的最优化配置。

　　链接外部 CSS 样式是指在外部定义 CSS 样式并形成以 .css 为扩展名的文件，在网页中通过 `<link>` 标签将外部的 CSS 样式文件链接到网页中，而且该语句必须放在页面的 `<head>` 与 `</head>` 标签之间，其语法格式如下。

```
<link rel="stylesheet" type="text/css" href="CSS 样式表文件">
```

　　rel 属性指定链接到 CSS 样式，其值为 stylesheet，type 属性指定链接的文件类型为 CSS 样式表，href 属性指定所定义链接的外部 CSS 样式文件的路径，可以使用相对路径和绝对路径。

**实战　创建并链接外部 CSS 样式表文件**

最终文件：最终文件 \ 第 9 章 \9-4-3.html　　　视频：视频 \ 第 9 章 \9-4-3.mp4

**01** 打开页面"源文件 \ 第 9 章 \9-4-3.html"，可以看到该页面的 HTML 代码，如图 9-49 所示。在浏览器中预览该页面，当前页面并没有使用任何 CSS 样式，如图 9-50 所示。

图 9-49

图 9-50

**02** 返回 Dreamweaver 中，执行"文件">"新建"命令，弹出"新建文档"对话框，选择 CSS 选项，如图 9-51 所示。单击"创建"按钮，新建外部 CSS 样式表文件，将其保存为"源文件 \ 第 9 章 \style\9-4-3.css"。返回网页的 HTML 代码中，在页面头部的 `<head>` 与 `</head>` 标签之间添加 `<link>` 标签，链接刚创建的外部 CSS 样式表文件，如图 9-52 所示。

>  **提示**
>
> 　　CSS 样式在页面中的应用主要目的在于实现良好的网站文件管理及样式管理，分离式的结构有助于合理分配表现与内容。

图 9-52

**03** 转换到刚链接的外部 CSS 样式表文件中，创建名称为 * 的通配符 CSS 样式和名称为 body 的标签 CSS 样式，如图 9-53 所示。切换到设计视图中，可以看到页面的效果，如图 9-54 所示。

图 9-51

图 9-53

图 9-54

**04** 转换到外部 CSS 样式表文件中，创建名称为 #menu 和名称为 #text 的 CSS 样式，如图 9-55 所示。返回网页设计视图中，可以看到页面的效果，如图 9-56 所示。

图 9-55

图 9-56

**05** 保存页面并保存外部 CSS 样式表文件，在浏览器中预览该页面，可以看到页面的效果，如图 9-57 所示。

图 9-57

> **提示**
>
> 推荐使用链接外部 CSS 样式文件的方式在网页中应用 CSS 样式，其优势主要有：①独立于 HTML 文件，便于修改；②多个文件可以引用同一个 CSS 样式文件；③ CSS 样式文件只需要下载一次，即可在其他链接了该文件的页面内使用；④浏览器会先显示 HTML 内容，然后再根据 CSS 样式文件进行渲染，从而使访问者可以更快地看到内容。

### 9.4.4 导入外部 CSS 样式

导入外部 CSS 样式表文件与链接外部 CSS 样式表文件基本相同，都是创建一个独立的 CSS 样式表文件，然后引入 HTML 文件中，只不过在语法和运作方式上有所区别。采用导入的 CSS 样式，在 HTML 文件初始化时，会被导入 HTML 文件内，成为文件的一部分，类似于内部 CSS 样式。

导入的外部 CSS 样式表文件是指在嵌入样式的 <style> 与 </style> 标签中，使用 @import 命令导入一个外部 CSS 样式表文件。

**实战　导入外部 CSS 样式表文件**

最终文件：最终文件 \ 第 9 章 \9-4-4.html　　　视频：视频 \ 第 9 章 \9-4-4.mp4

**01** 打开页面"源文件 \ 第 9 章 \9-4-4.html"，可以看到该页面的 HTML 代码，如图 9-58 所示。在浏览器中预览该页面，当前页面并没有使用任何 CSS 样式，如图 9-59 所示。

图 9-58

图 9-59

**02** 返回网页的 HTML 代码中，在页面头部的 <head> 与 </head> 标签之间添加导入外部 CSS 样式表文件的代码，如图 9-60 所示。保存页面，在浏览器中预览该页面，可以看到页面的效果，如图 9-61 所示。

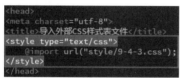

图 9-60

图 9-61

> **提示**
>
> 　　导入外部 CSS 样式与链接外部 CSS 样式相比较，最大的优点就是可以一次导入多个外部 CSS 样式文件。导入外部 CSS 样式文件相当于将 CSS 样式文件导入内部 CSS 样式中，其方式更有优势。导入外部 CSS 样式文件必须在内部 CSS 样式开始部分，即其他内部 CSS 样式代码之前。

## 9.5　CSS 样式的特性

CSS 通过与 HTML 的文档结构相对应的选择符来达到控制页面表现的目的，在 CSS 样式的应用过程中，还需要注意 CSS 样式的一些特性，包括继承性、特殊性、层叠性和重要性。

### 9.5.1　CSS 样式的继承性

在 CSS 语言中继承并不那么复杂，简单地说就是将各个 HTML 标签看作一个个大容器，其中被包含的小容器会继承所包含它的大容器的风格样式。子标签还可以在父标签样式风格的基础上再加以修改，产生新的样式，而子标签的样式风格完全不会影响父标签。

### 9.5.2　CSS 样式的特殊性

特殊性规定了不同的 CSS 规则的权重，当多个规则都应用在同一元素时，权重越高的 CSS 样式会被优先采用，例如下面的 CSS 样式设置。

```
.font01 {
    color: red;
}
p {
    color: blue;
}
```

```
<p class="font01"> 内容 </p>
```

那么，<p> 标签中的文字颜色究竟应该是什么颜色？根据规范，标签选择符 ( 如 <p>) 具有特殊性 1，而类选择符具有特殊性 10，ID 选择符具有特殊性 100。因此，此例中 <p> 标签中的文字颜色应该显示为红色。而继承的属性具有特殊性 0，因此后面任何的定义都会覆盖元素继承来的样式。

特殊性还可以叠加，例如下面 CSS 样式设置。

```
h1 {
    color: blue;           /* 特殊性 =1*/
}
pi {
    color: yellow;         /* 特殊性 =2*/
}
.font01 {
    color: red;            /* 特殊性 =10*/
}
#main {
    color: black;          /* 特殊性 =100*/
}
```

当多个 CSS 样式都可应用在同一元素时，权重越高的 CSS 样式会被优先采用。

### 9.5.3　CSS 样式的层叠性

层叠是指在同一个网页中可以有多个 CSS 样式的存在，当拥有相同特殊性的 CSS 样式应用在同一个元素时，根据前后顺序，后定义的 CSS 样式会被应用，它是 W3C 组织批准的一个辅助 HTML 设计的新特性，它能够保持整个 HTML 统一的外观，可以由设计者在设置文本之前就指定整个文本的属性，例如颜色、字体大小等，CSS 样式对设计制作网页来说带来了很大的灵活性。

由此可以推断出一般情况下，内联 CSS 样式 ( 写在标签内的 )> 内部 CSS 样式 ( 写在文档头部的 )> 外部 CSS 样式 ( 写在外部样式表文件中的 )。

### 9.5.4　CSS 样式的重要性

不同的 CSS 样式具有不同的权重，对于同一元素，后定义的 CSS 样式会替代先定义的 CSS 样式，但有时候制作者需要某个 CSS 样式拥有最高的权重，此时就需要标出此 CSS 样式为"重要规则"，例如下面的 CSS 样式设置。

```
.font01 {
    color: red;
}
p {
    color: blue; !important
}
<p class="font01"> 内容 </p>
```

此时，<p> 标签 CSS 样式中的 color: blue 将具有最高权重，<p> 标签中的文字颜色即为蓝色。

　　当制作者不指定 CSS 样式时，浏览器也可以按照一定的样式显示出 HTML 文件，这是浏览器使用自身内定的样式来显示文档。同时，访问者还有可能设定自己的样式表，例如，视力不好的访问者会希望页面内的文字显示得大一些，因此设定一个属于自己的样式表保存在本机内。此时，浏览器的样式表权重最低，制作者的样式表会取代浏览器的样式表来渲染页面，而访问者的样式表则会优先于制作者的样式定义。

　　而用"!important"声明的规则将高于访问者本地样式的定义，因此需要谨慎使用。

# 第①⑩章 CSS 布局与定位方式

现如今，基于 Web 标准的网站设计核心在于如何运用众多 Web 标准中的各种技术来达到表现和内容的分离。只有真正实现了结构分离的网页，才是符合 Web 标准的网页设计。所以，掌握基于 CSS 的网页布局方式，就是实现 Web 标准的根本。本章将向读者介绍如何使用 CSS 样式来实现网页布局的表现。

**本章知识点：**
➢ 了解 Div 的特性及如何在网页中插入 Div
➢ 理解块元素与行内元素的区别
➢ 理解并掌握 CSS 盒模型中各属性的功能与应用
➢ 理解并掌握各种网页元素定位方式的特点及应用方法
➢ 掌握常用网页布局方式的设置方法

## 10.1 创建 Div

Div 与其他 HTML 标签一样，是一个 HTML 所支持的标签。与使用表格时应用 <table> 与 </table> 这样的结构一样，Div 在使用时也是同样以 <div> 与 </div> 的形式出现，通过 CSS 样式可以轻松地控制 Div 的位置，从而实现许多不同的布局方式。使用 Div 进行网页排版布局是现在网页设计制作的趋势。

### 10.1.1 了解 Div

Div 元素用来为 HTML 文件内大块的内容提供结构和背景。Div 的起始标签和结束标签之间的所有内容都是用来构成这个块的，其中所包含元素的特性由 <div> 标签的属性来控制，或者通过使用 CSS 样式格式化这个块来进行控制。Div 是一个容器，在 HTML 页面的每个标签对象几乎都可以称得上是一个容器，如使用段落 <P> 标签对象。

<p> 文档内容 </p>

P 为一个容器，其中放入了内容。相同的，Div 也是一个容器，能够放置内容。

<div> 文档内容 </div>

Div 是 HTML 中指定的，专门用于布局设计的容器对象。在传统的表格式布局中之所以能进行页面的排版布局设计，完全依赖于表格标签 <table>。但表格布局需要通过表格的间距或者使用透明的 GIF 图片来填充布局板块的间距，这样布局的网页中表格会生成大量难以阅读和维护的代码；而且表格布局的网页要等整个表格下载完毕后才能显示所有内容，所以表格布局浏览速度较慢。而在 CSS 布局中 Div 是这种布局方式的核心对象，使用 CSS 布局的页面排版不需要依赖表格，仅从 Div 的使用上说，做一个简单的布局只需依赖 Div 与 CSS，因此也可以称为 Div+CSS 布局。

### 10.1.2 如何插入 Div

与其他 HTML 对象一样，只需在代码中应用 <div> 与 </div> 这样的标签形式，将内容放置其中，便可以应用 Div 标签。

&lt;div&gt; 标签只是一个标识，作用是把内容标识一个区域，并不负责其他事情，Div 只是 CSS 布局工作的第一步，需要通过 Div 将页面中的内容元素标识出来，而为内容添加样式则由 CSS 来完成。

Div 对象除了可以直接放入文本和其他标签，也可以多个 Div 标签进行嵌套使用，最终的目的是合理地标示出页面的区域。

Div 对象在使用时，可以加入其他属性，如 id、class、align 和 style 等，而在 CSS 布局方面，为了实现内容与表现分离，不应当将 align( 对齐 ) 属性，与 style( 行间样式表 ) 属性编写在 HTML 页面的 &lt;div&gt; 标签中，因此，Div 代码只可能有以下两种形式。

```
<div id="id 名称 "> 内容 </div>
<div class=" 类名称 "> 内容 </div>
```

使用 id 属性，可以将当前这个 Div 指定一个 id 名称，在 CSS 中使用 ID 选择器进行 CSS 样式编写。同样，可以使用 class 属性，在 CSS 中使用类选择器进行 CSS 样式编写。

在一个没有应用 CSS 样式的页面中，即使应用了 Div，也没有任何实际效果，就如同直接输入了 Div 中的内容一样，那么该如何理解 Div 在布局上所带来的不同呢？

首先用表格与 Div 进行比较。使用表格布局时，表格设计的左右分栏或上下分栏，都能在浏览器预览中直接看到分栏效果，如图 10-1 所示。

图 10-1

表格自身的代码形式，决定了在浏览器中显示时，两块内容分别显示在左单元格与右单元格之中，因此不管是否应用了表格线，都可以明确地知道内容存在于两个单元格中，也达到了分栏的效果。

同表格的布局方式一样，使用 Div 布局，编写两个 Div 代码。

```
<div> 左 </div>
<div> 右 </div>
```

而此时浏览能看到的仅仅出现了两行文字，并没有看出 Div 的任何特征，显示效果如图 10-2 所示。

图 10-2

从表格与 Div 的比较中可以看出，Div 对象本身就是占据整行的一种对象，不允许其他对象与它在一行中并列显示，实际上 Div 就是一个 "块状对象 (block)"。

HTML 中的所有对象几乎都默认为两种类型：① block 块状对象：是指当前对象显示为一个方块，默认的显示状态下，将占据整行，其他对象在下一行显示。② inline 行内对象：正好和 block 相反，它允许下一个对象与它本身在一行中显示。

Div 在页面中并非用于类似于文本一样的行间排版，而是用于大面积、大区域的块状排版。

另外，从页面的效果中发现，网页中除了文字之处没有任何其他效果，两个 Div 之间的关系，只是前后关系，并没有出现类似表格的田字型的组织形式，可以说，Div 本身与样式没有任何关系，样式需要编写 CSS 来实现，因此 Div 对象应该说从本质上实现了与样式分离。

因此，在 CSS 布局中所需要的工作可以简单归集为两个步骤，首先使用 Div 将内容标记出来，然后为这个 Div 编写需要的 CSS 样式。

由于 Div 与 CSS 样式分离，最终样式则由 CSS 来完成。这样与样式无关的特性，使 Div 在设计中拥有巨大的可伸缩性，可以根据自己的想法改变 Div 的样式，不再拘泥于单元格固定模式的束缚。

## 10.1.3 块元素与行内元素

HTML 中的元素分为块元素和行内元素，通过 CSS 样式可以改变 HTML 元素原本具有的显示属性，也就是说，通过 CSS 样式的设置可以将块元素与行内元素相互转换。

### 1. 块元素

每个块级元素默认占一行高度，一行内添加一个块级元素后一般无法添加其他元素（使用 CSS 样式进行定位和浮动设置除外）。两个块级元素连续编辑时，会在页面自动换行显示。块级元素一般可嵌套块级元素或行内元素。在 HTML 代码中，常见的块元素包括 <div>、<p>、<table> 等。

在 CSS 样式中，可以通过 display 属性控制元素显示，即元素的显示方式。display 属性语法格式如下。

```
display: block | none | inline | compact | marker | inline-table | list-item | run-
in | table | table-caption | table-cell | table-column | table-column-group | table-
footer-group | table-header-group | table-row | table-row-group;
```

display 属性的各属性值说明如表 10-1 所示。

表 10-1　display 属性值说明

| 属性值 | 说明 |
| --- | --- |
| block | 设置网页元素以块元素方式显示 |
| none | 设置网页元素隐藏 |
| inline | 设置网页元素以行内元素方式显示 |
| compact | 分配对象为块对象或基于内容之上的行内对象 |
| marker | 指定内容在容器对象之前或之后。如果要使用该参数，对象必须和 :after 及 :before 伪元素一起使用 |
| inline-table | 将表格显示为无前后换行的行内对象或行内容器 |
| list-item | 将块对象指定为列表项目，并可以添加可选项目标识 |
| run-in | 分配对象为块对象或基于内容之上的行内对象 |
| table | 将对象作为块元素级的表格显示 |
| table-caption | 将对象作为表格标题显示 |
| table-cell | 将对象作为表格单元格显示 |
| table-column | 将对象作为表格列显示 |
| table-column-group | 将对象作为表格列组显示 |
| table-footer-group | 将对象作为表格脚注组显示 |
| table-header-group | 将对象作为表格标题组显示 |
| table-row | 将对象作为表格行显示 |
| table-row-group | 将对象作为表格行组显示 |

display 属性的默认值为 block，即元素的默认方式是以块元素方式显示。

### 2. 行内元素

行内元素也称为内联元素、内嵌元素等，行内元素一般都是基于语义级的基本元素，只能容纳文本或其他内联元素，常见内联元素 <a> 标签。

当 display 属性值被设置为 inline 时，可以把元素设置为行内元素。在常用的一些元素中，<span>、<a>、<img>、<b>、<font> 和 <input> 等默认都是行内元素。

## 10.2  CSS 基础盒模型

基础盒模型即使用 Div+CSS 对网页元素进行控制，是一个非常重要的概念，只有很好地理解和掌握盒模型及其中每个元素的用法，才能真正地控制页面中各元素的位置。

### 10.2.1  CSS 基础盒模型概述

在 CSS 中，所有的页面元素都包含在一个矩形框内，这个矩形框就称为盒模型。盒模型描述了元素及其属性在页面布局中所占的空间大小，因此盒模型可以影响其他元素的位置及大小。一般来说，这些被占据的空间往往都比单纯的内容要大。换句话说，可以通过整个盒子的边框和距离等参数，来调节盒子的位置。

基础盒模型是由 margin( 边界 )、border( 边框 )、padding( 填充 ) 和 content( 内容 ) 几个部分组成的。此外，在盒模型中还具备高度和宽度两个辅助属性，如图 10-3 所示。

图 10-3

从图 10-3 中可看出，盒模型包含 4 个部分的内容，说明如表 10-2 所示。

表 10-2  盒模型所包含内容说明

| 包含内容 | 说明 |
| --- | --- |
| margin 属性 | margin 属性称为边界或外边距，用于设置内容与内容之间的距离 |
| border 属性 | border 属性称为边框或内容边框线，可以设置边框的粗细、颜色和样式等 |
| padding 属性 | padding 属性称为填充或内边距，用于设置内容与边框之间的距离 |
| content | content 称为内容，是盒模型中必需的一部分，可以放置文字、图像等内容 |

技巧

一个盒子的实际高度或宽度是由 content+padding+border+margin 组成的。在 CSS 中，通过设置 width 或 height 属性来控制 content 部分的大小，并且对于任何一个盒子，都可以分别设置 4 边的 border、margin 和 padding。

关于 CSS 盒模型，在使用过程中需要注意以下几个特性。

(1) 边框默认的样式 (border-style) 可设置为不显示 (none)。

(2) 填充值 (padding) 不可为负。

(3) 边界值 (margin) 可以为负，其显示效果在各浏览器中可能不同。

(4) 内联元素，例如 \<a\>，定义上下边界不会影响行高。

(5) 对于块级元素，未浮动的垂直相邻元素的上边界和下边界会被压缩。例如，有上下两个元素，上面元素的下边界为 10 像素，下面元素的上边界为 5 像素，则实际两个元素的间距为 10 像素 ( 两个边界值中较大的值 )，这就是盒模型的垂直空白边叠加的问题。

(6) 浮动元素 ( 无论是左还是右浮动 ) 边界不压缩，并且如果浮动元素不声明宽度，则其宽度趋向于 0，即压缩到其内容能承受的最小宽度。

(7) 如果盒中没有内容，则即使定义了宽度和高度都为 100%，实际上只占 0，因此不会被显示，此处在使用 Div+CSS 布局时需要特别注意。

## 10.2.2　margin 属性——元素边距

margin 属性用于设置页面中元素和元素之间的距离，即定义元素周围的空间范围，是页面排版中一个比较重要的概念。

margin 属性的语法格式如下。

```
margin: auto | length;
```

其中，auto 表示根据内容自动调整，length 表示由浮点数字和单位标识符组成的长度值或百分数，百分数是基于父对象的高度。对于内联元素来说，左右外延边距可以是负数值。

margin 属性包含 4 个子属性，分别用于控制元素 4 周的边距，分别是 margin-top( 上边距 )、margin-right( 右边距 )、margin-bottom( 下边距 ) 和 margin-left( 左边距 )。

> **技巧**
>
> 在为 margin 设置值时，如果提供 4 个参数值，将按顺时针的顺序作用于上、右、下、左 4 边；如果只提供 1 个参数值，则将作用于 4 边；如果提供 2 个参数值，则第 1 个参数值作用于上、下两边，第 2 个参数值作用于左、右两边；如果提供 3 个参数值，第 1 个参数值作用于上边，第 2 个参数值作用于左、右两边，第 3 个参数值作用于下边。

## 10.2.3　border 属性——元素边框

border 属性是内边距和外边距的分界线，可以分离不同的 HTML 元素，border 的外边是元素的最外围。在网页设计中，如果计算元素的宽和高，则需要把 border 属性值计算在内。

border 属性的语法格式如下。

```
border : border-style | border-color | border-width;
```

border 属性有 3 个子属性，分别是 border-style( 边框样式 )、border-width( 边框宽度 ) 和 border-color( 边框颜色 )。

## 10.2.4　padding 属性——元素填充

在 CSS 中，可以通过设置 padding 属性定义内容与边框之间的距离，即内边距。

padding 属性的语法格式如下。

```
padding: length;
```

padding 属性值可以是一个具体的长度，也可以是一个相对于上级元素的百分比，但不可以使用负值。

padding 属性包括 4 个子属性，分别用于控制元素四周的填充，分别是 padding-top( 上填充 )、padding-right( 右填充 )、padding-bottom( 下填充 ) 和 padding-left( 左填充 )。

> **技巧**
>
> 　　在为 padding 设置值时，如果提供 4 个参数值，将按顺时针的顺序作用于上、右、下、左 4 边；如果只提供 1 个参数值，则将作用于 4 边；如果提供 2 个参数值，则第 1 个参数值作用于上、下两边，第 2 个参数值作用于左、右两边；如果提供 3 个参数值，第 1 个参数值作用于上边，第 2 个参数值作用于左、右两边，第 3 个参数值作用于下边。

## 实战　设置网页元素的盒模型相关属性

最终文件：最终文件 \ 第 10 章 \10-2-4.html　　　视频：视频 \ 第 10 章 \10-2-4.mp4

**01** 执行"文件" > "打开"命令，打开页面"源文件 \ 第 10 章 \10-2-4.html"，可以看到该页面的 HTML 代码，如图 10-4 所示。切换到设计视图中，可以看到页面中 id 名称为 pic 的 Div 目前并没有设置 CSS 样式，显示为默认的居左居顶效果，如图 10-5 所示。

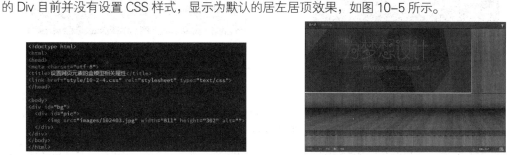

图 10-4　　　　　　　　　　　　　　　　　　图 10-5

**02** 转换到该网页所链接的外部 CSS 样式表文件中，创建名称为 #pic 的 CSS 样式，在该 CSS 样式中添加 margin 外边距属性设置，如图 10-6 所示。切换到网页设计视图中，选中页面中 id 名称为 pic 的 Div，可以看到设置的外边距的效果，如图 10-7 所示。

图 10-6　　　　　　　　　　　　　　　　　图 10-7

> **技巧**
>
> 　　在网页中，如果希望元素水平居中显示，通过 margin 属性设置左边距和右边距均为 auto，则该元素在网页中会自动水平居中显示。

**03** 返回外部 CSS 样式表文件中，在名称为 #pic 的 CSS 样式中添加 border 属性设置，如图 10-8 所示。返回网页设计视图中，可以看到为页面中 id 名称为 pic 的 Div 设置边框的效果，如图 10-9 所示。

图 10-8　　　　　　　　　　　　　　　　　图 10-9

> **提示**
>
> border 属性不仅可以设置图像的边框，还可以为其他元素设置边框，如文字、Div 等。在本实例中，主要讲解的是使用 border 属性为 Div 元素添加边框。

**04** 返回外部 CSS 样式表文件中，在名称为 #pic 的 CSS 样式中添加 padding 属性设置，如图 10-10 所示。返回网页设计视图中，选中页面中 id 名称为 pic 的 Div，可以看到设置的填充效果，如图 10-11 所示。

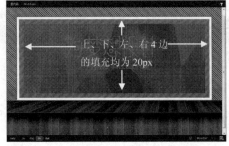

```
#pic {
    width: 811px;
    height: 302px;
    background-color: rgba(0,0,0,0.5);
    margin: 60px auto 0px auto;
    border: solid 12px #FFF;
    padding: 20px;
}
```

图 10-10

图 10-11

> **提示**
>
> 在 CSS 样式代码中，width 和 height 属性分别定义的是 Div 的内容区域的宽度和高度，并不包括 margin、border 和 padding，此处在 CSS 样式中添加了 padding 属性，设置四边的填充均为 20 像素，则需要在高度值上减去 40 像素，在宽度值上同样减去 40 像素，这样才能够保证 Div 的整体宽度和高度不变。

**05** 保存页面，并保存外部 CSS 样式表文件，在浏览器中预览页面，可以看到页面的效果，如图 10-12 所示。

图 10-12

> **提示**
>
> 从 CSS 基础盒模型中可以看出中间部分就是 content( 内容 )，它主要用来显示内容，这部分也是整个盒模型的主要部分，其他的如 margin、border、padding 所做的操作都是对 content 部分所做的修饰。对于内容部分的操作，也就是对文字、图像等页面元素的操作。

# 10.3 网页元素的定位方式

CSS 的排版是一种比较新的排版理念，完全有别于传统的排版方式。它将页面首先在整体上进行 <div> 标签的分块，然后对各个块进行 CSS 定位，最后在各个块中添加相应的内容。通过 CSS 排版的页面，更新十分容易，甚至是页面的拓扑结构，都可以通过修改 CSS 属性来重新定位。

## 10.3.1 CSS 定位属性

在使用 Div+CSS 布局制作页面的过程中，都是通过 CSS 的定位属性对元素完成位置和大小的控制的。定位就是精确地定义 HTML 元素在页面中的位置，可以是页面中的绝对位置，也可以是相对于父级元素或另一个元素的相对位置。

position 属性是最主要的定位属性，既可以定义元素的绝对位置，又可以定义元素的相对位置。

position 属性的语法格式如下。

```
position: static | absolute | fixed | relative;
```

position 的相关属性值说明如表 10-3 所示。

表 10-3　position 属性值说明

| 属性值 | 说明 |
|---|---|
| static | 设置 position 属性值为 static，表示无特殊定位，元素定位的默认值，对象遵循 HTML 元素定位规则，不能通过 z-index 属性进行层次分级 |
| absolute | 设置 position 属性值为 absolute，表示绝对定位，相对于其父级元素进行定位，元素的位置可以通过 top、right、bottom 和 left 等属性进行设置 |
| fixed | 设置 position 属性为 fixed，表示悬浮，使元素固定在屏幕的某个位置，其包含块是可视区域本身，因此它不随滚动条的滚动而滚动，IE5.5+ 及以下版本浏览器不支持该属性 |
| relative | 设置 position 属性为 relative，表示相对定位，对象不可以重叠，可以通过 top、right、bottom 和 left 等属性在页面中偏移位置，可以通过 z-index 属性进行层次分级 |

在 CSS 样式中设置了 position 属性后，还可以对其他的定位属性进行设置，包括 width、height、z-index、top、right、bottom、left、overflow 和 clip，其中 top、right、bottom 和 left 只有在 position 属性中使用才会起作用。

其他定位相关属性如表 10-4 所示。

表 10-4　其他定位相关属性说明

| 属性 | 说明 |
|---|---|
| top、right、bottom 和 left | top 属性用于设置元素垂直距顶部的距离；right 属性用于设置元素水平距右部的距离；bottom 属性用于设置元素垂直距底部的距离；left 属性用于设置元素水平距左部的距离 |
| z-index | 该属性用于设置元素的层叠顺序 |
| width 和 height | width 属性用于设置元素的宽度；height 属性用于设置元素的高度 |
| overflow | 该属性用于设置元素内容溢出的处理方法 |
| clip | 该属性用于设置元素剪切方式 |

## 10.3.2　相对定位 relative

设置 position 属性为 relative，即可将元素的定位方式设置为相对定位。对一个元素进行相对定位，首先它将出现在它所在的位置上。然后通过设置垂直或水平位置，让这个元素相对于它的原始起点进行移动。另外，相对定位时，无论是否进行移动，元素仍然占据原来的空间。因此，移动元素会导致它覆盖其他元素。

**实战　实现网页元素的叠加显示**

最终文件：最终文件 \ 第 10 章 \10-3-2.html　　视频：视频 \ 第 10 章 \10-3-2.mp4

**01** 执行"文件" > "打开"命令，打开页面"源文件 \ 第 10 章 \10-3-2.html"，可以看到该页面的 HTML 代码，如图 10-13 所示。切换到设计视图中，可以看到页面中 id 名称为 pic 的 Div 显示在美食图片的下方，如图 10-14 所示。

图 10-13

图 10-14

**02** 在浏览器中预览该页面，可以看到页面元素默认的显示效果，如图 10-15 所示。转换到该网页所链接的外部 CSS 样式表文件中，创建名称为 #pic 的 CSS 样式，在该 CSS 样式中添加相应的相对定位代码，如图 10-16 所示。

图 10-15

```
#pic {
    position: relative;
    width: 88px;
    height: 89px;
    left: 210px;
    top: -210px;
}
```
图 10-16

**提示**

此处在 CSS 样式代码中设置元素的定位方式为相对定位，使元素相对于原位置向右移动 210 像素，向上移动 210 像素。

03 返回设计视图，可以看到页面中 id 名称为 pic 的元素的显示效果，如图 10-17 所示。保存页面，并保存外部 CSS 样式文件，在浏览器中预览页面，可以看到网页元素相对定位的效果，如图 10-18 所示。

图 10-17

图 10-18

**提示**

在使用相对定位时，无论是否进行移动，元素仍然占据原来的空间。因此，移动元素会导致它覆盖其他框。

### 10.3.3 绝对定位 absolute

设置 position 属性为 absolute，即可将元素的定位方式设置为绝对定位。绝对定位是参照浏览器的左上角，配合 top、right、bottom 和 left 进行定位的，如果没有设置上述的 4 个值，则默认的依据父级元素的坐标原点为原始点。

在父级元素的 position 属性为默认值时，top、right、bottom 和 left 的坐标原点以 body 的坐标原点为起始位置。

**实 战　网页元素固定在右侧显示**

最终文件：最终文件 \ 第 10 章 \10-3-3.html　　视频：视频 \ 第 10 章 \10-3-3.mp4

01 执行"文件" > "打开"命令，打开页面"源文件 \ 第 10 章 \10-3-3.html"，可以看到该页面的 HTML 代码，如图 10-19 所示。在浏览器中预览该页面，可以看到页面的效果，如图 10-20 所示。

图 10-19

图 10-20

返回网页的 HTML 代码中，在 id 名称为 pic 的 Div 标签之间插入图片，如图 10-21 所示。保存页面，在浏览器中预览页面，可以看到 id 名称为 pic 的 Div 默认显示的位置，如图 10-22 所示。

图 10-21

图 10-22

 返回该网页所链接的外部 CSS 样式表文件中，创建名称为 #pic 的 CSS 样式，在该 CSS 样式中添加相应的绝对定位代码，如图 10-23 所示。保存页面，并保存外部 CSS 样式表文件，在浏览器中预览页面，可以看到网页中元素绝对定位的效果，如图 10-24 所示。

```
#pic {
    width: 70px;
    height: 105px;
    position: absolute;
    top: 50px;
    right: 0px;
}
```

图 10-23

图 10-24

**提示**

在名称为 #pic 的 CSS 样式设置代码中，通过设置 position 属性为 absolute，将 id 名称为 pic 的元素设置为绝对定位，通过设置 top 属性值为 50px，将该元素设置居顶边距为 50 像素；通过设置 right 属性值为 0px，将该元素显示设置居右边距为 0 像素，也就是紧靠右边缘显示。

**技巧**

对于定位的主要问题是要记住每种定位的意义。相对定位是相对于元素在文档流中的初始位置，而绝对定位是相对于最近的已定位的父元素，如果不存在已定位的父元素，而就相对于最初的包含块。因为绝对定位的框与文档流无关，所以它们可以覆盖页面上的其他元素。可以通过设置 z-index 属性来控制这些框的堆放次序。z-index 属性的值越大，框在堆中的位置就越高。

### 10.3.4　固定定位 fixed

设置 position 属性为 fixed，即可将元素的定位方式设置为固定定位。固定定位和绝对定位比较相似，它是绝对定位的一种特殊形式，固定定位的容器不会随着滚动条的拖动而变化位置。在视线中，固定定位的容器位置是不会改变的。固定定位可以把一些特殊效果固定在浏览器的视线位置。

**实战　实现固定位置的顶部 Logo**

最终文件：最终文件 \ 第 10 章 \10-3-4.html　　　视频：视频 \ 第 10 章 \10-3-4.mp4

 执行 "文件" > "打开" 命令，打开页面 "源文件 \ 第 10 章 \10-3-4.html"，可以看到该页面的 HTML 代码，如图 10-25 所示。在浏览器中预览该页面，当拖动浏览器滚动条时，发现顶部的 Logo 也会跟随滚动条一起滚动，如图 10-26 所示。

 转换到该网页所链接的外部 CSS 样式表文件中，找到名称为 #logo 的 CSS 样式，如图 10-27 所示。在该 CSS 样式代码中添加相应的固定定位代码，如图 10-28 所示。

 保存页面，并保存外部 CSS 样式文件，在浏览器中预览页面，可以看到页面效果，如图 10-29 所示。拖动浏览器滚动条，发现顶部 Logo 始终固定在浏览器顶部不动，如图 10-30 所示。

图 10-25

图 10-26

图 10-27

图 10-28

图 10-29

图 10-30

**提示**

　　固定定位的参照位置不是上级元素块而是浏览器窗口。所以可以使用固定定位来设定类似传统框架样式布局，以及广告框架或导航框架等。使用固定定位的元素可以脱离页面，无论页面如何滚动，始终处在页面的同一位置上。

## 10.3.5　浮动定位

　　除了使用 position 属性进行定位外，还可以使用 float 属性定位。float 定位只能在水平方向上定位，而不能在垂直方向上定位。float 属性表示浮动属性，它用来改变元素块的显示方式。

　　浮动定位是 CSS 排版中非常重要的手段。浮动的框可以左右移动，直到它外边缘碰到包含框或另一个浮动框的边缘。

　　float 属性语法格式如下。

```
float: none | left | right;
```

　　设置 float 属性为 none，表示元素不浮动；设置 float 属性为 left，表示元素向左浮动；设置 float 属性为 right，表示元素向右浮动。

**实 战　制作顺序排列的图像列表**

最终文件：最终文件 \ 第 10 章 \10-3-5.html　　　视频：视频 \ 第 10 章 \10-3-5.mp4

　　**01** 执行 "文件" > "打开" 命令，打开页面 "源文件 \ 第 10 章 \10-3-5.html"，可以看到该页面的 HTML 代码，如图 10-31 所示。切换到设计视图中，可以看到页面中 id 名称为 pic1、pic2 和 pic3 的 3 个 Div 元素默认的显示效果，如图 10-32 所示。

```
<body>
<div id="box">
  <div id="main">
    <div id="pic1">
      <img src="images/103501.png" width="230" height="154" alt="">
    </div>
    <div id="pic2">
      <img src="images/103502.jpg" width="230" height="154" alt="">
    </div>
    <div id="pic3">
      <img src="images/103503.jpg" width="230" height="154" alt="">
    </div>
  </div>
</div>
</body>
```

图 10-31

图 10-32

**02** 转换到该网页所链接的外部 CSS 样式表文件中，分别创建名称为 #pic1、#pic2 和 #pic3 的 CSS 样式代码，如图 10-33 所示。保存外部 CSS 样式表文件，在浏览器中预览页面，可以看到页面中这 3 个元素的显示效果，如图 10-34 所示。

```
#pic1 {
  width: 230px;
  height: 154px;
  padding: 5px;
  background-color: #FFF;
}
#pic2 {
  width: 230px;
  height: 154px;
  padding: 5px;
  background-color: #FFF;
}
#pic3 {
  width: 230px;
  height: 154px;
  padding: 5px;
  background-color: #FFF;
}
```

图 10-33

图 10-34

**03** 返回外部 CSS 样式表文件中，将 id 名称为 pic1 的 Div 向右浮动，在名称为 #pic1 的 CSS 样式代码中添加右浮动代码，如图 10-35 所示。切换到设计视图中，可以看到 id 名称为 pic1 的 Div 脱离文档流并向右浮动，直到该 Div 的边缘碰到包含框 box 的右边框，如图 10-36 所示。

```
#pic1 {
  width: 230px;
  height: 154px;
  padding: 5px;
  background-color: #FFF;
  float: right;
}
```

图 10-35

图 10-36

**04** 转换到外部 CSS 样式表文件中，将 id 名称为 pic1 的 Div 向左浮动，在名称为 #pic1 的 CSS 样式代码中添加左浮动代码，如图 10-37 所示。返回网页设计视图中，id 名称为 pic1 的 Div 向左浮动，id 名称为 pic2 的 Div 被遮盖了，如图 10-38 所示。

```
#pic1 {
  width: 230px;
  height: 154px;
  padding: 5px;
  background-color: #FFF;
  float: left;
}
```

图 10-37

图 10-38

> **提示**
>
> 当 id 名称为 pic1 的 Div 脱离文档流并向左浮动时，直到它的边缘碰到包含 box 的左边缘。因为它不再处于文档流中，所以它不占据空间，实际上覆盖住了 id 名称为 pic2 的 Div，使 pic2 的 Div 从视图中消失，但是该 Div 中的内容还占据着原来的空间。

**05** 转换到外部 CSS 样式表文件中，分别在 #pic2 和 #pic3 的 CSS 样式中添加向左浮动代码，如图 10-39 所示。将这 3 个 Div 都向左浮动，切换到设计视图中，可以看到页面这 3 个元素都向左浮动的效果，如图 10-40 所示。

图 10-39

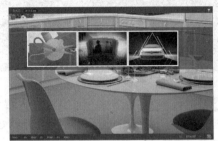

图 10-40

> **提示**
>
> 将 3 个 Div 都向左浮动，那么 id 名称为 pic1 的 Div 向左浮动直到碰到包含 box 的左边缘，另两个 Div 向左浮动直到碰到前一个浮动 Div。

**06** 3 个元素已经实现了在一行中进行显示，但是它们紧靠在一起，可以为这 3 个元素设置相应的边距。转换到外部 CSS 样式表文件中，分别在 #pic1、#pic2 和 #pic3 的 CSS 样式中添加 margin 属性设置，如图 10-41 所示。保存外部 CSS 样式表文件，在浏览器中预览页面，效果如图 10-42 所示。

图 10-41

图 10-42

**07** 返回网页的 HTML 代码中，在 id 名称为 pic3 的 Div 之后分别添加 id 名称为 pic4 至 pic6 的 Div，并在各 Div 中插入相应的图像，如图 10-43 所示。切换到设计视图中，可以看到所添加的 pic4、pic5 和 pic6 的默认效果，如图 10-44 所示。

图 10-43

图 10-44

**08** 转换到外部 CSS 样式表文件中，定义名称为 #pic4, #pic5,#pic6 的 CSS 样式，如图 10-45 所示。保存页面，并保存外部 CSS 样式文件，在浏览器中预览页面，可以看到页面效果，如图 10-46 所示。

图 10-45

图 10-46

**技巧**

　　在前面已经介绍过，HTML 页面中的元素分为行内元素和块元素，行内元素是可以显示在同一行上的元素，例如 <span>，块元素是占据整行空间的元素，例如 <div>。如果要将两个 <div> 显示在同一行上，就可以通过使用 float 属性来实现。

## 10.3.6　空白边叠加

　　空白边叠加是一个比较简单的概念，当一个元素出现在另一个元素上面时，第一个元素的底空白边与第二个元素的顶空白边发生叠加。当两个垂直空白边相遇时，它们将形成一个空白边。这个空白边的高度是两个发生叠加的空白边中的高度的较大者。

　　边距叠加是一个相当简单的概念。但是，在实践中对网页进行布局时，它会造成许多混淆。简单地说，当两个垂直边距相遇时，它们将形成一个边界，这个边界的高度等于两个发生叠加边界高度中的较大者。

**实战　网页中空白边叠加的应用** ⊙

最终文件：最终文件 \ 第 10 章 \10-3-6.html　　　视频：视频 \ 第 10 章 \10-3-6.mp4

**01** 执行"文件" > "打开"命令，打开页面"源文件 \ 第 10 章 \10-3-6.html"，可以看到该页面的 HTML 代码，如图 10-47 所示。在浏览器中预览该页面，效果如图 10-48 所示。

图 10-47

图 10-48

**02** 转换到该网页所链接的外部 CSS 样式表文件中，找到名称为 #pic1 和 #pic2 的 CSS 样式，可以看到在这两个 CSS 样式中并没有设置边距属性，如图 10-49 所示。切换到设计视图中，可以看到 id 名称为 pic1 的 Div 与 id 名称为 pic2 的 Div 紧靠在一起显示，如图 10-50 所示。

图 10-49

图 10-50

**03** 转换到外部 CSS 样式表文件中，在名称为 #pic1 的 CSS 样式代码中添加下边界的设置，在名称为 #pic2 的 CSS 样式代码中添加上边界的设置，如图 10-51 所示。切换到设计视图中，选中 id 名称为 pic1 的 Div，可以看到所设置的下边距效果，如图 10-52 所示。

```
#pic1 {
    width: 610px;
    height: 180px;
    padding: 5px;
    background-color: #FFF;
    margin-bottom: 30px;
}
#pic2 {
    width: 610px;
    height: 180px;
    padding: 5px;
    background-color: #FFF;
    margin-top: 10px;
}
```

图 10-51

图 10-52

**04** 选中 id 名称为 pic2 的 Div，可以看到所设置的上边距效果，如图 10-53 所示。保存页面和外部 CSS 样式表文件，在浏览器中预览页面，可以看到空白边叠回的效果，如图 10-54 所示。

图 10-53

图 10-54

**提示**

空白边的高度是两个发生叠加的空白边中的高度的较大者。当一个元素包含另一个元素时 ( 假设没有填充或边框将空白边隔开 )，它们的顶和底空白边也会发生叠加。

# 10.4 常见的网页布局方式

CSS 是控制网页布局样式的基础，并真正能够做到网页表现和内容分离的一种样式设计语言。相对于传统 HTML 的简单样式控制来说，CSS 能够对网页中对象的位置排版进行像素级的精确控制，还拥有对网页对象盒模型样式的控制能力，并且能够进行初步页面交互设计，是当前基于文件展示最优秀的表达设计语言。

## 10.4.1 居中的布局

目前居中设计在网页布局应用中非常广泛，所以如何在 CSS 中让设计居中显示是大多数开发人员首先要学习的重点之一。实现网页内容居中布局有以下两种方法。

### 1. 使用自动空白边居中

假设一个布局，希望其中的容器 Div 在屏幕上水平居中，代码如下。

```
<body>
<div id="box"></div>
</body>
```

只需要定义 Div 的宽度，然后将水平空白边设置为 auto 即可实现居中布局。

```
#box{
    width: 800px;
    height: 500px;
    background-color: #0099FF;
```

```
    border: 5px solid #005E99;
    margin: 0px auto;
}
```

则 id 名称为 box 的 Div 在页面中是居中显示的，如图 10-55 所示。

这种 CSS 样式定义方法在所有浏览器中都是有效的。但是在 IE 5.X 和 IE 6 中不支持自动空白边。因为 IE 将 text-align:center 理解为让所有对象居中，而不只是文本。可以利用这一点，让主体标签中所有对象居中，包括容器 Div，然后将容量的内容重新水平左对齐即可，设置代码如下。

图 10-55

```
body{
    text-align:center;                    /* 设置文本居中显示 */
}
#box{
    width: 800px;
    height: 500px;
    background-color: #0099FF;
    border: 5px solid #005E99;
    margin: 0px auto;
     text-align: left;                    /* 设置文本居左显示 */
}
```

以这种方式使用 text-align 属性，不会对代码产生任何严重的影响。

#### 2. 使用定位和负值空白边居中

首先定义容器的宽度，然后将容器的 position 属性设置为 relative，将 left 属性设置为 50%，就会把容器的左边缘定位在页面的中间，CSS 样式的设置代码如下。

```
#box{
    width: 800px;
    position: absolute;
    left: 50%;
}
```

如果不希望让容器的左边缘居中，而是让容器的中间居中，只要对容器的左边应用一个负值的空白边，宽度等于容器宽度的一半。这样就会把容器向左移动它宽度的一半，从而让它在屏幕上居中，CSS 样式代码如下。

```
#box{
    width: 800px;
    position: absolute;
    left: 50%;
    margin-left: -400px;
}
```

### 10.4.2　浮动的布局　⟩

在 Div+CSS 布局中，浮动布局是使用最多，也是常见的布局方式，浮动的布局又可以分为多种形式，接下来分别进行介绍。

### 1. 两列固定宽度布局

两列宽度布局非常简单，HTML 代码如下。

```
<div id="left"> 左列 </div>
<div id="right"> 右列 </div>
```

为 id 名称为 left 与 right 的 Div 设置 CSS 样式，让两个 Div 在水平行中并排显示，从而形成二列式布局，CSS 代码如下。

```
#left{
    width: 400px;
    height: 500px;
    background-color: #0099FF;
    float: left;
}
#right{
    width: 400px;
    height: 500px;
    background-color: #FFFF00;
    float: left;
}
```

为了实现二列式布局，使用了 float 属性，这样二列固定宽度的布局就能够完整地显示出来，预览效果如图 10-56 所示。

### 2. 两列固定宽度居中布局

两列固定宽度居中布局可以使用 Div 的嵌套方式来完成，用一个居中的 Div 作为容器，将二列分栏的两个 Div 放置在容器中，从而实现二列的居中显示。HTML 代码结构如下。

```
<div id="box">
<div id="left"> 左列 </div>
<div id="right"> 右列 </div>
</div>
```

图 10-56

为分栏的两个 Div 加上了一个 id 名称为 box 的 Div 容器，CSS 代码如下。

```
#box {
    width: 820px;
    margin: 0px auto;
}
#left{
    width: 400px;
    height: 500px;
    background-color: #0099FF;
    border: solid 5px #005E99;
    float: left;
}
#right{
    width: 400px;
    height: 500px;
    background-color: #FFFF00;
    border: solid 5px #FF9900;
    float: left;
}
```

　　id 名称为 box 的 Div 有了居中属性，里面的内容自然也能居中，这样就实现了两列的居中显示，预览效果如图 10-57 所示。

### 3. 两列宽度自适应布局

　　设置自适应主要通过宽度的百分比值设置，因此，在两列宽度自适应布局中也同样是对百分比宽度值设定，CSS 代码如下。

```
#left {
    width: 25%;
    height: 500px;
    background-color: #0099FF;
     border: solid 5px #005E99;
    float: left;
}
#right {
    width: 70%;
    height: 500px;
    background-color: #FFFF00;
     border: solid 5px #FF9900;
    float: left;
}
```

　　将左栏宽度设置为 25%，右栏宽度设置为 70%，可以看到页面预览效果，如图 10-58 所示。

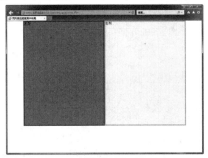

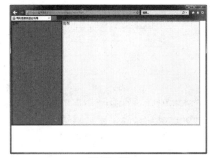

图 10-57　　　　　　　　　　　　　　　　图 10-58

### 4. 两列右列宽度自适应布局

　　在实际应用中，有时候需要左栏固定宽度，右栏根据浏览器窗口的大小自动适应。在 CSS 中只需要设置左栏宽度，右栏不设置任何宽度值，并且右栏不浮动。CSS 代码如下。

```
#left {
    width: 400px;
    height: 500px;
```

```
    background-color: #0099FF;
     border: solid 5px #005E99;
    float: left;
}
#right {
    height: 500px;
    background-color: #FFFF00;
     border: solid 5px #FF9900;
}
```

　　左栏将呈现 40 像素的宽度，而右栏将根据浏览器窗口大小自动适应，两列右列宽度自适应经常在网站中用到，不仅右列，左列也可以自适应，方法是一样的，如图 10-59 所示。

图 10-59

### 5. 三列浮动中间列宽度自适应布局

　　三列浮动中间列宽度自适应布局，是左栏固定宽度居左显示，右栏固定宽度居右显示，而中间栏则需要在左栏和右栏的中间显示，根据左右栏的间距变化自动适应。单纯地使用 float 属性与百分比属性不能实现，这就需要绝对定位来实现。绝对定位后的对象，不需要考虑它在页面中的浮动关系，只需要设置对象的 top、right、bottom 及 left 4 个方向即可。HTML 代码结构如下。

```
<div id="left"> 左列 </div>
<div id="main"> 中列 </div>
<div id="right"> 右列 </div>
```

　　首先使用绝对定位将左列与右列进行位置控制，CSS 代码如下。

```
* {                    /* 通配选择器 */
margin: 0px;
        padding: 0px;
}
#left {
        width: 200px;
        height: 500px;
    background-color: #0099FF;
     border: solid 5px #005E99;
        position: absolute;
        top: 0px;
        left: 0px;
}
#right {
        width: 200px;
        height: 500px;
    background-color: #FFFF00;
     border: solid 5px #FF9900;
        position: absolute;
        top: 0px;
        right: 0px;
}
```

　　而中列则用普通 CSS 样式，CSS 代码如下。

```
#main {
    height: 500px;
    background-color: #9FC;
    border: 5px solid #FF9;
    margin: 0px 210px 0px 210px;
}
```

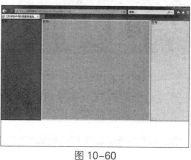

图 10-60

对于 id 名称为 main 的 Div 来说，不需要再设定浮动方式，只需要让它的左边和右边的边距永远保持 #left 和 #right 的宽度，便实现了两边各让出 210 像素的自适应宽度，刚好让 #main 在这个空间中，从而实现了布局的要求，预览效果如图 10-60 所示。

### 10.4.3　自适应高度的解决方法

高度值同样可以使用百分比进行设置，不同的是直接使用 height:100% 是不会显示效果的，这与浏览器的解析方式有一定关系，如下实现高度自适应的 CSS 代码。

```
html,body {
    margin:0px;
    padding: 0px;
    height: 100%;
}
#left {
    width: 500px;
    height: 100%;
    background-color: #0099FF;
}
```

对 #left 设置 height:100% 的同时，也设置了 HTML 与 body 的 height:100%，一个对象高度是否可以使用百分比显示，取决于对象的父级对象，id 名称为 left 的 Div 在页面中直接放置在 <body> 标签中，因此它的父级就是 <body> 标签，而浏览器默认状态下，没有给 <body> 标签一个高度属性，因此直接设置 #left 的 height:100% 时，不会产生任何效果，而当给 <body> 标签设置了 100% 之后，它的子级对象 #left 的 height:100% 便起了作用，这便是浏览器解析规则引发的高度自适应问题。而给 HTML 对象设置 height:100%，可以使 IE 与 Firefox 浏览器都能实现高度自适应，如图 10-61 所示。

图 10-61

# 第 11 章 CSS 基础属性详解

　　CSS 样式中包含对文本、段落、背景、边框、位置、超链接、列表和光标效果等多种设置属性，通过这些 CSS 样式属性的设置可以控制网页中几乎所有的元素，从而使网页的排版布局更加轻松，外观表现效果更加精美。

**本章知识点：**
> 理解并掌握用于设置字体样式的 CSS 属性
> 理解并掌握用于设置段落样式的 CSS 属性
> 掌握如何使用 CSS 样式设置背景颜色和背景图像
> 掌握使用 CSS 样式设置并美化列表的方法
> 掌握使用 CSS 样式设置边框和超链接的方法
> 了解使用 CSS 样式设置光标指针效果的方法

## 11.1 使用 CSS 设置文字样式

　　在制作网站页面时，可以通过 CSS 控制文字样式，对文字的字体、大小、颜色、粗细、斜体、下画线、顶画线和删除线等属性进行设置。使用 CSS 控制文字样式的最大好处是，可以同时为多段文字赋予同一 CSS 样式，在修改时只需修改某一个 CSS 样式，即可同时修改应用该 CSS 样式的所有文字。

### 11.1.1 font-family 属性——字体

　　在 HTML 中提供了字体样式设置的功能，在 HTML 语言中文字样式是通过 <font face=" 字体名称 "> 来设置的，而在 CSS 样式中则是通过 font-family 属性来进行设置的。font-family 属性的语法格式如下。

```
font-family: name1,name2,name3...;
```

　　通过 font-family 属性的语法格式可以看出，可以为 font-family 属性定义多个字体，按优先顺序，用逗号隔开，当系统中没有第一种字体时会自动应用第二种字体，依此类推。需要注意的是，如果字体名称中包含空格，则字体名称需要用双引号括起来。

### 11.1.2 font-size 属性——字体大小

　　在网页应用中，字体大小的区别可以起到突出网站主题的作用。字体大小可以是相对大小也可以是绝对大小。在 CSS 样式中，可以通过设置 font-size 属性来控制字体的大小。font-size 属性的基本语法如下。

```
font-size: 字体大小 ;
```

　　在设置字体大小时，可以使用绝对大小单位，也可以使用相对大小单位。
　　在 CSS 样式中绝对单位用于设置绝对值，主要有 5 种绝对单位，如表 11-1 所示。

表 11-1　CSS 样式中的绝对大小单位

| 单位 | 说明 |
|---|---|
| in( 英寸 ) | in( 英寸 ) 是国外常用的度量单位，对于国内设计而言，使用较少。1in( 英寸 ) 等于 2.54cm( 厘米 )，而 1cm( 厘米 ) 等于 0.394in( 英寸 ) |
| cm( 厘米 ) | cm( 厘米 ) 是常用的长度单位。它可以用来设定距离比较大的页面元素框 |
| mm( 毫米 ) | mm( 毫米 ) 可以用来精确地设定页面元素距离或大小。10mm( 毫米 ) 等于 1cm( 厘米 ) |
| pt( 磅 ) | pt( 磅 ) 是标准的印刷量度，一般用来设定文字的大小。它广泛应用于打印机、文字程序等。72pt( 磅 ) 等于 1in( 英寸 )，也就是等于 2.54cm( 厘米 )。另外，in( 英寸 )、cm( 厘米 ) 和 mm( 毫米 ) 也可以用来设定文字的大小 |
| pc( 派卡 ) | pc( 派卡 ) 是另一种印刷量度，1pc( 派卡 ) 等于 12pt( 磅 )，该单位并不经常使用 |

　　相对单位是指在度量时需要参照其他页面元素的单位值。使用相对单位所度量的实际距离可能会随着这些单位值的变化而变化。CSS 样式中提供了 3 种相对单位，如表 11-2 所示。

表 11-2　CSS 样式中的相对大小单位

| 单位 | 说明 |
|---|---|
| em | em 用于设置字体的 font-size 值。1em 就是字体的大小值，它随着字体大小的变化而变化，如一个元素的字体大小为 12pt，那么 1em 就是 12pt；若该元素字体大小改为 15pt，则 1em 就是 15pt |
| ex | ex 是以设置字体的小写字母 x 高度作为基准，对于不同的字体来说，小写字母 x 高度是不同的，因而 ex 的基准也不同 |
| px | px 也称为像素，是目前广泛使用的一种度量单位，1px 就是屏幕上的一个小方格，通常是看不出来的，由于显示器的大小不同，它的每个小方格是有所差异的，因而以像素为单位的基准也是不同的 |

## 11.1.3　color 属性——文字颜色

　　在 HTML 页面中，通常在页面的标题部分或者需要浏览者注意的部分使用不同的颜色，使其与其他文字有所区别，从而能够吸引浏览者的注意。在 CSS 样式中，文字的颜色是通过 color 属性进行设置的。color 属性的基本语法如下。

```
color: 颜色值；
```

　　在 CSS 样式中颜色值的表示方法有多种，可以使用颜色英文名称、RGB 和 HEX 等多种方式设置颜色值。

**实战　设置网页文字基本效果**

最终文件：最终文件 \ 第 11 章 \11-1-3.html　　　视频：视频 \ 第 11 章 \11-1-3.mp4

**01** 执行"文件" > "打开"命令，打开页面"源文件 \ 第 11 章 \11-1-3.html"，可以看到该页面的 HTML 代码，如图 11-1 所示。在浏览器中预览该页面，可以看到页面中默认的文字效果，如图 11-2 所示。

图 11-1

图 11-2

**02** 转换到该网页链接的外部 CSS 样式表文件中，创建名称为 .font01 的类 CSS 样式，如图 11-3 所示。返回网页的 HTML 代码中，为相应的英文内容添加 <span> 标签，在该标签中通过

class 属性应用刚定义的名称为 font01 的类 CSS 样式，如图 11-4 所示。

图 11-3

图 11-4

03 完成该类 CSS 样式的应用，切换到设计视图中，可以看到应用该类 CSS 样式后的文字效果，如图 11-5 所示。转换到外部样式表文件中，创建名称为 .font02 的类 CSS 样式，如图 11-6 所示。

图 11-5

图 11-6

**提示**

此处设置字体、字体大小和字体颜色。默认情况下，中文操作系统中默认的中文字体有宋体、黑体、幼圆和微软雅黑等少数几种，大多数的中文字体都不是系统默认支持的字体。在网页中，默认的颜色表现方式是十六进制的表现方式，如#000000，以 # 号开头，前面两位代表红色的分量，中间两位代表绿色的分量，最后两位代表蓝色的分量。

04 返回网页的 HTML 代码中，为相应的中文内容添加 <span> 标签，在该标签中通过 class 属性应用刚定义的名称为 font02 的类 CSS 样式，如图 11-7 所示。保存页面并保存外部 CSS 样式文件，在浏览器中预览页面，效果如图 11-8 所示。

图 11-7

图 11-8

## 11.1.4 font-weight 属性——字体粗细

在 HTML 页面中，将字体加粗或变细是吸引浏览者注意的另一种方式，同时还可以使网页的表现形式更多样。在 CSS 样式中通过 font-weight 属性对字体的粗细进行控制。定义字体粗细 font-weight 属性的基本语法如下。

```
font-weight: normal | bold | bolder | lighter | inherit | 100 ~ 900;
```

font-weight 属性的属性值说明如表 11-3 所示。

表 11-3  font-weight 属性值说明

| 属性值 | 说明 |
| --- | --- |
| normal | 该属性值设置字体为正常的字体，相当于参数为 400 |
| bold | 该属性值设置字体为粗体，相当于参数为 700 |

（续表）

| 属性值 | 说明 |
|---|---|
| bolder | 该属性值设置的字体为特粗体 |
| lighter | 该属性值设置的字体为细体 |
| inherit | 该属性值设置字体的粗细为继承上级元素的 font-weight 属性设置 |
| 100 ~ 900 | font-weight 属性值还可以通过 100~900 之间的数值来设置字体的粗细 |

**实 战** ┃ 设置网页文字加粗效果

最终文件：最终文件 \ 第 11 章 \11-1-4.html　　视频：视频 \ 第 11 章 \11-1-4.mp4

**01** 执行 "文件" > "打开" 命令，打开页面 "源文件 \ 第 11 章 \11-1-4.html"，可以看到该页面的 HTML 代码，如图 11-9 所示。在浏览器中预览该页面，可以看到页面中文字的效果，如图 11-10 所示。

图 11-9

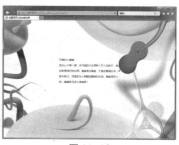
图 11-10

**02** 转换到该网页链接的外部 CSS 样式表文件中，创建名称为 .font01 的类 CSS 样式，如图 11-11 所示。返回网页的 HTML 代码中，为相应的文字应用名称为 font01 的类 CSS 样式，如图 11-12 所示。

图 11-11

图 11-12

**03** 保存页面并保存外部 CSS 样式文件，在浏览器中预览页面，可以看到文字加粗显示的效果，如图 11-13 所示。

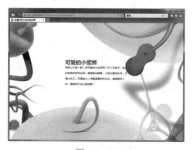
图 11-13

 **提示**

使用 font-weight 属性设置网页中文字的粗细时，将 font-weight 属性设置为 bold 和 bolder，对于中文字体，在视觉效果上几乎是一样的，没有什么区别，而对于部分英文字体会有所区别。

## 11.1.5　font-style 属性——字体样式

所谓字体样式，也就是平常所说的字体风格，在 Dreamweaver 中有 3 种不同的字体样式，分别是正常、斜体和偏斜体。在 CSS 中，字体的样式是通过 font-style 属性进行定义的。定义字体样式 font-style 属性的基本语法如下。

```
font-style: normal | italic | oblique;
```

font-style 属性的属性值说明如表 11-4 所示。

表 11-4 font-style 属性值说明

| 属性值 | 说明 |
|---|---|
| normal | 该属性值是默认值，显示的是标准字体样式 |
| italic | 设置 font-weight 属性为该属性值，则显示的是斜体的字体样式 |
| oblique | 设置 font-weight 属性为该属性值，则显示的是倾斜的字体样式 |

**实战 设置网页文字倾斜效果**

最终文件：最终文件 \ 第 11 章\11-1-5.html    视频：视频 \ 第 11 章\11-1-5.mp4

**01** 执行"文件" > "打开"命令，打开页面"源文件 \ 第 11 章\11-1-5.html"，可以看到该页面的 HTML 代码，如图 11-14 所示。在浏览器中预览该页面，可以看到页面中文字的效果，如图 11-15 所示。

图 11-14

图 11-15

**02** 转换到该网页链接的外部 CSS 样式表文件中，找到名称为 .font01 的类 CSS 样式设置代码，如图 11-16 所示。在该 CSS 样式中添加 font-style 属性设置代码，如图 11-17 所示。

```
.font01{
    font-size: 30px;
    color: #36F;
    font-weight: bold;
}
```

图 11-16

```
.font01{
    font-size: 30px;
    color: #36F;
    font-weight: bold;
    font-style: italic;
}
```

图 11-17

**03** 保存页面并保存外部 CSS 样式文件，在浏览器中预览页面，可以看到文字倾斜显示的效果，如图 11-18 所示。

图 11-18

**提示**

斜体是指斜体字，也可以理解为使用文字的斜体；偏斜体则可以理解为强制文字进行斜体，并不是所有的文字都具有斜体属性，一般只有英文才具有这个属性，如果想对一些不具备斜体属性的文字进行斜体设置，则需要通过设置偏斜体强行对其进行斜体设置。

### 11.1.6 text-transform 属性——英文字体大小写

text-transform 属性可以实现转换页面中英文字体的大小写格式，是非常实用的功能之一。text-transform 属性的基本语法如下。

```
text-transform: capitalize | uppercase | lowercase;
```

text-transform 属性的属性值说明如表 11-5 所示。

表 11-5  text-transform 属性值说明

| 属性值 | 说明 |
| --- | --- |
| capitalize | 该属性值表示英文单词首字母大写 |
| uppercase | 该属性值表示英文单词所有字母全部大写 |
| lowercase | 该属性值表示英文单词所有字母全部小写 |

## 实战 设置网页中英文字体大小写

最终文件：最终文件 \ 第 11 章 \11-1-6.html      视频：视频 \ 第 11 章 \11-1-6.mp4

**01** 执行"文件">"打开"命令，打开页面"源文件 \ 第 11 章 \11-1-6.html"，可以看到该页面的 HTML 代码，如图 11-19 所示。在浏览器中预览该页面，可以看到页面中英文的默认显示效果，如图 11-20 所示。

图 11-19

图 11-20

**02** 转换到该网页链接的外部 CSS 样式表文件中，创建名称为 .font01 的类 CSS 样式，如图 11-21 所示。返回网页的 HTML 代码中，在 id 名称为 text 的 Div 中添加 class 属性，应用刚创建的名称为 font01 的类 CSS 样式，如图 11-22 所示。

图 11-21

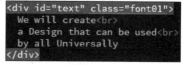

图 11-22

**03** 切换到设计视图中，可以看到 id 名称为 text 的 Div 中所有的英文单词的字母都显示为大写效果，如图 11-23 所示。转换到外部 CSS 样式表文件中，修改名称为 .font01 的类 CSS 样式中 text-transform 属性值为 lowercase，如图 11-24 所示。

图 11-23

图 11-24

**04** 切换到设计视图中，可以看到 id 名称为 text 的 Div 中所有的英文单词的字母都显示为小写效果，如图 11-25 所示。转换到外部 CSS 样式表文件中，修改名称为 font01 的类 CSS 样式中 text-transform 属性值为 capitalize，如图 11-26 所示。

图 11-25

图 11-26

05 切换到设计视图中，可以看到 id 名称为 text 的 Div 中所有的英文单词的首字母大写的效果，如图 11-27 所示。保存页面并保存外部 CSS 样式文件，在浏览器中预览页面，可以看到页面效果，如图 11-28 所示。

图 11-27

图 11-28

**技巧**

在 CSS 样式中，设置 text-transform 属性值为 capitalize，便可定义英文单词的首字母大写。但是，需要注意的是，如果单词之间有逗号和句号等标点符号隔开，那么标点符号后的英文单词便不能实现首字母大写的效果，解决的办法是，在该单词前面加上一个空格，便能实现首字母大写的样式。

## 11.1.7 text-decoration 属性——文字修饰

在网站页面的设计中，为文字添加下画线、顶画线和删除线是美化和装饰网页的一种方法。在 CSS 样式中，可以通过 text-decoration 属性来实现这些效果。text-decoration 属性的基本语法如下。

```
text-decoration: underline | overline | line-through;
```

text-decoration 属性的属性值说明如表 11-6 所示。

表 11-6  text-decoration 属性值说明

| 属性值 | 说明 |
|---|---|
| underline | 该属性值可以为文字添加下画线效果 |
| overline | 该属性值可以为文字添加顶画线效果 |
| line-through | 该属性值可以为文字添加删除线效果 |

**实战** 为网页中的文字添加下画线、顶画线和删除线效果

最终文件：最终文件 \ 第 11 章 \11-1-7.html    视频：视频 \ 第 11 章 \11-1-7.mp4

01 执行"文件">"打开"命令，打开页面"源文件 \ 第 11 章 \11-1-7.html"，可以看到该页面的 HTML 代码，如图 11-29 所示。转换到该网页所链接的外部 CSS 样式表文件中，创建名称为 .font01 的类 CSS 样式，如图 11-30 所示。

02 返回网页 HTML 代码中，为相应的文字应用名称为 .font01 的类 CSS 样式，如图 11-31 所示。切换到设计视图中，可以看到应用了 font01 类 CSS 样式的文字会显示下画线的效果，如图 11-32 所示。

图 11-29

图 11-30

03 转换到外部 CSS 样式表文件中，创建名称为 .font02 的类 CSS 样式，如图 11-33 所示。返

回网页 HTML 代码中，为相应的文字应用 font02 的类 CSS 样式，如图 11-34 所示。

图 11-31

图 11-32

图 11-33

图 11-34

**04** 切换到设计视图中，可以看到应用 font02 类 CSS 样式的文字会显示删除线的效果，如图 11-35 所示。转换到外部 CSS 样式表文件中，创建名称为 .font03 的类 CSS 样式，如图 11-36 所示。

图 11-35

图 11-36

**05** 返回网页 HTML 代码中，为相应的文字应用名称为 .font03 的类 CSS 样式，如图 11-37 所示。保存页面并保存外部 CSS 样式文件，在浏览器中预览页面，可以看到应用 font03 类 CSS 样式的文字会显示顶画线的效果，如图 11-38 所示。

图 11-37

图 11-38

> **技巧**
>
> 在对 Web 页面进行设计时，如果希望文字既有下画线，同时也有顶画线和（或者）删除线，在 CSS 样式中，可以将下画线和顶画线或者删除线的值同时赋予 text-decoration 属性上。

## 11.1.8　letter-spacing 属性——字符间距

在 CSS 样式中，字间距的控制是通过 letter-spacing 属性来进行调整的，该属性既可以设置相对数值，也可以设置绝对数值，但在大多数情况下使用相对数值进行设置。letter-spacing 属性的语法格式如下。

```
letter-spacing: 字符间距;
```

**实战　设置网页中文字的字符间距**

最终文件：最终文件 \ 第 11 章 \11-1-8.html　　视频：视频 \ 第 11 章 \11-1-8.mp4

**01** 执行"文件" > "打开"命令，打开页面"源文件 \ 第 11 章 \11-1-8.html"，可以看到该页面的 HTML 代码，如图 11-39 所示。在浏览器中预览该页面，可以看到页面中文字默认的间距效果，如图 11-40 所示。

**02** 转换到该网页所链接的外部 CSS 样式表文件中，分别在名称为 .font01 和 .font02 的类 CSS 样式设置代码中添加 letter-spacing 属性设置代码，如图 11-41 所示。保存页面并保存外部 CSS 样式文件，在浏览器中预览页面，可以看到为文字设置字符间距的效果，如图 11-42 所示。

图 11-39

图 11-40

图 11-41

图 11-42

# 11.2　使用 CSS 设置段落样式

在设计网页时，CSS 样式可以控制字体样式，同时也可以控制字间距和段落样式。在一般情况下，设置字体样式只能对少数文字起作用，对于文字段落来说，还需要通过设置段落样式来加以控制。

## 11.2.1　line-height 属性——行间距

在 CSS 中，可以通过 line-height 属性对段落的行间距进行设置。line-height 的值表示两行文字基线之间的距离，既可以设置相对数值，也可以设置绝对数值。line-height 属性的基本语法格式如下。

```
line-height: 行间距 ;
```

通常在静态页面中，字体的大小使用绝对数值，从而达到页面整体的统一，但在一些用户可以自由定义字体大小的论坛或博客等网页中，使用的则是相对数值，从而便于用户通过设置字体大小来改变相应行距。

## 11.2.2　text-indent 属性——段落首行缩进

段落首行缩进在一些文章开头通常都会用到。段落首行缩进是对一个段落的第 1 行文字缩进两个字符进行显示。在 CSS 样式中是通过 text-indent 属性进行设置的。text-indent 属性的基本语法如下。

```
text-indent: 首行缩进量 ;
```

**实战**　美化网页中的段落文本

最终文件：最终文件 \ 第 11 章 \11-2-2.html　　视频：视频 \ 第 11 章 \11-2-2.mp4

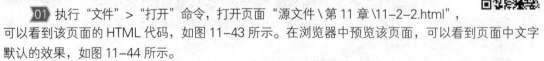

**01** 执行 "文件" > "打开" 命令，打开页面 "源文件 \ 第 11 章 \11-2-2.html"，可以看到该页面的 HTML 代码，如图 11-43 所示。在浏览器中预览该页面，可以看到页面中文字默认的效果，如图 11-44 所示。

**02** 转换到该网页链接的外部 CSS 样式表文件中，创建名称为 #text p 的 CSS 样式，如

图 11-45 所示。保存外部 CSS 样式表文件，在浏览器中预览页面，可以看到页面中 id 名称为 text 的 Div 中段落文字的行间距效果，如图 11-46 所示。

图 11-43

图 11-44

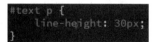

图 11-45

图 11-46

03 转换到外部 CSS 样式表文件中，在名称为 #text p 的 CSS 样式中添加 text-indent 属性设置代码，如图 11-47 所示。保存外部 CSS 样式表文件，在浏览器中预览页面，可以看到页面中 id 名称为 text 的 Div 中段落文字首行缩进的效果，如图 11-48 所示。

图 11-47

图 11-48

**提示**

使用 text-indent 属性设置段落文字首行缩进时还需要注意，只有应用于段落文字，也就是 <p> 与 </p> 标签包含的文字内容才会起作用，而如果没有使用段落标签包含的文字是不会实现首行缩进效果的。

**技巧**

通常，一般文章段落的首行缩进在两个字符的位置，因此，在使用 CSS 样式对段落设置首行缩进时，首先需要明白该段落字体的大小，然后根据字体的大小设置首行缩进的数值，例如，这里的段落文字大小为 14 像素，所以我们设置段落首行缩进值为 28 像素，正好两个汉字字符。

## 11.2.3　段落首字下沉

首字下沉是一种运用于报纸、杂志和网页等媒体中比较常见的排版形式。在 CSS 样式中，首字下沉是通过对段落中的第一个字单独设置样式实现的。它的基本语法如下。

```
font-size: 文字大小；
float: 浮动方式；
```

首字下沉是通过定义段落中第一个文字的大小，并设置它的浮动样式来实现的。在页面设计中，一般首字大小是其他文字大小的两倍，浮动方式为左浮动，并且首字的大小不是固定的，主要看页面整体布局和结构的需要。

HTML5+CSS3+JavaScript 网页设计与制作全程揭秘

**实 战 在网页中实现段落文字首字下沉**

最终文件：最终文件 \ 第 11 章 \11-2-3.html　　视频：视频 \ 第 11 章 \11-2-3.mp4

01 执行"文件">"打开"命令，打开页面"源文件 \ 第 11 章 \11-2-3.html"，可以看到该页面的 HTML 代码，如图 11-49 所示。在浏览器中预览该页面，可以看到页面中段落文字的效果，如图 11-50 所示。

图 11-49

图 11-50

02 转换到该网页链接的外部 CSS 样式表文件中，创建名称为 .font01 的类 CSS 样式，如图 11-51 所示。返回网页的 HTML 代码中，为段落文字中的第一个字符应用 font01 的类 CSS 样式，如图 11-52 所示。

图 11-51

图 11-52

03 保存页面并保存外部 CSS 样式表文件，在浏览器中预览页面，可以看到段落文字首字下沉的效果，如图 11-53 所示。

图 11-53

**提示**

首字下沉与其他设置段落方式的区别在于，通过定义段落中第一个文字的大小并将其设置为左浮动而达到的页面效果。在 CSS 样式中可以看到，首字的大小是其他文字大小的一倍，并且首字大小是不是固定不变的，主要是看页面整体布局和结构的需要。

### 11.2.4 text-align 属性——水平对齐方式

在 CSS 样式中，段落的水平对齐是通过 text-align 属性进行控制的，水平对齐有 4 种方式，分别为左对齐、水平居中对齐、右对齐和两端对齐。text-align 属性的基本语法如下。

```
text-align: left | center | right | justify;
```

text-align 属性的属性值说明如表 11-7 所示。

表 11-7　text-align 属性值说明

| 属性值 | 说明 |
| --- | --- |
| left | 该属性值表示内容的水平对齐方式为左对齐 |
| center | 该属性值表示内容的水平对齐方式为居中对齐 |
| right | 该属性值表示内容的水平对齐方式为右对齐 |
| justify | 该属性值表示段落文字的水平对齐方式为两端对齐 |

**技巧**

　　两端对齐是美化段落文本的一种方法，可以使段落的两端与边界对齐。但两端对齐的方式只对整段的英文起作用，对于中文来说没有什么作用。这是因为英文段落在换行时为保留单词的完整性，整个单词会一起换行，所以会出现段落两端不对齐的情况。两端对齐只能对这种两端不对齐的段落起作用，而中文段落由于每一个文字与符号的宽度相同，在换行时段落是对齐的，因此自然不需要使用两端对齐。

**实战　设置网页文本水平对齐效果**

最终文件：最终文件＼第 11 章＼11-2-4.html　　　视频：视频＼第 11 章＼11-2-4.mp4

`01` 执行"文件" > "打开"命令，打开页面"源文件＼第 11 章＼11-2-4.html"，切换到设计视图，可以看到页面的效果，元素中的内容默认在水平方向是居左对齐的，如图 11-54 所示。

转换到该网页链接的外部 CSS 样式表文件，找到名称为 #title 的 CSS 样式，如图 11-55 所示。

图 11-54　　　　　　　　　　　　　　　　　　　图 11-55

`02` 在名称为 #title 的 CSS 样式中添加 text-align 属性设置代码，如图 11-56 所示。切换到设计视图中，可以看到 id 名称为 title 的 Div 中的内容水平居右显示，效果如图 11-57 所示。

图 11-56

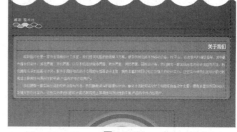

图 11-57

`03` 转换到外部样式表文件中，在名称为 #title 的 CSS 样式中修改 text-align 属性设置代码，如图 11-58 所示。保存页面并保存外部 CSS 样式文件，在浏览器中预览页面，可以看到内容水平居中显示效果，如图 11-59 所示。

图 11-58

图 11-59

**提示**

　　在设置文字的水平对齐时，如果要设置对齐段落不只一段，根据不同的文字，页面的变化也会有所不同。如果是英文，那么段落中每一个单词的位置都会相对于整体而发生一些变化；如果是中文，那么段落中除了最后一行文字的位置会发生变化外，其他段落中文字的位置相对于整体则不会发生变化。

## 11.2.5  vertical-align 属性——垂直对齐方式

在 CSS 样式中，文本垂直对齐是通过 vertical-align 属性进行设置的，常见的文本垂直对齐方式有 3 种，分别为顶端对齐、垂直居中对齐和底端对齐。vertical-align 属性的语法格式如下。

```
vertical-align: baseline | sub | super | top | text-top | middle | bottom | text-bottom | length;
```

vertical-align 属性的属性值说明如表 11-8 所示。

表 11-8　vertical-align 属性值说明

| 属性值 | 说明 |
| --- | --- |
| baseline | 该属性值表示文字与对象基线对齐 |
| sub | 该属性值表示垂直对齐文本的下标 |
| super | 该属性值表示垂直对齐文本的上标 |
| top | 该属性值表示文字与对象的顶部对齐 |
| text-top | 该属性值表示对齐文本顶部 |
| middle | 该属性值表示文字与对象中部对齐 |
| bottom | 该属性值表示文字与对象底部对齐 |
| text-bottom | 该属性值表示对齐文本底部 |
| length | 设置具体的数值或百分比值，可以使用正值或负值，定义由基线算起的偏移量。基线对于数值来说为 0，对于百分比数来说是 0% |

段落垂直对齐只对行内元素起作用，行内元素也称为内联元素，在没有任何布局属性作用时，默认排列方式是同行排列，直到宽度超出包含的容器宽度时才会自动换行。段落垂直对齐需要在行内元素中进行，如 <span> 与 </span>、<p> 与 </p> 及图片等，否则段落垂直对齐不会起作用。

**实战　设置网页文本垂直对齐效果**

最终文件：最终文件 \ 第 11 章 \11-2-5.html　　视频：视频 \ 第 11 章 \11-2-5.mp4

**01** 执行"文件" > "打开"命令，打开页面"源文件 \ 第 11 章 \11-2-5.html"，可以看到该页面的 HTML 代码，如图 11-60 所示。在浏览器中预览该页面，可以看到页面中文字与图片之间默认的垂直对齐效果，如图 11-61 所示。

图 11-60

图 11-61

**02** 转换到该网页链接的外部 CSS 样式表文件中，创建名称为 .font01 的类 CSS 样式，如图 11-62 所示。返回网页的 HTML 代码中，在相应的图片标签中添加 class 属性，应用刚定义的名称为 font01 的类 CSS 样式，如图 11-63 所示。

图 11-62

图 11-63

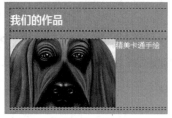

图 11-64

03 切换到设计视图中，可以看到文本相对于图片顶端对齐的效果，如图 11-64 所示。转换到外部 CSS 样式表文件中，创建名称为 .font02 的类 CSS 样式，如图 11-65 所示。

```
.font02 {
    vertical-align: middle;
}
```

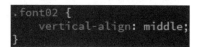

图 11-65

**提示**

使用 CSS 样式为文字设置垂直对齐时，首先必须要选择一个参照物，也就是行内元素。但是在设置时，由于文字并不属于行内元素，因此，在 Div 中不能直接对文字进行垂直对齐的设置，只能对元素中的图片进行垂直对齐设置，从而达到文字的对齐效果。

04 返回网页的 HTML 代码中，在相应的图片标签中添加 class 属性，应用刚定义的名称为 font02 的类 CSS 样式，如图 11-66 所示。切换到设计视图中，可以看到文本相对于图片垂直居中对齐的效果，如图 11-67 所示。

```
<div id="text">
  <div id="pic1">
      <img src="images/112501.jpg" alt="" width="200" height="125"
      class="font01">精美卡通手绘
  </div>
  <div id="pic2">
      <img src="images/112502.jpg" alt="" width="200" height="125"
      class="font02">精美logo设计
  </div>
  <div id="pic3">
      <img src="images/112503.jpg" alt="" width="200" height="125">精美网页设计
  </div>
</div>
```

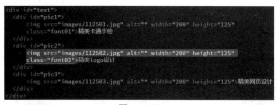

图 11-66

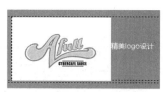

图 11-67

05 转换到外部样式表文件中，创建名称为 .font03 的类 CSS 样式，如图 10-68 所示。返回网页 HTML 代码中，在相应的图片标签中添加 class 属性，应用刚定义的名称为 font02 的类 CSS 样式，如图 11-69 所示。

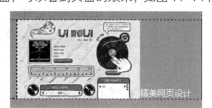

```
.font03 {
    vertical-align: bottom;
}
```

图 11-68

```
<div id="text">
  <div id="pic1">
      <img src="images/112501.jpg" alt="" width="200" height="125"
      class="font01">精美卡通手绘
  </div>
  <div id="pic2">
      <img src="images/112502.jpg" alt="" width="200" height="125"
      class="font02">精美logo设计
  </div>
  <div id="pic3">
      <img src="images/112503.jpg" alt="" width="200" height="125"
      class="font03">精美网页设计
  </div>
</div>
```

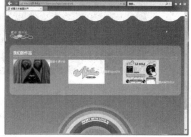

图 11-69

06 切换到设计视图中，可以看到文本相对于图片垂直底部对齐的效果，如图 11-70 所示。保存页面并保存外部 CSS 样式文件，在浏览器中预览页面，可以看到页面的效果，如图 11-71 所示。

图 11-70

图 11-71

## 11.3 使用 CSS 设置背景颜色和背景图像

通过为网页设置一个合理的背景能够烘托网页的视觉效果，给人一种协调和统一的视觉感，达到美化页面的效果。不同的背景给人的心理感受并不相同，因此为网页选择一个合适的背景非常重要。

## 11.3.1  background-color 属性——背景颜色

在 CSS 样式中添加 background-color 属性，即可设置网页的背景颜色，它接受任何有效的颜色值，但是如果对背景颜色没有进行相应的定义，将默认背景颜色为透明。background-color 的语法格式如下。

```
background-color: color | transparent;
```

background-color 属性的属性值说明如表 11-9 所示。

表 11-9  background-color 属性值说明

| 属性值 | 说明 |
| --- | --- |
| color | 设置背景的颜色，它可以采用英文单词、十六进制、RGB、HSL、HSLA 和 RGBA 格式 |
| transparent | 默认值，表明透明 |

**实 战** 设置网页的背景颜色

最终文件：最终文件 \ 第 11 章 \11-3-1.html　　视频：视频 \ 第 11 章 \11-3-1.mp4

`01` 执行"文件">"打开"命令，打开页面"源文件 \ 第 11 章 \11-3-1.html"，可以看到该页面的 HTML 代码，如图 11-72 所示。在浏览器中预览该页面，可以看到页面背景显示为默认的白色背景，如图 11-73 所示。

图 11-72

图 11-73

`02` 转换到该网页链接的外部 CSS 样式表文件中，找到 body 标签的 CSS 样式设置代码，在该 CSS 样式中添加 background-color 属性设置，如图 11-74 所示。保存页面并保存外部 CSS 样式文件，在浏览器中预览页面，可以看到页面的背景颜色效果，如图 11-75 所示。

图 11-74

图 11-75

> **提示**
>
> background-color 属性类似于 HTML 中的 bgcolor 属性。CSS 样式中的 background-color 属性更加实用，不仅仅是因为它可以用于页面中的任何元素，bgcolor 属性只能对 <body>、<table>、<tr>、<th> 和 <td> 标签进行设置。通过 CSS 样式中的 background-color 属性可以设置页面中任意特定部分的背景颜色。

## 11.3.2  background-image 属性——背景图像

在 CSS 样式中，可以通过 background-image 属性设置背景图像。background-image 属性的语

法格式如下。

```
background-image: none | url;
```

background-image 属性的属性值说明如表 11-10 所示。

表 11-10　background-image 属性值说明

| 属性值 | 说明 |
|---|---|
| none | 该属性值是默认属性，表示无背景图片 |
| url | 该属性值定义了所需使用的背景图片地址，图片地址可以是相对路径地址，也可以是绝对路径地址 |

### 11.3.3　background-repeat 属性——背景图像重复方式

使用 background-image 属性设置的背景图像默认会以平铺的方式显示，在 CSS 中可以通过 background-repeat 属性设置背景图像重复或不重复的样式，以及背景图像的重复方式。background-repeat 属性的语法格式如下。

```
background-repeat: no-repeat | repeat-x | repeat-y | repeat;
```

background-repeat 属性的属性值说明如表 11-11 所示。

表 11-11　background-repeat 属性值说明

| 属性值 | 说明 |
|---|---|
| no-repeat | 表示背景图像不重复平铺，只显示一次 |
| repeat-x | 表示背景图像在水平方向重复平铺 |
| repeat-y | 表示背景图像在垂直方向重复平铺 |
| repeat | 表示背景图像在水平和垂直方向都重复平铺，该属性值为默认值 |

**实战**　设置网页背景图像及其重复方式

最终文件：最终文件 \ 第 11 章 \11-3-3.html　　　视频：视频 \ 第 11 章 \11-3-3.mp4

**01** 执行"文件">"打开"命令，打开页面"源文件 \ 第 11 章 \11-3-3.html"，可以看到该页面的 HTML 代码，如图 11-76 所示。在浏览器中预览该页面，可以看到页面并没有设置背景颜色和背景图像，如图 11-77 所示。

图 11-76

图 11-77

**02** 转换到该网页链接的外部 CSS 样式表文件中，找到 body 标签的 CSS 样式设置代码，在该 CSS 样式中添加 background-image 属性设置，如图 11-78 所示。保存页面并保存外部 CSS 样式文件，在浏览器中预览页面，可以看到页面设置背景图像的效果，如图 11-79 所示。

图 11-78

图 11-79

> **提示**
>
> 使用 background-image 属性设置背景图像，背景图像默认在网页中是以左上角为原点显示的，并且背景图像在网页中会重复平铺显示。

**03** 转换到外部 CSS 样式表文件中，在名称为 body 的 CSS 样式代码中添加 background-repeat 属性设置代码，如图 11-80 所示。保存外部 CSS 样式文件，在浏览器中预览页面，可以看到背景图像不平铺，只显示一次的效果，如图 11-81 所示。

```
body {
    font-family: 微软雅黑;
    font-size: 14px;
    color: #333;
    line-height: 28px;
    background-image: url(../images/113301.png);
    background-repeat: no-repeat;
}
```

图 11-80

图 11-81

**04** 转换到外部 CSS 样式表文件中，在名称为 body 的 CSS 样式代码中修改 background-repeat 属性的属性值，如图 11-82 所示。保存外部样式表文件，在浏览器中预览页面，可以看到背景图像只在水平方向平铺的效果，如图 11-83 所示。

```
body {
    font-family: 微软雅黑;
    font-size: 14px;
    color: #333;
    line-height: 28px;
    background-image: url(../images/113301.png);
    background-repeat: repeat-x;
}
```

图 11-82

图 11-83

**05** 转换到外部 CSS 样式表文件中，在名称为 body 的 CSS 样式代码中修改 background-repeat 属性的属性值，如图 11-84 所示。保存外部样式表文件，在浏览器中预览页面，可以看到背景图像只在垂直方向上平铺的效果，如图 11-85 所示。

```
body {
    font-family: 微软雅黑;
    font-size: 14px;
    color: #333;
    line-height: 28px;
    background-image: url(../images/113301.png);
    background-repeat: repeat-y;
}
```

图 11-84

图 11-85

**06** 转换到外部 CSS 样式表文件中，在名称为 body 的 CSS 样式代码中修改 background-repeat 属性的属性值，如图 11-86 所示。保存外部样式文件，在浏览器中预览页面，可以看到背景图像在水平和垂直方向上都平铺的效果，如图 11-87 所示。

```
body {
    font-family: 微软雅黑;
    font-size: 14px;
    color: #333;
    line-height: 28px;
    background-image: url(../images/113301.png);
    background-repeat: repeat;
}
```

图 11-86

图 11-87

> **技巧**
>
> 　　为背景图像设置重复方式，背景图像就会沿 x 轴或 y 轴进行平铺。在网页设计中，这是一种很常见的方式。该方法一般用于设置渐变类背景图像，通过这种方法，可以使渐变图像沿设定的方向进行平铺，形成渐变背景、渐变网格等效果，从而达到减小背景图片大小，加快网页下载速度的目的。

## 11.3.4　background-position 属性——背景图像位置

　　在传统的网页布局方式中，还没有办法实现精确到像素单位的背景图像定位。CSS 样式打破了这种局限，通过 CSS 样式中的 background-position 属性，能够在页面中精确定位背景图像，更改初始背景图像的位置。该属性值可以分为 4 种类型：绝对定义位置 (length)、百分比定义位置 (percentage)、垂直对齐值和水平对齐值。background-position 属性的语法格式如下。

```
background-position: length | percentage | top | center | bottom | left | right;
```

　　background-position 属性的属性值说明如表 11-12 所示。

表 11-12　background-position 属性值说明

| 属性值 | 说明 |
| --- | --- |
| length | 该属性值用于设置背景图像与元素边距水平和垂直方向的距离长度，长度单位为 cm( 厘米 )、mm( 毫米 ) 和 px( 像素 ) 等 |
| percentage | 该属性值用于根据页面元素的宽度或高度的百分比放置背景图像 |
| top | 该属性值用于设置背景图像在元素中居顶显示 |
| center | 该属性值用于设置背景图像在元素中居中显示 |
| bottom | 该属性值用于设置背景图像在元素中底部显示 |
| left | 该属性值用于设置背景图像在元素中居左显示 |
| right | 该属性值用于设置背景图像在元素中居右显示 |

## 实战　定位网页中的背景图像

最终文件：最终文件 \ 第 11 章 \11-3-4.html　　　视频：视频 \ 第 11 章 \11-3-4.mp4

　　**01** 执行"文件" > "打开"命令，打开页面"源文件 \ 第 11 章 \11-3-4.html"，可以看到该页面的 HTML 代码，如图 11-88 所示。在浏览器中预览该页面，可以看到页面的背景效果，如图 11-89 所示。

图 11-88

图 11-89

　　**02** 转换到该网页链接的外部 CSS 样式表文件中，找到名称为 #box 的 CSS 样式设置代码，在该 CSS 样式中添加背景图像和背景图像平铺的设置代码，如图 11-90 所示。保存外部样式表文件，在浏览器中预览页面，可以看到为该网页元素设置背景图像的效果，如图 11-91 所示。

　　**03** 转换到外部 CSS 样式表文件中，在名称为 #box 的 CSS 样式中添加 background-position 属性设置代码，如图 11-92 所示。保存外部样式表文件，在浏览器中预览页面，可以看到使用绝对值对背景图像进行定位的效果，如图 11-93 所示。

```
#box{
    width: 100%;
    height: 600px;
    overflow: hidden;
    background-image: url(../images/113402.png);
    background-repeat: no-repeat;
}
```

图 11-90

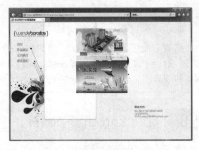

图 11-91

```
#box{
    width: 100%;
    height: 600px;
    overflow: hidden;
    background-image: url(../images/113402.png);
    background-repeat: no-repeat;
    background-position: 180px 30px;
}
```

图 11-92

 **技巧**

background-position 属性的默认值为 top left，它与 0% 0% 是一样的。与 background-repeat 属性相似，该属性的值不从包含的块继承。background-position 属性可以与 background-repeat 属性一起使用，在页面上水平或者垂直放置重复的图像。

图 11-93

### 11.3.5　background-attachment 属性——固定背景图像

在页面中设置的背景图像，默认情况下在浏览器中预览时，当拖动滚动条，页面背景会自动跟随滚动条的下拉操作与页面的其余部分一起滚动。在 CSS 样式表中，针对背景元素的控制，提供了 background-attachment 属性，通过对该属性的设置可以使页面的背景不受滚动条的限制，始终保持在固定位置。background-attachment 属性的语法格式如下。

```
background-attachment: scroll | fixed;
```

background-attachment 属性的属性值说明如表 11-13 所示。

表 11-13　background-attachment 属性值说明

| 属性值 | 说明 |
| --- | --- |
| scroll | 该属性值是默认值，当页面滚动时，页面背景图像会自动跟随滚动条的下拉操作与页面的其余部分一起滚动 |
| fixed | 该属性值用于设置背景图像在页面的可见区域，也就是背景图像固定不动 |

 **实 战　设置网页中的背景图像固定不动**

最终文件：最终文件 \ 第 11 章 \11-3-5.html　　　视频：视频 \ 第 11 章 \11-3-5.mp4

 执行"文件" > "打开"命令，打开页面"源文件 \ 第 11 章 \11-3-5.html"，在浏览器中预览页面，可以看到鼠标拖动滚动条时，背景图像会跟着滚动，如图 11-94 所示。

图 11-94

转换到该网页链接的外部 CSS 样式表文件中，找到 body 标签的 CSS 样式设置代码，如图 11-95 所示。在该 CSS 样式中添加 background-attachment 属性设置代码，如图 11-96 所示。

图 11-95

图 11-96

 保存外部样式表文件，在浏览器中预览页面，可以看到无论如何拖动滚动条，背景图像的位置始终是固定的，如图 11-97 所示。

图 11-97

# 11.4　使用 CSS 设置边框与图片缩放样式

通过 HTML 定义的元素边框风格较为单一，只能改变边框的粗细，边框显示的都是黑色，无法设置边框的其他样式。在 CSS 样式中，通过对 border 属性进行定义，可以使网页元素的边框有更加丰富的样式，从而使元素的效果更加美观。

## 11.4.1　border 属性——边框

border 属性的基本语法格式如下。

```
border: border-style | border-color | border-width;
```

从 border 属性的语法格式中可以看出，border 属性包含 3 个子属性，分别是 border-width 属性、border-style 属性和 border-color 属性。

### 1. border-width 属性——边框宽度

可以通过 CSS 样式中的 border-width 属性来设置元素边框的宽度，以增强边框的效果。border-width 的语法格式如下。

```
border-width: medium | thin | thick | length;
```

border-width 属性的相关属性值说明如表 11-14 所示。

表 11-14　border-width 属性值说明

| 属性值 | 说明 |
| --- | --- |
| medium | 该值为默认值，表示中等宽度 |
| thin | 比 medium 细 |
| thick | 比 medium 粗 |
| length | 自定义边框具体的宽度数值 |

border-top-width、border-right-width、border-bottom-width 和 border-left-width 是 border-width 的综合性属性，同样可以根据设计的需要，利用这几种属性，可以对边框的 4 条边进行粗细不等的设置。

### 2. border-style 属性——边框样式

border-style 属性用于设置元素边框的样式，即定义图片边框的风格。border-style 的语法格式如下。

```
border-style: none | hidden | dotted | dashed | solid | double | groove | ridge |
inset | outset;
```

border-style 属性的相关属性值说明如表 11-15 所示。

表 11-15 border-style 属性值说明

| 属性值 | 说明 |
| --- | --- |
| none | 设置元素无边框 |
| hidden | 与 none 相同，对于表格，可以用于解决边框的冲突 |
| dotted | 设置点状边框效果 |
| dashed | 设置虚线边框效果 |
| solid | 设置实线边框效果 |
| double | 设置双线边框效果，双线宽度等于 border-width 的值 |
| groove | 设置 3D 凹槽边框效果，其效果取决于 border-color 的值 |
| ridge | 设置脊线式边框效果 |
| inset | 设置内嵌效果的边框 |
| outset | 设置凸起效果的边框 |

以上所介绍的边框样式属性还可以定义在一个元素边框中，它是按照顺时针的方向分别对边框的上、右、下、左进行边框样式定义的，可以形成样式多样化的边框。

例如，下面所定义的边框样式。

```
img{
border-style: dashed solid double dotted;
}
```

此外，根据网页页面设计的需要，还可以通过 border-top-style、border-right-style、border-bottom-style 和 border-left-style 属性，分别单击对某一边的样式进行定义。

### 3. border-color 属性——边框颜色

在定义页面元素的边框时，不仅可以对边框的样式进行设置，为了突出显示边框的效果，还可以通过 CSS 样式中的 border-color 属性来定义边框的颜色。border-color 的语法格式如下。

```
border-color: 颜色值;
```

border-color 属性的颜色值设置，可以使用十六进制和 RGB 等各种方式进行设置。

border-color 与 border-style 的属性相似，它可以为边框设置一种颜色的同时，也可以通过 border-top-color、border-right-color、border-bottom-color 和 border-left-color 属性为边框的 4 条边分别设定不同的颜色。

**实　战**　为网页元素添加边框效果

最终文件：最终文件 \ 第 11 章 \11-4-1.html　　视频：视频 \ 第 11 章 \11-4-1.mp4

01 执行"文件" > "打开"命令，打开页面"源文件 \ 第 11 章 \11-4-1.html"，可以看到该页面的 HTML 代码，如图 11-98 所示。在浏览器中预览该页面，可以看到页面中元素的效果，如图 11-99 所示。

```html
<!doctype html>
<html>
<head>
<meta charset="utf-8">
<title>为网页元素添加边框效果</title>
<link href="style/11-4-1.css" rel="stylesheet" type="text/css">
</head>

<body>
<div id="box">
    <img src="images/114102.jpg" width="307" height="96" alt="">
    <img src="images/114103.jpg" width="307" height="96" alt="">
    <img src="images/114104.jpg" width="307" height="96" alt="">
    <img src="images/114105.jpg" width="307" height="96" alt="">
</div>
</body>
</html>
```

图 11-98

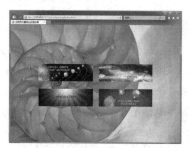

图 11-99

02 转换到该网页链接的外部 CSS 样式表文件中，创建名称为 .pic01 的类 CSS 样式，如图 11-100 所示。返回网页 HTML 代码中，在相应的图片标签中添加 class 属性，应用 pic01 的类 CSS 样式，如图 11-101 所示。

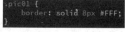

```css
.pic01 {
    border: solid 8px #FFF;
}
```

图 11-100

```html
<body>
<div id="box">
    <img src="images/114102.jpg" width="307" height="96" alt=""
    class="pic01">
    <img src="images/114103.jpg" width="307" height="96" alt="">
    <img src="images/114104.jpg" width="307" height="96" alt="">
    <img src="images/114105.jpg" width="307" height="96" alt="">
</div>
</body>
```

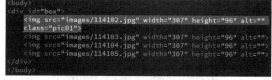

图 11-101

03 切换到设计视图中，可以看到通过 CSS 样式实现图片边框效果，如图 11-102 所示。转换到外部 CSS 样式表文件中，创建名称为 .pic02 的类 CSS 样式，如图 11-103 所示。

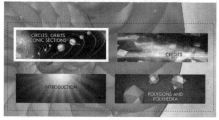

图 11-102

```css
.pic02 {
    border-top: solid 8px #999;
    border-right: dashed 8px #CCC;
    border-bottom: dashed 8px #CCC;
    border-left: solid 8px #999;
}
```

图 11-103

04 返回网页 HTML 代码中，为相应的图片应用名称为 pic02 的类 CSS 样式，如图 11-104 所示。切换到设计视图中，可以看到通过 CSS 样式实现图片边框效果，如图 11-105 所示。

```html
<body>
<div id="box">
    <img src="images/114102.jpg" width="307" height="96" alt=""
    class="pic01">
    <img src="images/114103.jpg" width="307" height="96" alt=""
    class="pic02">
    <img src="images/114104.jpg" width="307" height="96" alt="">
    <img src="images/114105.jpg" width="307" height="96" alt="">
</div>
</body>
```

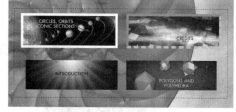

图 11-104

图 11-105

05 使用相同的制作方法，为网页中其他相应的图片应用相应的类 CSS 样式，如图 11-106 所示。保存页面并保存外部 CSS 样式表文件，在浏览器中预览页面，可以看到为图片添加边框的效果，如图 11-107 所示。

```html
<body>
<div id="box">
    <img src="images/114102.jpg" width="307" height="96" alt=""
    class="pic01">
    <img src="images/114103.jpg" width="307" height="96" alt=""
    class="pic02">
    <img src="images/114104.jpg" width="307" height="96" alt=""
    class="pic01">
    <img src="images/114105.jpg" width="307" height="96" alt=""
    class="pic02">
</div>
</body>
```

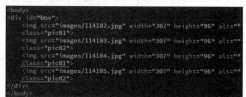

图 11-106

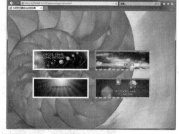

图 11-107

**技巧**

图片的边框属性可以不完全定义，仅单独定义宽度与样式，不定义边框的颜色，通过这种方法设置的边框，默认颜色是黑色。如果单独定义宽度与样式，图片边框也会有效果，但是如果单独定义颜色，图片边框不会有任何效果。

## 11.4.2 图片缩放

在 CSS 样式中，可以通过 width 和 height 属性设置图片的尺寸大小及实现图片的缩放。通过设置 width 和 height 属性值为绝对值，可以设置图片的尺寸为固定尺寸，如果设置 width 和 height 属性值为百分比值，则可以实现图片的缩放。

**实战** 设置网页中图片的等比例缩放效果

最终文件：最终文件 \ 第 11 章 \11-4-2.html　　视频：视频 \ 第 11 章 \11-4-2.mp4

**01** 执行"文件" > "打开"命令，打开页面"源文件 \ 第 11 章 \11-4-2.html"，可以看到该页面的 HTML 代码，如图 11-108 所示。在浏览器中预览该页面，可以看到页面中图片的默认显示效果，如图 11-109 所示。

图 11-108

图 11-109

> **提示**
>
> 如果没有在 <img> 标签中添加 width 和 height 属性来设置图片的尺寸大小，那么在浏览器中预览页面时，图片将显示为其原始的尺寸大小。

**02** 转换到该网页所链接的外部 CSS 样式表文件中，创建名称为 #pic img 的 CSS 样式，使用固定值设置图片尺寸大小，如图 11-110 所示。保存外部 CSS 样式表文件，在浏览器中预览页面，可以看到图片显示为所设置的固定值尺寸大小，当调整浏览器窗口大小时，图片依然占据所定义的尺寸空间，浏览器将出现相应的滚动条，如图 11-111 所示。

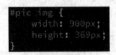
图 11-110

图 11-111

**03** 转换到外部 CSS 样式表文件中，在名称为 #pic img 的 CSS 样式代码中，修改 width 属性值为百分比值，如图 11-112 所示。保存外部 CSS 样式表文件，在浏览器中预览页面，可以看到图片宽度会显示为父元素宽度的 100%，如图 11-113 所示。

图 11-112

图 11-113

**04** 当调整浏览器窗口大小时，可以看到图片宽度会随着浏览器宽度的变化而自动调整，而高

图 11-114

度始终为固定值，如图 11-114 所示。转换到外部 CSS 样式表文件中，在名称为 #pic img 的 CSS 样式代码中，修改 height 属性值为 auto，如图 11-115 所示。

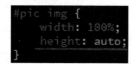

图 11-115

 保存外部 CSS 样式表文件，在浏览器中预览页面，可以看到图片宽度会显示为父元素宽度的 100%，当调整浏览器窗口大小时，图片会自动进行等比例缩放并始终自适应窗口的宽度，如图 11-116 所示。

图 11-116

　技巧

　　通过本实例的操作可以看出，使用绝对值设置图片尺寸时，图片的大小是固定的，不会随着容器尺寸的变化而变化；使用相对数值设置图片尺寸时，图片的尺寸会随着包含它的父元素的尺寸的变化而变化。如果想要实现图片等比例缩放，则只需要设置图片的宽度或者高度为百分比值，而另一个值设置为 auto 即可。

# 11.5　使用 CSS 设置列表样式

　　通过 CSS 属性来控制列表，能够从更多方面控制列表的外观，使列表看起来更加整齐和美观，使网站实用性更强。在 CSS 样式中专门提供了控制列表样式的属性，下面就不同类型的列表分别进行介绍。

## 11.5.1　list-style-type 属性——设置列表符号

　　列表可分为无序项目列表和有序编号列表，所以在两种列表中 list-style-type 属性的属性值也是有很大区别的，下面依次介绍。

　　无序项目列表是网页中运用得非常多的一种列表形式，用于将一组相关的列表项目排列在一起，并且列表中的项目没有特别的先后顺序。无序列表使用 <li> 标签来罗列各个项目，并且每个项目前面都带有特殊符号。在 CSS 样式中，list-style-type 属性用于控制无序列表项目前面的符号，list-style-type 属性的语法格式如下。

```
list-style-type: disc | circle | square | none;
```

　　在设置无序列表时，list-style-type 属性的属性值说明如表 11-16 所示。

表 11-16　list-style-type 属性值说明

| 属性值 | 说明 |
| --- | --- |
| disc | 该属性值表示项目列表前的符号为实心圆 |
| circle | 该属性值表示项目列表前的符号为空心圆 |
| square | 该属性值表示项目列表前的符号为实心方块 |
| none | 该属性值表示项目列表前不使用任何符号 |

　　有序列表与无序列表相反，有序列表即具有明确先后顺序的列表，默认情况下，创建的有序列表在每条信息前加上序号1、2、3……通过 CSS 样式中的 list-style-type 属性可以对有序列表进行控制。list-style-type 属性的基本语法格式如下。

```
list-style-type: decimal | decimal-leading-zero | lower-roman | upper-roman | lower-alpha | upper-alpha | none | inherit;
```

　　在设置有序列表时，list-style-type 属性的属性值说明如表 11-17 所示。

表 11-17　list-style-type 属性值说明

| 属性值 | 说明 |
| --- | --- |
| decimal | 该属性值表示有序列表前使用十进制数字标记 (1、2、3……) |
| decimal-leading-zero | 该属性值表示有序列表前使用有前导零的十进制数字标记 (01、02、03……) |
| lower-roman | 该属性值表示有序列表前使用小写罗马数字标记 (i、ii、iii……) |
| upper-roman | 该属性值表示有序列表前使用大写罗马数字标记 (I、II、III……) |
| lower-alpha | 该属性值表示有序列表前使用小写英文字母标记 (a、b、c……) |
| upper-alpha | 该属性值表示有序列表前使用大写英文字母标记 (A、B、C……) |
| none | 该属性值表示有序列表前不使用任何形式的符号 |
| inherit | 该属性值表示有序列表继承父元素的 list-style-type 属性设置 |

**实战　设置新闻列表效果**

最终文件：最终文件 \ 第 11 章 \11-5-1.html　　　视频：视频 \ 第 11 章 \11-5-1.mp4

　　**01** 执行"文件" > "打开"命令，打开页面"源文件 \ 第 11 章 \11-5-1.html"，可以看到该页面的 HTML 代码，如图 11-117 所示。在浏览器中预览该页面，可以看到项目列表默认的显示效果，如图 11-118 所示。

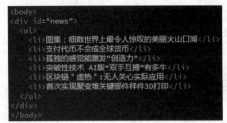

图 11-117

图 11-118

　　**02** 转换到该网页所链接的外部 CSS 样式表文件中，创建名称为 #news li 的 CSS 样式，如图 11-119 所示。保存外部 CSS 样式文件，在浏览器中预览页面，可以看到页面中新闻列表的效果，如图 11-120 所示。

```
#news li{
    list-style-position: inside;
    border-bottom: dotted 1px #000;
    padding-left: 5px;
}
```

图 11-119

图 11-120

> **提示**
>
> list-style-position 属性用于设置列表符号的位置，该属性有 3 个属性值：属性值为 inside，则列表符号放置在文本以内，且环绕文本根据标记对齐；属性值为 outside，则列表符号放置在文本以外，且环绕文本不根据标记对齐；属性值为 inherit，则从父元素继承 list-style-position 属性的值。

**03** 转换到外部 CSS 样式表文件中，在名称为 #news li 的 CSS 样式中添加 list-style-type 属性设置，如图 11-121 所示。保存外部 CSS 样式文件，在浏览器中预览页面，可以看到页面中新闻列表前的符号显示为实心小方块，如图 11-122 所示。

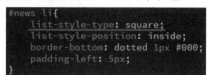

图 11-121

图 11-122

## 11.5.2 list-type-image 属性——自定义列表符号

除了可以使用 CSS 样式中的列表符号，还可以使用 list-style-image 属性自定义列表符号，list-style-image 属性的基本语法如下。

```
list-style-image: 图片地址 ;
```

在 CSS 样式中，list-style-image 属性用于设置图片作为列表样式，只需输入图片的路径作为属性值即可。

**实战　使用自定义图像作为列表符号**

最终文件：最终文件 \ 第 11 章 \11-5-2.html　　视频：视频 \ 第 11 章 \11-5-2.mp4

**01** 执行"文件">"打开"命令，打开页面"源文件 \ 第 11 章 \11-5-2.html"，可以看到该页面的 HTML 代码，如图 11-123 所示。在浏览器中预览该页面，可以看到项目列表默认的显示效果，如图 11-124 所示。

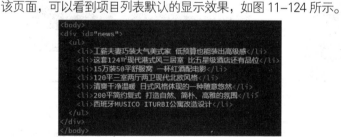

图 11-123

图 11-124

**02** 转换到该网页所链接的外部 CSS 样式表文件中，找到名称为 #news li 的 CSS 样式，修改 list-style-type 属性设置代码，如图 11-125 所示。保存外部 CSS 样式文件，在浏览器中预览页面，可以看到列表前没有任何形式的符号，如图 11-126 所示。

图 11-125

图 11-126

**03** 转换到外部 CSS 样式文件中，在名称为 #news li 的 CSS 样式中添加 list-style-image 属性设置代码，如图 11-127 所示。保存外部 CSS 样式表文件，在浏览器中预览页面，可以看到自定义列表符号的效果，如图 11-128 所示。

```
#news li{
    list-style-position: inside;
    list-style-type: none;
    list-style-image: url(../images/115202.gif);
    color:#666;
}
```

图 11-127

图 11-128

**技巧**

除了可以使用 CSS 样式中的 list-style-image 属性定义列表符号，还可以使用 background-image 属性来实现，首先在列表项左边添加填充，为图像符号预留出需要占用的空间，然后将图像符号作为背景图像应用于列表项即可。在网页页面中，经常将图片作为列表样式，用来美化网页界面、提升网页整体视觉效果。

### 11.5.3　设置定义列表样式

定义列表是一种比较特殊的列表形式，相对于有序列表和无序列表来说，应用得比较少。定义列表的 <dl> 标签是成对出现的，并且需要在代码视图手动添加代码。从 <dl> 开始到 </dl> 结束，列表中每个元素的标题使用 <dt> 与 </dt> 标签，后跟随 <dd> 与 </dd> 标签，用于描述列表中元素的内容。

**实　战　制作复杂的新闻列表**

最终文件：最终文件 \ 第 11 章 \11-5-3.html　　　视频：视频 \ 第 11 章 \11-5-3.mp4

**01** 执行"文件" > "打开"命令，打开页面"源文件 \ 第 11 章 \11-5-3.html"，可以看到该页面的 HTML 代码，如图 11-129 所示。在浏览器中预览该页面，可以看到页面中定义列表的默认效果，如图 11-130 所示。

图 11-129

图 11-130

**02** 转换到该网页所链接的外部 CSS 样式文件中，创建名称为 #news dt 和 #news dd 的 CSS 样式，如图 11-131 所示。保存外部 CSS 样式文件，在浏览器中预览页面，可以看到页面中定义列表的效果，如图 11-132 所示。

```
#news dt {
    width: 300px;
    float: left;
    border-bottom: dashed 1px #6699FF;
}
#news dd {
    width: 58px;
    float: left;
    text-align: center;
    border-bottom: dashed 1px #6699FF;
}
```

图 11-131

图 11-132

**03** 转换到外部 CSS 样式表文件中，创建名称为 .font01 的类 CSS 样式，如图 11-133 所示。

返回网页 HTML 代码中，为相应的文字应用 font01 的类 CSS 样式，如图 11-134 所示。

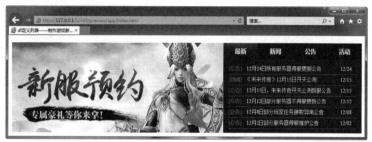

```
.font01 {
    display: inline-block;
    margin-right: 12px;
    font-weight: bold;
    color: #0090A4;
}
```

图 11-133

```
<div id="news">
  <dl>
    <dt><span class="font01">[公告]</span>12月24日所有服务器停服更新公告</dt><dd>12/24</dd>
    <dt><span class="font01">[新闻]</span>《未来传奇》12月15日开天公测</dt><dd>12/15</dd>
    <dt><span class="font01">[公告]</span>12月15日，未来传奇开天公测新服公告</dt><dd>12/15</dd>
    <dt><span class="font01">[公告]</span>12月12日部分服务器不停服更新公告</dt><dd>12/12</dd>
    <dt><span class="font01">[公告]</span>12月8日部分玩家任务接取异常公告</dt><dd>12/08</dd>
    <dt><span class="font01">[公告]</span>12月2日部分服务器停服维护公告</dt><dd>12/02</dd>
  </dl>
</div>
```

图 11-134

04 保存页面并保存外部 CSS 样式表文件，在浏览器中预览页面，可以看到所制作的复杂新闻列表的效果，如图 11-135 所示。

图 11-135

# 11.6 超链接 CSS 样式伪类

对于网页中超链接文本的修饰，通常可以采用 CSS 样式伪类。伪类是一种特殊的选择符，能被浏览器自动识别。其最大的用处是在不同状态下可以对超链接定义不同的样式效果，是 CSS 本身定义的种类。CSS 样式中用于超链接的伪类有以下 4 种。

- **:link 伪类**：用于定义超链接对象在没有访问前的样式。
- **:hover 伪类**：用于定义当鼠标移至超链接对象上时的样式。
- **:active 伪类**：用于定义当鼠标单击超链接对象时的样式。
- **:visited 伪类**：用于定义超链接对象已经被访问过后的样式。

## 11.6.1 :link 伪类

:link 伪类用于设置超链接对象在没有被访问时的样式。在很多的超链接应用中，可能会直接定义 <a> 标签的 CSS 样式，这种方法与定义 a:link 的 CSS 样式有什么不同呢？

HTML 代码如下。

```
<a> 超链接文字样式 </a>
<a href=" #" > 超链接文字样式 </a>
```

CSS 样式代码如下。

```
a {
  color: black;
}
a:link {
  color: red;
}
```

预览效果中 <a> 标签的样式表显示为黑色，使用 a:link 显示为红色。也就是说 a:link 只对拥有 href 属性的 <a> 标签产生影响，也就是拥有实际链接地址的对象，而对直接使用 <a> 标签嵌套的内容不会发生实际效果，如图 11-136 所示。

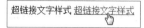

图 11-136

## 11.6.2　:hover 伪类

:hover 伪类用来设置对象在其鼠标悬停时的样式表属性。该状态是非常实用的状态之一，当鼠标移至链接对象上时，改变其颜色或是改变下画线状态，这些都可以通过 a:hover 状态控制实现。对于无 href 属性的 <a> 标签，该伪类不发生作用。在 CSS 样式中该伪类可以应用于任何对象。

CSS 样式代码如下。

```
a {
    color: #ffffff;
    background-color: #CCCCCC;
    text-decoration: none;
    display: block;
    float:left;
    padding: 20px;
    margin-right: 1px;
}
a:hover {
    background-color: #FF9900
}
```

在浏览器中预览，当鼠标没有移至超链接对象上时，初始背景为灰色，当鼠标经过链接区域时，背景色由灰色变成橙色，效果如图 11-137 所示。

图 11-137

## 11.6.3　:active 伪类

:active 伪类用于设置链接对象在被用户激活 ( 在被单击与释放之间发生的事件 ) 时的样式。实际应用中，本状态很少使用。对于无 href 属性的 <a> 标签，该伪类不发生作用。在 CSS 样式中该伪类可以应用于任何对象，并且 :active 状态可以和 :link 及 :visited 状态同时发生。

CSS 样式代码如下。

```
a:active {
background-color:#0099FF;
}
```

在浏览器中预览，当鼠标没有移至超链接对象上时，初始背景为灰色，当鼠标单击链接而且还没有释放之前，链接块呈现出 a:active 中定义的蓝色背景，效果如图 11-138 所示。

图 11-138

## 11.6.4　:visited 伪类

:visited 伪类用于设置超链接对象在其链接地址已被访问过后的样式属性。页面中每一个链接被访问过之后在浏览器内部都会做一个特定的标记，这个标记能够被 CSS 所识别，a:visited 就是能够针对浏览器检测已经被访问过的链接进行样式设置。通过 a:visited 的样式设置，能够设置访问过的链接呈现为另外一种颜色或删除线的效果。定义网页过期时间或用户清空历史记录将影响该伪类的作用，对于无 href 属性的 <a> 标签，该伪类不发生作用。

CSS 样式代码如下。

```
a:link {
color: #FFFFFF;
text-decoration: none;
}
a:visited {
color: #FF0000;
}
```

在浏览器中预览，当鼠标没有移至超链接对象上时，初始背景为灰色，当单击设置超链接的文本并释放鼠标左键后，被访问过后的链接文本会由白色变为红色，如图 11-139 所示。

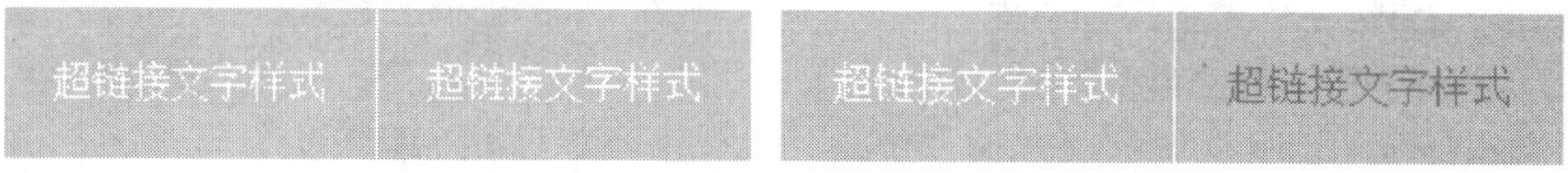

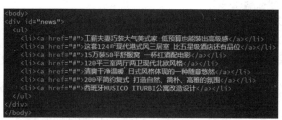

图 11-139

## 实战　设置网页中超链接文字效果

最终文件：最终文件 \ 第 11 章 \11-6-4.html　　视频：视频 \ 第 11 章 \11-6-4.mp4

01 执行“文件” > “打开”命令，打开页面“源文件 \ 第 11 章 \11-6-4.html”，可以看到该页面的 HTML 代码，如图 11-140 所示。在浏览器中预览该页面，可以看到页面中超链接文字的默认表现效果，如图 11-141 所示。

```
<body>
<div id="news">
  <ul>
    <li><a href="#">工薪夫妻巧装大气美式家 低预算也能装出高级感</a></li>
    <li><a href="#">这套124m²现代港式风三居室 比五星级酒店还有品位</a></li>
    <li><a href="#">15万装50平舒服窝 一杯红酒配电影</a></li>
    <li><a href="#">120平三室两厅两卫现代北欧风格</a></li>
    <li><a href="#">清爽干净温暖 日式风格体现的一种随意悠然</a></li>
    <li><a href="#">200平简约复式 打造自然、简朴、高雅的氛围</a></li>
    <li><a href="#">西班牙MUSICO ITURBI公寓改造设计</a></li>
  </ul>
</div>
</body>
```

图 11-140

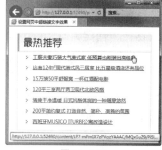

图 11-141

02 转换到该网页所链接的外部 CSS 样式表文件中，创建名称为 .link1 的类 CSS 样式的 4 种伪类 CSS 样式，如图 11-142 所示。返回网页的 HTML 代码中，在相应的超链接 <a> 标签中添加 class 属性，应用刚定义的 link1 的类 CSS 样式，如图 11-143 所示。

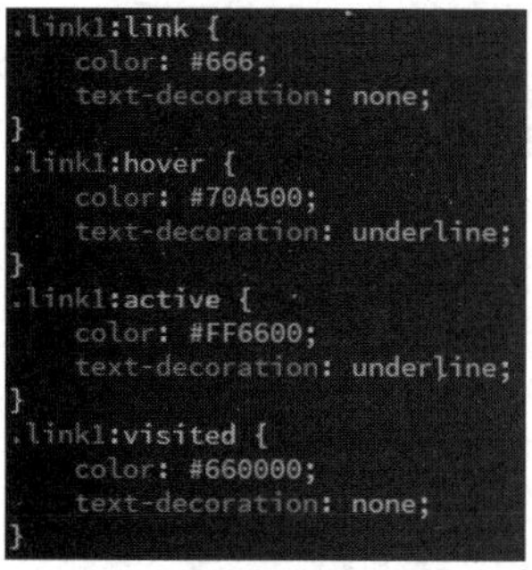

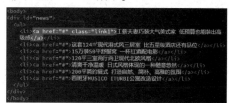

```
.link1:link {
    color: #666;
    text-decoration: none;
}
.link1:hover {
    color: #70A500;
    text-decoration: underline;
}
.link1:active {
    color: #FF6600;
    text-decoration: underline;
}
.link1:visited {
    color: #660000;
    text-decoration: none;
}
```

图 11-142

```
<body>
<div id="news">
  <ul>
    <li><a href="#" class="link1">工薪夫妻巧装大气美式家 低预算也能装出高级感</a></li>
    <li><a href="#">这套124m²现代港式风三居室 比五星级酒店还有品位</a></li>
    <li><a href="#">15万装50平舒服窝 一杯红酒配电影</a></li>
    <li><a href="#">120平三室两厅两卫现代北欧风格</a></li>
    <li><a href="#">清爽干净温暖 日式风格体现的一种随意悠然</a></li>
    <li><a href="#">200平简约复式 打造自然、简朴、高雅的氛围</a></li>
    <li><a href="#">西班牙MUSICO ITURBI公寓改造设计</a></li>
  </ul>
</div>
</body>
```

图 11-143

03 保存页面，并保存外部 CSS 样式表文件，在浏览器中预览页面，可以看到应用 link1 类 CSS 样式后超链接文字的效果，如图 11-144 所示。将鼠标移至超链接文本上时，可以看到超链接文本显示为绿色有下画线的效果，如图 11-145 所示。

04 单击超链接文字还没有释放鼠标时，超链接文本显示为橙色有下画线的效果，如图 11-146 所示。当鼠标单击超链接文本过后时，可以看到超链接文本显示为深红色的效果，如图 11-147 所示。

图 11-144

图 11-145

图 11-146

图 11-147

**05** 转换到外部 CSS 样式表文件中，创建名称为 .link2 的类 CSS 样式的 4 种伪类 CSS 样式，如图 11-148 所示。返回网页的 HTML 代码中，为其他超链接文字应用 link2 的类 CSS 样式，如图 11-149 所示。

**06** 保存页面，并保存外部 CSS 样式表文件，在浏览器中预览页面，可以看到网页中超链接文字的效果，如图 11-150 所示。将光标移至某个超链接文本上，可以看到鼠标经过状态下的超链接文字效果，如图 11-151 所示。

图 11-148

图 11-149

图 11-150

图 11-151

> **提示**
>
> 　　在本实例中，定义了类 CSS 样式的 4 种伪类，再将该类 CSS 样式应用于 <a> 标签，同样可以实现超链接文本样式的设置。如果直接定义 <a> 标签的 4 种伪类，则对页面中的所有 <a> 标签起作用，这样页面中的所有链接文本的样式效果都是一样的。通过定义类 CSS 样式的 4 种伪类，就可以在页面中实现多种不同的文本超链接效果。

## 11.6.5　按钮式超链接

在很多网页中，超链接制作成各种按钮的效果，这些效果大多采用图像的方式来实现。通过 CSS 样式的设置，同样可以制作出类似于按钮效果的导航菜单超链接。

**实战　制作网站导航菜单**

最终文件：最终文件 \ 第 11 章 \11-6-5.html　　视频：视频 \ 第 11 章 \11-6-5.mp4

01　执行"文件">"打开"命令，打开页面"源文件 \ 第 11 章 \11-6-5.html"，可以看到该页面的 HTML 代码，如图 11-152 所示。在 id 名称为 menu 的 Div 中编辑项目列表代码，如图 11-153 所示。

图 11-152

图 11-153

02　切换到网页设计视图中，可以看到项目列表的默认效果，如图 11-154 所示。转换到该网页所链接的外部 CSS 样式表文件中，创建名称为 #menu li 的 CSS 样式，如图 11-155 所示。

图 11-154

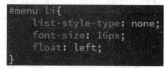

图 11-155

03　切换到网页设计视图中，可以看到各导航菜单选项的效果，如图 11-156 所示。返回网页的 HTML 代码中，分别为各导航菜单文字设置空链接，如图 11-157 所示。

图 11-156

图 11-157

04　转换到外部 CSS 样式文件中，定义名称为 #menu li a 的 CSS 样式，如图 11-158 所示。切换到设计视图中，可以看到各导航菜单超链接文字效果，如图 11-159 所示。

图 11-158

图 11-159

05　转换到外部 CSS 样式表文件中，创建名称为 #menu li a:link,#menu li a:visited 的 CSS 样式，如图 11-160 所示。切换到设计视图中，可以看到各导航菜单超链接文字效果，如图 11-161 所示。

```
#menu li a:link,#menu li a:active,#menu li a:visited{
    background-image: url(../images/116502.gif);
    background-repeat: no-repeat;
    color: #0A2C32;
    text-decoration: none;
}
```

图 11-160

图 11-161

**06** 转换到外部 CSS 样式表文件中，创建名称为 #menu li a:hover 的 CSS 样式，如图 11-162 所示。切换到设计视图中，可以看到各导航菜单超链接文字效果，如图 11-163 所示。

```
#menu li a:hover{
    background-image: url(../images/116503.gif);
    background-repeat: no-repeat;'
    color: #FFF;
    text-decoration: none;
}
```

图 11-162

图 11-163

**07** 完成导航菜单的制作，保存页面，并保存外部 CSS 样式表文件，在浏览器中预览页面，如图 11-164 所示。将鼠标移至导航菜单项上，可以看到使用 CSS 样式实现的按钮式导航菜单效果，如图 11-165 所示。

图 11-164

图 11-165

## 11.7 　cursor 属性——光标指针效果

通常在浏览网页时，看到的鼠标指针的形状有箭头、手形和 I 字形，而通常在 Windows 环境下实际看到的鼠标指针种类要比这个多得多。CSS 样式弥补了 HTML 语言在这方面的不足，通过 cursor 属性可以设置各式各样的光标效果。

cursor 属性包含 17 个属性值，对应光标的 17 种样式，而且还可以通过 url 链接地址自定义光标指针，cursor 属性的相关属性值如表 11-18 所示。

表 11-18　cursor 属性值说明

| 属性值 | 说明 | 属性值 | 说明 |
| --- | --- | --- | --- |
| auto | 浏览器默认设置 | nw-resize | ⬉ |
| crosshair | ＋ | pointer |  |
| default | ▷ | se-resize | ⬊ |
| e-resize | ⬌ | s-resize | ↕ |
| help | ▷? | sw-resize | ⬋ |
| inherit | 继承 | text | I |
| move | ✛ | wait | ○ |

（续表）

| 属性值 | 说明 | 属性值 | 说明 |
|--------|------|--------|------|
| ne-resize | ↗ | w-resize | ⇔ |
| n-resize | ↕ | | |

**实战 在网页中实现多种光标指针效果**

最终文件：最终文件 \ 第 11 章 \11-7.html　　　视频：视频 \ 第 11 章 \11-7.mp4

**01** 执行"文件" > "打开"命令，打开页面"源文件 \ 第 11 章 \11-7.html"，可以看到该页面的 HTML 代码，如图 11-166 所示。在浏览器中预览该页面，可以看到页面中光标指针的默认效果，如图 11-167 所示。

图 11-166

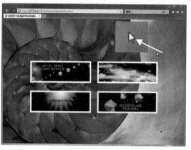

图 11-167

**02** 转换到该网页所链接的外部 CSS 样式表文件中，找到名称为 body 的标签 CSS 样式，在该 CSS 样式中添加 cursor 属性设置，如图 11-168 所示。保存 CSS 样式文件，在浏览器中预览页面，可以看到网页中光标指针显示为四向箭头的效果，如图 11-169 所示。

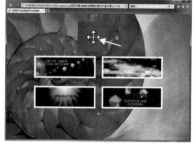

图 11-169

```
body {
    font-size: 14px;
    color: #FFF;
    line-height: 30px;
    background-image: url(../images/114101.jpg);
    background-repeat: no-repeat;
    background-position: center top;
    cursor: move;
}
```

图 11-168

**03** 返回外部 CSS 样式表文件中，在名称为 #box img 的 CSS 样式代码中添加 cursor 属性设置，如图 11-170 所示。保存 CSS 样式文件，在浏览器中预览页面，可以看到当光标移至页面中相应的图像上方时，光标指针发生变化，如图 11-171 所示。

图 11-171

```
#box img {
    margin: 15px;
    border: solid 8px #FFF;
    cursor: help;
}
```

图 11-170

> **提示**
>
> CSS 样式不仅能准确地控制及美化页面，而且还能定义鼠标指针的样式。当鼠标移动到不同的 HTML 元素对象上时，鼠标指针会以不同形状显示。很多时候，浏览器调用的鼠标是操作系统的鼠标效果，因此同一浏览器之间的差别很小，但不同操作系统的用户之间还是存在差异的。

# 第 **12** 章　CSS3 属性详解

在上一章中已经介绍了 CSS 样式中几乎所有的属性和设置方法，相信读者对 CSS 样式已经有了全面的认识和掌握，本章将向读者介绍 CSS3 中新增的属性，通过这些新增的属性在网页中能够实现许多特殊的效果。

**本章知识点：**
- 了解 CSS3
- 理解 CSS3 新增选择器
- 掌握 CSS3 新增的颜色设置方式
- 掌握 CSS3 新增文字设置属性的使用方法
- 掌握 CSS3 新增背景设置属性的使用方法
- 掌握 CSS3 新增边框设置属性的使用方法
- 掌握 CSS3 新增多列布局属性的使用方法
- 掌握 CSS3 新增盒模型的使用方法
- 理解并掌握 @media 规则的使用方法

## 12.1　了解 CSS3

CSS 样式是控制网页布局的基础，是能够真正做到网页表现与内容分离的一种设计语言。不仅如此，CSS 样式在原有基础上不断完善，CSS3 有很多新增属性，如新增的颜色定义方法、阴影、不透明度等，实现了以前无法实现或难以实现的网页效果。

### 12.1.1　CSS3 的发展

目前 CSS3 规范尚处于完善之中，因此浏览器的支持程度各有不同。为了让用户能够体验到 CSS3 的好处，各主流浏览器都定义了自己的私有属性。

CSS3 开始遵循模块化的开发。以前的规范作为一个模块实在是太庞大且比较复杂，所以 CSS3 把它分解为多个小的模块。这样有助于厘清各个模块规范之间的关系。

CSS3 的模块化规范，显得非常灵活。一个 CSS 规范如果要完整地获得浏览器的支持，是非常困难的，但是浏览器选择完整支持某个模块的规范是比较容易实现的。反过来，如果要衡量一个浏览器对 CSS3 的支持程度，可以各个模块分别衡量。

CSS3 模块化的发展有利于未来的扩展。当 CSS 需要增加新的规范时，非常不希望其他规范也跟着变动。模块化的发展，使每个独立的模块都能根据需要进行独立的更新。当增加新的特性或模块时，不会影响已经存在的特性。

### 12.1.2　浏览器对 CSS3 的支持情况

尽管 CSS3 很多新的特性很受开发者的欢迎，但并不是所有的浏览器都支持它。各个主流浏览器都定义了各自的私有属性，以便能够让用户体验 CSS3 的新特性。

私有属性固然可以避免不同浏览器中解析同一个属性时出现冲突，但是也给设计师带来诸多不便，需要编写更多的 CSS 代码，而且也没有解决同一页面在不同浏览器中表现不一致的问题。

尽管私有属性有很多弊端，但是也为设计师提供了较大的选择空间，至少在 CSS3 规范发布以前，能表现一些特定的 CSS3 效果。

采用 Webkit 内核浏览器（如 Safari、Chrome）私有属性的前缀是 –webkit–；采用 Gecko 内核浏览器（如 Firefox）私有属性的前缀是 –moz–；Opera 浏览器私有属性的前缀是 –o–；IE 浏览器（限于 IE8+）私有属性的前缀是 –ms–。

## 12.1.3　了解 CSS3 的全新功能

与之前的版本相比，CSS3 的改进是非常大的。CSS3 不仅进行了修订和完善，更增加了很多新的特性，把样式表的功能发挥得淋漓尽致。之前的很多效果都借助图片和脚本来实现，现在只要几行代码就能搞定了，这不仅简化了设计师的工作，页面代码也更加简洁和清晰。

CSS3 的全新功能简介如表 12-1 所示。

表 12-1　CSS3 的全新功能说明

| 功能 | 说明 |
|---|---|
| 选择器 | CSS3 增加了更多的 CSS 选择器，可以实现更简单更强大的功能 |
| 文字 | 在 CSS3 中，可以为文字添加阴影效果、设置文字的换行处理方式以及元素内容溢出处理方式等，还可以自定义特殊的字体 |
| 边框 | 在 CSS3 中，可以直接为边框设计圆角、多色彩边框、边框背景等，其中边框背景会自动将背景图切割显示 |
| 背景 | 背景图片的设计更加灵活，不但可以改变背景图片的大小、裁剪背景图片，还可以设置多重背景 |
| 色彩模式 | CSS3 的色彩模式除了支持 RGB 颜色外，还支持 HSL（色调、饱和度、亮度），并且针对这两种色彩模式又增加了可以控制透明度的色彩模式 |
| 盒模型和多列布局 | 这两种布局可以弥补现有布局中的不足，为页面布局提供更多的手段，并大幅度地缩减了代码 |
| 渐变 | CSS3 已经支持渐变的设计，这样不但告别了切图的时代，而且设计也更加灵活，后期的维护也极为方便 |
| 媒体查询 | CSS3 提供了丰富的媒体查询功能，可以根据不同的设备、不同的屏幕尺寸来自动调整页面的布局 |
| 动画 | 有了 CSS3 动画，设计师不用编写脚本，直接就可以让页面元素动起来，并且不会影响整体的页面布局 |

# 12.2　CSS3 新增选择器

在 CSS 样式表中，选择器是一个非常重要的功能。伴随着 CSS3 和 HTML5 的发展，选择器的功能已经超出了 CSS 的应用范围，发展成为一个独立的选择器规范。针对 CSS 样式表选择器，在 CSS3 中新增了 4 种选择器类型，分别是属性选择器、结构伪类选择器、UI 元素状态伪类选择器和伪元素选择器。

## 12.2.1　属性选择器

在 HTML 页面中，通过各种各样的属性可以为元素增加很多附加的信息。例如，通过 id 属性可以将不同的 Div 元素进行区分。CSS2 中引入了一些属性选择器，这些选择器基于元素的属性来匹配元素，而 CSS3 在 CSS2 的基础上扩展了这些属性选择器，支持基于模式匹配来定位元素。

CSS3 在 CSS2 的基础上新增了 3 个属性选择器，可以帮助用户对元素进行过滤，也能够非常容易地帮助用户在众多的页面元素中定位自己需要的元素。关于属性选择器的说明如表 12-2 所示。

表 12-2　属性选择器语明

| 选择器 | 功能描述 |
|---|---|
| E[attr] | 选择匹配具有属性 attr 的 E 元素。其中 E 可以省略，表示选择页面中定义了 attr 属性的任意类型元素 |
| E[attr=val] | 选择匹配具有属性 attr 的 E 元素，并且 attr 的属性值为 val( 其中 val 区分大小写 )，同样 E 元素省略时，表示选择页面中定义了 attr 属性值为 val 的任意类型元素 |
| E[attr\|=val] | 选择匹配 E 元素，并且 E 元素定义了属性 attr，attr 属性值是一个具有 val 或者以 val– 开始的属性值。例如，lang\|="en" 将匹配 <body lang="en–us"></body>，而不匹配 <body lang="f–ag"></body> |
| E[attr~=val] | 选择匹配 E 元素，并且 E 元素定义了属性 attr，attr 属性值具有多个空格分隔的值，其中一个值等于 val。例如，a[title~="a1"] 匹配 <a title="a1 a2 a3"></a>，而不匹配 <a title="b1 b2 b3"></a>，也不匹配 <img title=" a1 a2 a3"> |
| E[attr*=val] | 选择匹配 E 元素，并且 E 元素定义了属性 attr，其属性值任意位置包含 val |
| E[attr^=val] | 选择匹配 E 元素，并且 E 元素定义了属性 attr，其属性值是以 val 开头的任意字符串 |
| E[attr$=val] | 选择匹配 E 元素，并且 E 元素定义了属性 attr，其属性值是以 val 结尾的任意字符串。刚好与 E[attr^=val] 相反 |

　　CSS3 遵循惯用的编码规则，通配符的使用提高了 CSS 样式的书写效率，也使 CSS3 的属性选择器更符合编码习惯。CSS3 中常用的通配符说明如表 12–3 所示。

表 12-3　CSS3 常用通配符说明

| 通配符 | 功能描述 | 示例 |
|---|---|---|
| ^ | 匹配起始符 | p[class^=font]<br>表示选择页面中类名称以 font 开头的所有 p 元素 |
| $ | 匹配终止符 | a[href$=pdf]<br>表示选择页面中以 pdf 结束的 href 属性的所有 a 元素 |
| * | 匹配任意字符 | a[title*=more]<br>匹配 a 元素，并且 a 元素的 title 属性值中任意位置包含 more 字符 |

**实战**　在网页中使用属性选择器

最终文件：最终文件 \ 第 12 章 \12–2–1.html　　　视频：视频 \ 第 12 章 \12–2–1.mp4

　　**01** 执行"文件" > "打开"命令，打开页面"源文件 \ 第 12 章 \12–2–1.html"，可以看到页面的 HTML 代码，如图 12–1 所示。在浏览器中预览该页面，目前各链接选项前面并没有图标效果，如图 12–2 所示。

图 12-1

图 12-2

　　**02** 转换到外部 CSS 样式表文件中，创建名称为 a[href$=".pdf"] 的属性选择器 CSS 样式，如图 12–3 所示。保存外部 CSS 样式表文件，在浏览器中预览该页面，可以看到 href 属性值以 .pdf 结尾的超链接元素应用了相应的图标效果，如图 12–4 所示。

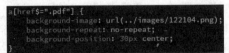

图 12-3

图 12-4

**03** 转换到外部 CSS 样式表文件中，分别创建名称为 a[href$=".rar"]、a[href$=".mp4"] 和 a[href$=".mp3"] 的属性选择器 CSS 样式，如图 12-5 所示。保存外部 CSS 样式表文件，在 IE 浏览器中预览该页面，可以看到为页面中不同的下载链接应用了不同的图标效果，如图 12-6 所示。

图 12-5

图 12-6

---

**技巧**

　　本实例创建的是超链接 <a> 标签的属性选择器 CSS 样式，会对 HTML 页面中所有超链接 <a> 标签进行相应的属性匹配。如果只希望对页面中某个元素内所包含的超链接 <a> 标签进行属性匹配，可以结合后代选择器或子选择器，例如 #list a[href$=".pdf"] 选择器，则只对 id 名称为 list 的元素中的 <a> 标签进行属性匹配。

---

## 12.2.2　结构伪类选择器

　　在 CSS3 中新增了结构伪类选择器，这种选择器可以根据元素在 HTML 文件树中的某些特性（例如相对位置）定位到它们，也就是说，通过文档树结构的相互关系来匹配特定的元素，从而减少 HTML 文件对 id 名称的定义，帮助用户在制作 HTML 页面时保持页面代码的干净与整洁。

　　在使用结构伪类选择器之前，一定要清楚 HTML 文件的树状结构中元素之间的层级关系。结构伪类选择器的详细说明如表 12-4 所示。

表 12-4　结构伪类选择器说明

| 选择器 | 功能描述 |
| --- | --- |
| E:first-child | 匹配父元素中包含的第一个名称为 E 的子元素，与 E:nth-child(1) 等同 |
| E:last-child | 匹配父元素中包含的最后一个名称为 E 的子元素，与 E:nth-last-child(1) 等同 |
| E:root | 选择匹配元素 E 所在文档的根元素。所谓根元素就是位于文档结构中的顶层元素。在 HTML 文件中，根元素就是 html 元素，此时该项与 html 类型选择器匹配的内容相同 |
| E F:nth-child(n) | 选择父元素 E 中所包含的第 n 个子元素 F。其中 n 可以是整数 (1、2、3)、关键字 (even、odd)、可以是公式（例如 2n+1、-n+5），并且 n 的起始值为 1，而不是 0 |
| E F:nth-last-child(n) | 选择父元素 E 中所包含的倒数第 n 个子元素 F。该选择器与 E F:nth-child(n) 选择器计算顺序刚好相反，但使用方法相同，其中 EF:nth-last-child(1) 始终匹配的是最后一个元素，与 E:last-child 等同 |
| E:nth-of-type(n) | 选择父元素中所包含的具有指定类型的第 n 个 E 元素 |
| E:nth-last-of-type(n) | 选择父元素中所包含的具有指定类型的倒数第 n 个 E 元素 |
| E:first-of-type | 选择父元素中所包含的具有指定类型的第一个 E 元素，与 E:nth-of-type(1) 等同 |
| E:last-of-type | 选择父元素中所包含的具有指定类型的最后一个 E 元素，与 E:nth-last-of-type(1) 等同 |
| E:only-child | 选择父元素中所包含的唯一一个子元素 E |
| E:only-of-type | 选择父元素中所包含的唯一一个同类型的同级兄弟元素 E |
| E:empty | 选择不包含任何子元素的 E 元素，并且该元素也不包含任何文本节点 |

　　在表 12-4 介绍的结构伪类选择器中，只有 E:first-child 属于 CSS2，其他的结构伪类选择器都是 CSS3 中新增的，为用户提供精确定位到元素的新方式。

### 12.2.3 UI 元素状态伪类选择器

UI 元素状态伪类选择器也是 CSS3 选择器模块组中的一部分，主要用于网页中的 form 表单元素，以提高网页的人机交互、操作逻辑以及页面的整体美观度，使表单页面更具个性与品位，而且使用户操作页面表单更加便利和简单。

UI 元素的状态一般包括启用、禁用、选中、未选中、获得焦点、失去焦点、锁定和待机等。在 HTML 元素中有可用和不可用状态，例如表单中的文本输入框；HTML 元素中还有选中和未选中状态，例如表单中的复选按钮和单选按钮。这几种状态都是 CSS3 选择器中常用的状态伪类选择器，详细说明如表 12-5 所示。

表 12-5　UI 元素状态伪类选择器说明

| 选择器 | 类型 | 语法 | 功能描述 |
|---|---|---|---|
| E:checked | 选中状态伪类选择器 | E:checked{<br>/*CSS 样式设置代码 */<br>} | 匹配选中的复选按钮或单选按钮表单元素 |
| E:enabled | 启用状态伪类选择器 | E:enabled {<br>/*CSS 样式设置代码 */<br>} | 匹配所有启用的表单元素 |
| E:disabled | 不可用状态伪类选择器 | E:disabled {<br>/*CSS 样式设置代码 */<br>} | 匹配所有禁用的表单元素 |

### 12.2.4 伪元素选择器

除了伪类，CSS3 还支持访问伪元素。伪元素其实在 CSS 中一直存在，大家平时看到的有 ":first-line" ":first-letter" ":before" 和 ":after"。CSS3 对伪元素进行了一定的调整，在以前的基础上增加了一个冒号，也就相应地变成 "::first-line" "::first-letter" "::before" 和 "::after"，另外伪元素还增加了一个 "::selection"。

或许大家会问，为什么要使用两个冒号？对于 IE 6 至 IE 8 浏览器，仅支持单冒号的表示方法，而现代浏览器同时支持这两种表示方法。另外一个区别是，双冒号与单冒号在 CSS3 中主要用来区分伪类和伪元素。到目前为止，这两种方式都是被浏览器接受的。

#### 1. ::first-letter

::first-letter 伪元素用来选择文本块的第一个字母，除非在同一行中包含一些其他元素。::first-letter 伪元素通常用于为文本元素添加排版细节，如首字下沉效果。例如下面的写法。

```
p:first-child::first-letter {
    /*CSS 样式设置代码 */
}
```

#### 2. ::first-line

::first-line 伪元素的使用方法和 ::first-letter 的使用方法类似，也常用于文本排版，只不过 ::first-line 伪元素用来匹配元素的第一行文本，可以应用一些特殊的样式。例如，需要将段落文本的第一行显示为倾斜体的效果，CSS 样式代码如下。

```
p:first-child::first-line {
    font-style: italic;
}
```

#### 3. ::before 和 ::after

::before 和 ::after 伪元素不是指存在于标记中的内容，而是可以插入额外内容的位置。要通过

::before 和 ::after 伪元素在页面中生成内容，还需要配合 content 属性一起使用。

### 4. ::selection

在浏览器默认情况下，如果页面为浅色背景，则选中的文本内容会显示深蓝色的背景和白色的字体；如果页面为深色背景，则选中的文本会显示白色的背景和深蓝色的字体。通过使用 CSS3 中新增的 ::selection 选择器，可以改变网页中所选中文本的突出显示效果。但是目前浏览器对 ::selection 伪元素的支持并不完美，Webkit 内核的浏览器可以支持该伪元素，在 IE 浏览器中只有 IE 9 以上版本才支持，Firefox 浏览器也需要加上其私有属性 –moz。

| 实 战 | 在网页中使用伪元素选择器 |
| --- | --- |

最终文件：最终文件 \ 第 12 章 \12-2-4.html　　视频：视频 \ 第 12 章 \12-2-4.mp4

**01** 执行 "文件" > "打开" 命令，打开页面 "源文件 \ 第 12 章 \12-2-4.html"，可以看到页面的 HTML 代码，如图 12-7 所示。在浏览器中预览该页面，可以看到预览效果，如图 12-8 所示。

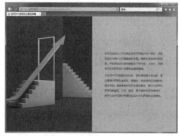

图 12-7　　　　　　　　　　　　　　　　图 12-8

**02** 在网页的 HTML 代码中可看到，在 id 名称为 text 的 Div 中包含两个段落文字，首先使用 :first-child 伪元素选取第 1 个段落。转换到外部 CSS 样式表文件中，创建名称为 #text p:first-child 的伪元素选择器 CSS 样式，如图 12-9 所示。保存外部 CSS 样式表文件，在浏览器中预览页面，可以看到 id 名称为 text 的 Div 中的第 1 个段落文字应用了相应的 CSS 样式设置，而第 2 个段落文字并没有，效果如图 12-10 所示。

```
#text p:first-child {
    font-weight: bold;
    color: #F30;
}
```

图 12-9

图 12-10

**03** 如果要对第 1 个段落中的第 1 个字符进行设置，则使用 ::first-letter 伪元素。返回外部 CSS 样式表文件中，对刚创建的 CSS 样式进行修改，如图 12-11 所示。保存外部 CSS 样式表文件，在 IE 浏览器中预览页面，可以看到 id 名称为 text 的 Div 中的第 1 个段落中的首字符实现了首字下沉的效果，如图 12-12 所示。

```
#text p:first-child::first-letter {
    font-weight: bold;
    color: #F30;
    float: left;
    font-size: 45px;
    padding: 12px 10px 10px 0px;
}
```

图 12-11

图 12-12

| 技巧 |  |
| --- | --- |

此处创建的名称为 #text p:first-child::first-letter 的 CSS 样式中，使用了两个伪元素，通过 :first-child 伪元素选择指定元素中的第一个段文字内容，再通过 ::first-letter 伪元素指定第一段文字内容中的首字符。如果将 CSS 样式的名称修改为 #text p::first-letter，则 id 名称为 text 中的所有段落首字符都会实现所设置的样式效果。

04 返回外部 CSS 样式表文件中，创建名称为 #text p:last-child::first-line 的伪元素选择器 CSS 样式，如图 12-13 所示。保存外部 CSS 样式表文件，在 IE 浏览器中预览页面，可以看到 id 名称为 text 的 Div 中的最后一个段落中的首行文字实现了相应的样式效果，如图 12-14 所示。

```
#text p:last-child::first-line {
    font-style: italic;
    font-weight: bold;
    color: #F30;
}
```

图 12-13

图 12-14

**提示**

此处所创建的 CSS 样式名称中同样使用了两个伪元素，:last-child 伪元素用于选择指定元素中的最后一段文字，::first-line 伪元素用于选择所选中段落文字的第一行文字内容。

## 12.3 新增的颜色定义方法

网页中的颜色搭配可以更好地吸引浏览者的目光，在 CSS3 中新增了几种网页中定义颜色的方法，下面依次进行介绍。

### 12.3.1 RGBA 颜色定义方法

RGBA 是在 RGB 的基础上多了控制 Alpha 透明度的参数，RGBA 颜色定义语法如下。

```
rgba (r,g,b,<opacity>);
```

R、G 和 B 分别表示红色、绿色和蓝色 3 种原色所占的比重，R、G 和 B 的值可以是正整数或百分数，正整数值的取值范围为 0~255，百分比数值的取值范围为 0%~100%，超出范围的数值将被截至其最近的取值极限。注意，并非所有浏览器都支持百分数值。第 4 个属性值 <opacity> 表示不透明度，取值范围为 0~1。

**实 战** 使用 RGBA 方式设置半透明颜色

最终文件：最终文件\第 12 章\12-3-1.html    视频：视频\第 12 章\12-3-1.mp4

01 执行"文件">"打开"命令，打开页面"源文件\第 12 章\12-3-1.html"，在浏览器中预览该页面，效果如图 12-15 所示。转换到该网页所链接的外部 CSS 样式表文件中，找到名称为 #box 的 CSS 样式，如图 12-16 所示。

图 12-15

```
#box {
    position: absolute;
    width: 100%;
    height: auto;
    overflow: hidden;
    text-align: center;
    padding: 30px 0px;
    bottom: 10%;
    background-color: #A6140E;
}
```

图 12-16

02 在名称为 #box 的 CSS 样式代码中修改背景颜色的设置，并使用 RGBA 颜色定义方法，如图 12-17 所示。保存页面并保存外部样式表文件，在浏览器中预览页面，可以看到元素半透明背景色效果，如图 12-18 所示。

图 12-17

图 12-18

## 12.3.2　HSL 颜色定义方法

HSL 是一种工业界广泛使用的颜色标准，通过对色调 (H)、饱和度 (S) 和亮度 (L)3 个颜色通道的改变，以及它们相互之间的叠加来获得各种颜色。CSS3 中新增了 HSL 颜色设置方式，在使用 HSL 方法设置颜色时，需要定义 3 个值，分别是色调 (H)、饱和度 (S) 和亮度 (L)。HSL 颜色定义语法如下。

```
hsl (<length>,<percentage>,<percentage>);
```

HSL 的相关属性值说明如表 12-6 所示。

表 12-6　HSL 属性值说明

| 属性值 | 说明 |
| --- | --- |
| &lt;length&gt; | 表示 Hue( 色调 )，0( 或 360) 表示红色，120 表示绿色，240 表示蓝色，当然也可以取其他的数值来确定其他颜色 |
| &lt;percentage&gt; | 表示 Saturation( 饱和度 )，取值范围为 0%~100% |
| &lt;percentage&gt; | 表示 Lightness( 亮度 )，取值范围为 0%~100% |

## 12.3.3　HSLA 颜色定义方法

HSLA 是 HSL 颜色定义方法的扩展，在色调、饱和度、亮度三要素的基础上增加了不透明度的设置。使用 HSLA 颜色定义方法，能够灵活地设置各种不同的透明效果。HSLA 颜色定义的语法如下。

```
hsla (<length>,<percentage>,<percentage>,<opacity>);
```

前 3 个属性与 HSL 颜色定义方法的属性相同，第 4 个参数即用于设置颜色的不透明度，取值范围为 0~1 之间。如果值为 0，则表示颜色完全透明；如果值为 1，则表示颜色完全不透明。

**实 战　使用 HSL 和 HSLA 方式定义网页元素的背景颜色**

最终文件：最终文件 \ 第 12 章 \12-3-3.html　　　视频：视频 \ 第 12 章 \12-3-3.mp4

**01** 执行"文件" > "打开"命令，打开页面"源文件 \ 第 12 章 \12-3-3.html"，可以看到该页面的 HTML 代码，如图 12-19 所示。转换到该网页所链接的外部 CSS 样式表文件中，找到名称为 #box 的 CSS 样式，如图 12-20 所示。

图 12-19

图 12-20

**02** 在名称为 #box 的 CSS 样式代码中修改背景颜色的设置，并使用 HSL 颜色定义方法，如图 12-21 所示。保存页面并保存外部样式表文件，在浏览器中预览页面，可以看到元素背景颜色的效果，如图 12-22 所示。

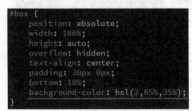

图 12-21

图 12-22

**03** 转换到外部 CSS 样式表文件中，将 HSL 颜色设置方法修改为 HSLA 颜色设置方法，如图 12-23 所示。保存页面并保存外部样式表文件，在浏览器中预览页面，可以看到元素半透明背景颜色的效果，如图 12-24 所示。

图 12-23

图 12-24

> **技巧**
>
> 　　熟悉 Photoshop 的用户很清楚，在 Photoshop 的"拾色器"对话框中提供了多种颜色值，其中就包括 RGB 颜色值和十六进制颜色值，十六进制颜色值与 RGB 颜色值的相互转换非常方便。但是 Photoshop 中并没有提供 HSL 颜色值，没关系，在网络上能够找到很多颜色值转换的小工具，可以很方便地将 RGB 或十六进制颜色值转换成 HSL 颜色值。

## 12.4　新增的文字设置属性

　　对于网页而言，文字永远都是不可缺少的重要元素，文字也是传递信息的主要手段。在 CSS3 中新增加了几种有关网页文字控制的属性，下面分别对这几种新增的文字控制属性进行介绍。

### 12.4.1　text-shadow 属性——文字阴影

　　在 text-shadow 属性没有出现之前，如果要实现文本的阴影效果，只能将文本在 Photoshop 中制作成图片插入网页中，这种方式使用起来非常不便。现在 CSS3 新增了 text-shadow 属性，通过使用该属性可以直接对网页中的文本设置阴影效果。

　　要想掌握 text-shadow 属性在网页中的应用，首先要理解其语法规则，text-shadow 属性的语法格式如下。

```
text-shadow: h-shadow v-shadow blur color;
```

　　text-shadow 属性包含 4 个属性参数，每个属性参数都有自己的作用。text-shadow 属性的属性参数说明如表 12-7 所示。

表 12-7　text-shadow 属性参数说明

| 属性参数 | 说明 |
| --- | --- |
| h-shadow | 该参数是必需参数,用于设置阴影在水平方向上的位移值。该参数值可以取正值,也可以取负值,如果为正值,则阴影在对象的右侧;如果取负值,则阴影在对象的左侧 |
| v-shadow | 该参数是必需参数,用于设置阴影在垂直方向上的位移值。该参数值可以取正值,也可以取负值,如果为正值,则阴影在对象的底部;如果取负值,则阴影在对象的顶部 |
| blur | 该参数是可选参数,用于设置阴影的模糊半径,代表阴影向外模糊的范围。该参数值只能取正值,参数值越大,阴影向外模糊的范围越大,阴影的边缘就越模糊。该参数值为 0 时,表示阴影不具有模糊效果 |
| color | 该参数是可选参数,用于设置阴影的颜色,该参数的取值可以是颜色关键词、十六进制颜色值、RGB 颜色值、RGBA 颜色值等。如果不设置阴影颜色,则使用文本的颜色作为阴影颜色 |

> **技巧**
>
> 　　可以使用 text-shadow 属性为文本指定多个阴影效果,并且可以针对每个阴影使用不同的颜色。指定多个阴影时需要使用逗号将多个阴影进行分隔。text-shadow 属性的多阴影效果将按照所设置的顺序应用,因此前面的阴影有可能会覆盖后面的,但是它们永远不会覆盖文字本身。

## 实战　为网页文字添加阴影效果

最终文件:最终文件 \ 第 12 章 \12-4-1.html　　　视频:视频 \ 第 12 章 \12-4-1.mp4

**01** 执行"文件">"打开"命令,打开页面"源文件 \ 第 12 章 \12-4-1.html",可以看到该页面的 HTML 代码,如图 12-25 所示。在浏览器中预览该页面,可以看到页面中文字的效果,如图 12-26 所示。

图 12-25

图 12-26

**02** 转换到该网页所链接的外部 CSS 样式表文件中,找到名称为 #text 的 CSS 样式设置代码,在该 CSS 样式中添加 text-shadow 属性设置代码,如图 12-27 所示。保存外部 CSS 样式表文件,在浏览器中预览该页面,可以看到文字添加的阴影效果,如图 12-28 所示。

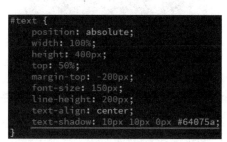

图 12-27

图 12-28

**03** 转换到外部 CSS 样式表文件中,在名称为 #text 的 CSS 样式中修改 text-shadow 属性设置代码,如图 12-29 所示。保存外部 CSS 样式表文件,在浏览器中预览该页面,可以看到向四周发散的文字阴影效果,如图 12-30 所示。

图 12-29

图 12-30

## 12.4.2　text-overflow 属性——文本溢出

text-overflow 属性解决了以前需要程序或者 JavaScript 脚本才能完成的事情，text-overflow 属性的语法格式如下。

```
text-overflow: clip | ellipsis;
```

text-overflow 属性参数比较简单，只有两个属性值，说明如表 12-8 所示。

表 12-8　text-overflow 属性值说明

| 属性值 | 说明 |
| --- | --- |
| clip | 当文本内容发生溢出时，不显示省略标记 (...)，而是简单的裁切 |
| ellipsis | 当文本内容发生溢出时，显示省略标记 (...)，省略标记插入的位置是最后一个字符 |

实际上，text-shadow 属性仅用于决定文本溢出时是否显示省略标记 (...)，并不具备样式定义的功能。要实现文本溢出时裁切文本显示省略标记 (...) 的效果，还需要两个 CSS 属性的配合：强制文本在一行内显示 (white-space:nowrap) 和溢出内容隐藏 (overflow:hidden)，并且需要定义容器的宽度，只有这样才能实现文本溢出时裁切文本显示省略标记 (...) 的效果。

### 实 战　设置文字溢出处理方式

最终文件：最终文件 \ 第 12 章 \12-4-2.html　　视频：视频 \ 第 12 章 \12-4-2.mp4

01 执行"文件" > "打开"命令，打开页面"源文件 \ 第 12 章 \12-4-2.html"，可以看到该页面的 HTML 代码，如图 12-31 所示。在浏览器中预览该页面，可以看到页面左侧两个元素中的内容都默认进行了自动换行显示，如图 12-32 所示。

图 12-31

图 12-32

02 转换到该网页所链接的外部 CSS 样式表文件中，找到名称为 #text1 和 #text2 的 CSS 样式，添加 overflow 属性和 white-space 属性设置代码，如图 12-33 所示。保存外部 CSS 样式表文件，在浏览器中预览该页面，可以看到溢出文本被直接裁切掉，如图 12-34 所示。

> **提示**
>
> 在 CSS 样式代码中 overflow: hidden; 是设置溢出内容为隐藏，white-space: nowrap; 是强制文本在一行内显示，要想通过 text-overflow 属性实现溢出文本显示省略号，就必须添加这两个属性定义，否则无法实现。

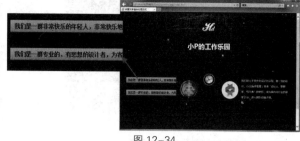

图 12-33　　　　　　　　　　　　图 12-34

**03** 转换到外部 CSS 样式表文件中，在名称为 #text1 和 #text2 的 CSS 样式中添加 text-overflow 属性，设置其属性值为 ellipsis，如图 12-35 所示。保存外部 CSS 样式表文件，在浏览器中预览该页面，可以看到溢出文本被显示为溢出符号，如图 12-36 所示。

图 12-35　　　　　　　　　　　　图 12-36

## 12.4.3　word-wrap 属性

在 CSS3 中新增了 word-wrap 属性，通过该属性能够实现长单词与 URL 地址的自动换行处理。word-wrap 属性的语法格式如下。

```
word-wrap: normal | break-word;
```

word-wrap 属性的属性值说明如表 12-9 所示。

表 12-9　word-wrap 属性的属性值说明

| 属性值 | 说明 |
| --- | --- |
| normal | 默认值，浏览器只在半角空格或连字符的地方进行换行 |
| break-word | 内容将在边界内换行 |

**实 战　设置长文本内容换行**

最终文件：最终文件 \ 第 12 章 \12-4-3.html　　　视频：视频 \ 第 12 章 \12-4-3.mp4

**01** 执行"文件" > "打开"命令，打开页面"源文件 \ 第 12 章 \12-4-3.html"，在 HTML 代码中，可以看到 id 名称为 text1 和 text2 中的内容是相同的，不同的是 text2 中的英文单词与单词之间没有空格和标点符号，可以认为是长文本，如图 12-37 所示。

**02** 在 IE 浏览器中预览该页面，id 名称为 text2 中的长文本内容不会自动换行，而是撑破容器在一行中显示，而 id 名称为 text1 中的英文内容正常显示，如图 12-38 所示。

**03** 转换到该网页所链接的外部 CSS 样式表文件中，可以看到名称为 #text1 和名称为 #text2 的 CSS 样式设置基本一致，如图 12-39 所示。在名称为 #text2 的 CSS 样式中添加 word-wrap 属性设置代码，如图 12-40 所示。

**04** 保存外部 CSS 样式文件，在浏览器中预览页面，可以看到容器中的长文本会被自动换行处理，如图 12-41 所示。

```
<body>
<div id="logo">
    <img src="images/124302.png" width="400" height="252" alt="">
</div>
<div id="box">
<div id="text1">
    AFTER THE CASCADIA SUBDUCTION ZONE RUPTURES AND PORTLAND IS REDUCED
    TO &quot;TOAST&quot; HOW WILL WE KEEP THE PORTLAND SPIRIT ALIVE?
    PREPARATION. STOCK THESE MUST-HAVES NEXT TO YOUR WATER AND NUTS.
    TOGETHER,WE WILL KEEP PORTLAND WEIRD!
</div>
<div id="text2">

    AFTERTHECASCADIASUBDUCTIONZONERUPTURESANDPORTLANDISREDUCEDTOTOASTHOWWIL
    LWEKEEPTHEPORTLANDSPIRITALIVEPREPARATIONSTOCKTHESEMUSTHAVESNEXTTOYOURWA
    TERANDNUTSTOGETHERWEWILLKEEPPORTLANDWEIRD!
</div>
</div>
</body>
```

图 12-37

长文本内容撑破容器，
在一行中显示所有内容

图 12-38

```
#text1 {
    width: 301px;
    height: auto;
    border: dashed 2px #FFF;
    padding: 10px;
    float: left;
}
#text2 {
    width: 301px;
    height: auto;
    border: dashed 2px #FFF;
    padding: 10px;
    margin-left: 250px;
    float: left;
}
```

图 12-39

```
#text2 {
    width: 301px;
    height: auto;
    border: dashed 2px #FFF;
    padding: 10px;
    margin-left: 250px;
    float: left;
    word-wrap: break-word;
}
```

图 12-40

容器中的长文本遇到
容器边框自动换行

图 12-41

> **提示**
>
> word-wrap 属性主要是针对英文或阿拉伯数字这样的长文本或者是长 URL 地址进行强制换行，而中文内容本身具有遇到容器边界后自动换行的功能，所以中文内容并不需要使用该属性。word-wrap 属性已经获取浏览器的广泛支持，可以放心使用。

## 12.4.4　word-break 和 word-space 属性

word-break 属性用于设置指定容器内文本的字内换行行为，在出现多种语言的情况下非常有用。word-break 属性的语法格式如下。

```
word-break: normal | break-all | keep-all;
```

word-break 属性的属性值与使用的文本语言有关系，属性值说明如表 12-10 所示。

表 12-10　word-break 属性值说明

| 属性值 | 说明 |
| --- | --- |
| normal | 默认值，根据语言自身的规则确定容器内文本换行的方式，中文遇到容器边界自动换行，英文遇到容器边界从整个单词换行 |
| break-all | 允许强行截断英文单词，达到词内换行效果 |
| keep-all | 不允许强行将字断开。如果内容为中文，则将前后标点符号内的一个汉字短语整个换行；如果内容为英文，则单词整个换行；如果出现某个英文字符长度超出容器边界，后面的部分将撑破容器；如果边框为固定属性，则后面部分无法显示 |

在前面介绍 text-overflow 属性时使用到 white-space 属性，text-overflow 属性要想实现溢出文本控制的功能就需要 white-space 属性的配合。white-space 属性主要用来声明建立布局过程中如何处理元素中的空白符。

white-space 属性早在 CSS 2.1 中就出现了，CSS3 在原有的基础上为该属性增加了两个属性值。white-space 属性的语法格式如下。

```
white-space: normal | pre | nowrap | pre-line | pre-wrap | inherit;
```

white-space 属性的属性值说明如表 12-11 所示。

表 12-11　white-space 属性值说明

| 属性值 | 说明 |
| --- | --- |
| normal | 默认值，空白会被浏览器忽略 |
| pre | 文本内容中的空白会被浏览器保留，其行为方式类似于 HTML 中的 <pre> 标签效果 |
| nowrap | 文本内容会在同一行上显示，不会自动换行，直到碰到换行标 <br> 为止 |
| pre-line | 合并空白符序列，但是保留换行符 |
| pre-wrap | 保留空白符序列，但是正常地进行换行 |
| inherit | 继承父元素的 white-space 属性值，该属性值在所有 IE 浏览器中都不支持 |

**实战 | 设置文字内容换行处理方式**

最终文件：最终文件 \ 第 12 章 \12-4-4.html　　　视频：视频 \ 第 12 章 \12-4-4.mp4

**01** 执行 "文件" > "打开" 命令，打开页面 "源文件 \ 第 12 章 \12-4-4.html"，在 HTML 代码中，可以看到 id 名称为 text1 和 text2 中分别是中文和英文内容，如图 12-42 所示。在浏览器中预览该页面，可以看到英文和中文的默认换行效果，如图 12-43 所示。

图 12-42　　　　　　　　　　　　　　　图 12-43

**02** 转换到该网页所链接的外部 CSS 样式表文件中，分别在名称为 #text1 和 #text2 的 CSS 样式中添加 word-break 属性，设置其属性值为 keep-all，如图 12-44 所示。保存外部 CSS 样式文件，在浏览器中预览页面，可以看到中文和英文的换行效果，如图 12-45 所示。

图 12-44　　　　　　　　　　　　　　　图 12-45

> **提示**
>
> 　　当设置 word-break 属性为 keep-all 时，对于中文来说，只能在半角空格或连字符或任何标点符号的地方换行，而中文与中文之间是不能进行换行的。对于英文来说没有什么效果，英文依然保持默认的换行方式进行显示。

**03** 转换到外部 CSS 样式表文件中，修改 word-break 属性值为 break-all，如图 12-46 所示。保存外部 CSS 样式文件，在浏览器中预览页面，可以看到英文换行时会截断英文单词，如图 12-47 所示。

> **提示**
>
> 　　设置 word-break 属性值为 break-all 时，对于英文来说，允许在单词内换行。对于标点符号来说，当 word-break 属性值为 break-all 时，在 Chrome、Safari 和 Firefox 浏览器中，允许标点符号位于行首，但是在 IE 浏览器中，仍然不允许标点符号位于行首。

图 12-46

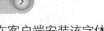

英文单词遇到容器边界　中文依然保持默认的换
时会被截断换行　　　行方式

图 12-47

## 12.4.5　@font-face 规则——嵌入 Web 字体

在 CSS 的字体样式中，通常会受到客户端的限制，只有在客户端安装该字体后，样式才能正确显示。如果使用的不是常用的字体，对于没有安装该字体的用户而言，是看不到真正的文字样式的。因此，设计师会避免使用不常用的字体，更不敢使用艺术字体。

为了弥补这一缺陷，CSS3 新增了字体自定义功能，通过 @font-face 规则来引用互联网任意服务器中存在的字体。这样在设计页面时，就不会因为字体稀缺而受限制。

只要将字体放置在网站服务器端，即可在网站页面中使用 @font-face 规则来加载服务器端的特殊字体，从而在网页中表现出特殊字体的效果，不管用户端是否安装了对应的字体，网页中的行殊字体都能够正常显示。

通过 @font-face 规则可以加载服务器端的字体文件，让客户端显示客户端所没有安装的字体，@font-face 规则的语法格式如下。

```
@font-face: {font-family:取值; font-style:取值; font-variant:取值; font-weight:取值;
font-stretch:取值; font-size:取值; src:取值; }
```

@font-face 规则的相关属性说明如表 12-12 所示。

表 12-12　@font-face 属性参数说明

| 属性参数 | 说明 |
| --- | --- |
| font-family | 设置自定义字体名称，最好使用默认的字体文件名 |
| font-style | 设置自定义字体的样式 |
| font-variant | 设置自定义字体是否大小写 |
| font-weight | 设置自定义字体的粗细 |
| font-stretch | 设置自定义字体是否横向拉伸变形 |
| font-size | 设置自定义字体的大小 |
| src | 设置自定义字体的相对路径或者绝对路径，可以包含 format 信息。注意，此属性只能在 @font-face 规则中使用 |

 提示

@font-face 规则和 CSS3 中的 @media、@import、@keyframes 等规则一样，都是用关键字符 @ 封装多项规则。@font-face 的 @ 规则主要用于指定自定义字体，然后在其他 CSS 样式中调用 @font-face 中自定义的字体。

**实 战**　在网页中实现特殊字体效果

最终文件：最终文件 \ 第 12 章 \12-4-5.html　　视频：视频 \ 第 12 章 \12-4-5.mp4

**01** 执行"文件" > "打开"命令，打开页面"源文件 \ 第 12 章 \12-4-5.html"，可以看到页面的 HTML 代码，如图 12-48 所示。在浏览器中预览该页面，可以看到系统所支持的字体显示效果，如图 12-49 所示。

```
<!doctype html>
<html>
<head>
<meta charset="utf-8">
<title>在网页中实现特殊字体效果</title>
<link href="style/12-4-5.css" rel="stylesheet" type="text/css">
</head>

<body>
<div id="logo">
    <img src="images/124501.png" width="179" height="68" alt="">
</div>
<div id="text">
    FRESH VISION
    </div>
</body>
</html>
```

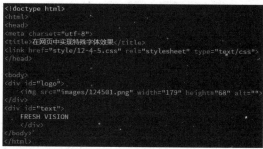

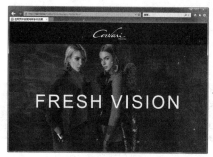

图 12-48

图 12-49

02 转换到该网页链接的外部 CSS 样式表文件中，创建 @font-face 规则，在该规则中引用准备好的特殊字体文字，如图 12-50 所示。在名称为 #text 的 CSS 样式中，添加 font-family 属性设置，设置其属性值为在 @font-face 中声明的字体名称，如图 12-51 所示。

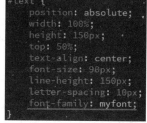

```
@font-face {
    font-family: myfont; /*声明字体名称*/
    /*引用字体文件*/
    src: url(../images/COLONNA.ttf);
}
```

图 12-50

```
#text {
    position: absolute;
    width: 100%;
    height: 150px;
    top: 50%;
    text-align: center;
    font-size: 90px;
    line-height: 150px;
    letter-spacing: 10px;
    font-family: myfont;
}
```

图 12-51

**提示**

在 @font-face 规则中，通过 font-family 属性声明字体名称 myfont，并通过 src 属性指定字体文件的 url 相对地址。在接下来名称为 #text 的 CSS 样式中，就可以在 font-family 属性中设置字体名称为 @font-face 规则中所声明的字体名称 myfont，从而应用所加载的特殊字体。

03 保存外部 CSS 样式文件，在 Chrome 浏览器中预览页面，可以看到特殊的字体效果，如图 12-52 所示。因为 IE 浏览器不支持所加载的 TTF 格式字体，所以在 IE 浏览器中不能显示出文字特殊字体的效果，如图 12-53 所示。

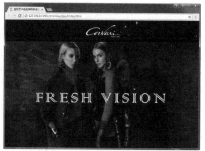

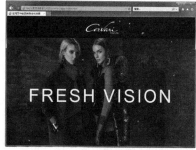

图 12-52

图 12-53

**技巧**

通常我们下载的字体文件都是单一格式的，那么如何才能得到该字体的其他格式文件呢？其实每种格式的文件都可以用专门的工具转换得到，同时也有专门用于生成 @font-face 文件的网站 ( 例如 freefontconverter 或 font2web 等 )，可以将字体文件上传到网站上，转换后下载，然后就可以嵌入网页上使用。

04 这里通过转换得到其他几种格式的字体文件，转换到外部的 CSS 样式表文件中，在 @font-face 规则中加载多种不同格式的字体文件，如图 12-54 所示。保存外部 CSS 样式表文件，在 IE 浏览器中预览页面，可以看到页面中特殊字体的效果，如图 12-55 所示。

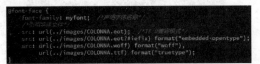

图 12-54

图 12-55

## 12.5　新增的背景设置属性

通过 CSS3 新增的属性不仅可以设置半透明的背景颜色，还可以实现渐变背景颜色，并且还新增了有关网页背景图像设置的属性。本节将分别向读者介绍 CSS3 中新增的有关背景设置的属性。

### 12.5.1　background-size 属性——背景图像大小

以前在网页中背景图像的大小是无法控制的，在 CSS3 中可以使用 background-size 属性来设置背景图像的尺寸大小，可以控制背景图像在水平和垂直两个方向的缩放，也可以缩放背景图像拉伸覆盖背景区域的方式。

CSS3 中新增了 background-size 属性，通过该属性可以自由控制背景图像的大小。background-size 属性的语法格式如下。

```
background-size: <length> | <percentage> | auto | cover | contain ;
```

background-size 属性的属性值说明如表 12-13 所示。

表 12-13　background-size 属性的属性值说明

| 属性值 | 说明 |
| --- | --- |
| <length> | 由浮点数字和单位标识符组成的长度值，不可以为负值 |
| <percentage> | 取值为 0%~100% 之间的百分比值，不可以为负值。该百分比值是相对于页面元素来进行计算的，并不是根据背景图像的大小来进行计算 |
| auto | 默认值，将保持背景图像的原始尺寸大小 |
| cover | 对背景图像进行缩放，以适合铺满整个容器，但这种方法会对背景图像进行裁切 |
| contain | 保持背景图像本身的宽高比，将背景图像进行等比例缩放，但该方法会导致容器留白 |

> **技巧**
>
> background-size 属性可以使用 <length> 和 <percentage> 来设置背景图像的宽度和高度，第一个值设置宽度，第二个值设置高度，如果只给出一个值，则第二个值为 auto。

**实 战　实现始终满屏显示的网页背景**

最终文件：最终文件 \ 第 12 章 \12-5-1.html　　　视频：视频 \ 第 12 章 \12-5-1.mp4

**01** 执行"文件" > "打开"命令，打开页面"源文件 \ 第 12 章 \12-5-1.html"，可以看到页面的 HTML 代码，如图 12-56 所示。在浏览器中预览该页面，可以看到该页面的效果，当前页面没有设置背景图像，如图 12-57 所示。

**02** 转换到该网页所链接的外部 CSS 样式表文件中，找到名称为 body 的标签 CSS 样式，在该 CSS 样式中添加背景图像相关的属性设置代码，如图 12-58 所示。保存 CSS 样式表文件，在浏览器中预览页面，可以看到页面背景的效果，如图 12-59 所示。

```
<!doctype html>
<html>
<head>
<meta charset="utf-8">
<title>实现始终满屏显示的网页背景</title>
<link href="style/12-5-1.css" rel="stylesheet" type="text/css">
</head>
<body>
<div id="top">
    <img src="images/125102.png" width="221" height="53" alt="">
</div>
<div id="text">
    发现自己<br>
    <span class="font01">生活在于勇于突破</span>
</div>
</body>
</html>
```

图 12-56

图 12-57

```
body {
    font-family: 微软雅黑;
    color: #FFF;
    background-image: url(../images/125101.jpg);
    background-repeat: no-repeat;
    background-position: center center;
}
```

图 12-58

图 12-59

03 转换到外部 CSS 样式表文件中，在名
称为 body 的标签 CSS 样式中添加 background-
size 属性设置代码，使用固定值，如图 12-60 所
示。保存 CSS 样式表文件，在浏览器中预览页面，
可以看到以固定尺寸大小显示的页面背景图像，
如图 12-61 所示。

```
body {
    font-family: 微软雅黑;
    color: #FFF;
    background-image: url(../images/125101.jpg);
    background-repeat: no-repeat;
    background-position: center center;
    background-size: 900px 506px;
}
```

图 12-60

图 12-61

> **提示**
>
> background-size 属性设置为固定尺寸大小，而背景图像将以所设置的固定尺寸大小显示，但这种方式会造成背景图像不等比例的缩放，会使背景图像失真。如果 background-size 属性只取一个固定值呢？例如，background-size: 900px auto;，此时背景图像的宽度依然是固定值 900px，但背景图像的高度则会根据固定的宽度值进行等比例缩放。

04 转换到外部 CSS 样式表文件中，修改 body 标签中 background-size 属性值的设置，使用百
分比值，如图 12-62 所示。保存 CSS 样式表文件，在浏
览器中预览页面，可以看到百分比背景图像的效果，如
图 12-63 所示。

```
body {
    font-family: 微软雅黑;
    color: #FFF;
    background-image: url(../images/125101.jpg);
    background-repeat: no-repeat;
    background-position: center center;
    background-size: 100% 100%;
}
```

图 12-62

图 12-63

> **提示**
>
> 当 background-size 取值为百分比值时，不是相对于背景图片的尺寸大小来计算，而是相对于元素的宽度来计算。此处设置的是 body 标签的背景图像，body 标签就是整个页面，当设置背景图像宽度和高度均为 100% 时，则背景图像会始终占满整个屏幕，但这种情况下背景图像不等比例的缩放，会导致背景图像失真。如果设置其中一个值为100%，另一个值为 auto，能够实现背景图像的等比例缩放保持背景图像不失真，但是这种方式又导致背景图像可能无法完全覆盖整个容器区域。

**05** 转换到外部 CSS 样式表文件中，修改 body 标签中 background-size 属性值为 contain，如图 12-64 所示。保存 CSS 样式表文件，在浏览器中预览页面，可以看到背景图像的效果，如图 12-65 所示。

图 12-64

图 12-65

**06** 当设置 background-size 属性值为 contain 时，可以让背景图像保持本身的宽高比例，将背景图像缩放到宽度或高度正好适应所定义的容器区域，但这种情况下，会导航背景图像无法完全覆盖容器区域，出现留白。例如，当缩放浏览器窗口时，可以看到页面背景的留白，如图 12-66 所示。

图 12-66

**07** 转换到外部 CSS 样式表文件中，修改 body 标签中 background-size 属性值为 cover，如图 12-67 所示。保存 CSS 样式表文件，在浏览器中预览页面，可以看到以百分比值设置的背景图像效果，如图 12-68 所示。

图 12-67

图 12-68

> **提示**
>
> 在为 <body> 标签设置背景图像，并且设置 background-size 属性的值为 cover 时，必须添加 body,html {height:100%;} 的 CSS 样式设置，否则在页面中预览时背景效果可能会出错。

**08** 当设置 background-size 属性为 cover 时，背景图像会自动进行等比例缩放，通过对背景图像进行裁切的方式铺满整个容器背景。所以，无论如何缩放浏览器窗口时，可以看到页面背景始终是满屏显示的，如图 12-69 所示。

图 12-69

background-size: cover 属性设置配合 background-position: center; 属性设置常用来制作满屏的背景图像效果。唯一的缺点是，需要制作一张足够大的背景图像，保证即使在较大分辨率的浏览器中显示时，背景图像依然能够表现得非常清晰。

## 12.5.2　background-origin 属性——背景图像原点位置　

默认情况下，background-position 属性总是以元素左上角原点作为背景图像定位，使用 CSS3 中新增的 background-origin 属性可以改变背景图像的定位原点位置。

通过使用 CSS3 新增的 background-origin 属性可以大大改善背景图像的定位方式，更加灵活地对背景图像进行定位。background-origin 属性的语法格式如下。

```
background-origin: padding | border | content;
```

这种语法是早期的 Wekit 和 Gecko 内核浏览器 (Chrome、Safari 和 Firefox 低版本 ) 支持的一种老的语法格式，在新版本的浏览器下，background-origin 属性具有新的语法格式如下。

```
background-origin: padding-box | border-box | content-box;
```

在 IE9+、Chrome4+、Firefox 4+、Safari 3+ 和 Opera 10.5+ 版本的浏览器中都支持 background-origin 属性新的语法格式。

background-origin 属性的属性值说明如表 12-14 所示。

表 12-14　background-origin 属性的属性值说明

| 属性值 | 说明 |
| --- | --- |
| padding-box(padding) | 默认值，表示 background-position 属性定位背景图像时，背景图像的起始位置从元素填充的外边缘 (border 的内边缘 ) 开始显示背景图像 |
| border-box(border) | 表示 background-position 属性定位背景图像时，背景图像的起始位置从元素边框的外边缘开始显示背景图像 |
| content-box(content) | 表示 background-position 属性定位背景图像时，背景图像的起始位置从元素内容区域的外边缘 (padding 的内边缘 ) 开始显示背景图像 |

在 IE 8 以下版本的 IE 浏览器中，background-origin 属性的默认值为 border，背景图像的 background-position 是从 border 开始显示背景图像。

### 实战　设置背景图像显示原点位置　

最终文件：最终文件 \ 第 12 章 \12-5-2.html　　　视频：视频 \ 第 12 章 \12-5-2.mp4

01 执行"文件" > "打开"命令，打开页面"源文件 \ 第 12 章 \12-5-2.html"，可以看到页面的 HTML 代码，如图 12-70 所示。在浏览器中预览该页面，可以看到该页面的效果，如图 12-71 所示。

图 12-70

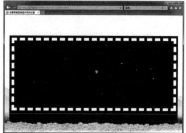

图 12-71

02 转换到该网页所链接的外部 CSS 样式表文件中，找到名称为 #bg 的 CSS 样式，在该 CSS 样式中添加背景图像相关的属性设置代码，如图 12-72 所示。保存 CSS 样式表文件，在浏览器中预览页面，可以看到为页面中 id 名称为 bg 的元素设置背景图像的效果，如图 12-73 所示。

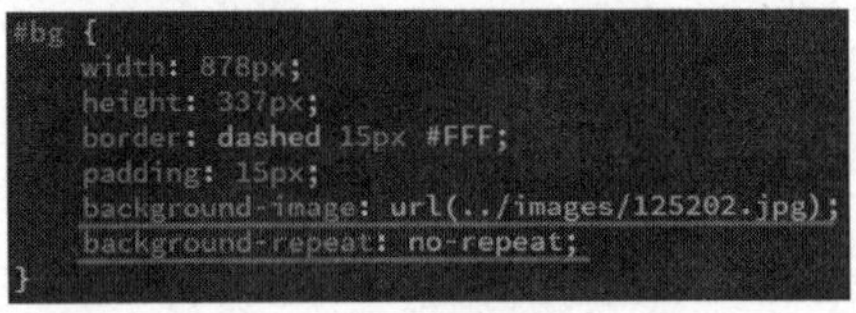

图 12-72

图 12-73

03 转换到外部 CSS 样式表文件中，在名称为 #bg 的 CSS 样式中添加 background-origin 属性，设置其属性值为 border-box，如图 12-74 所示。保存 CSS 样式表文件，在浏览器中预览页面，可以看到背景图像从元素边框的外边缘开始显示，如图 12-75 所示。

背景图像从元素边框的外边缘开始显示

图 12-74

图 12-75

> **提示**
>
> 将元素的 background-origin 值设置为 border-box 时，不难发现，元素背景图像显示的起始位置不再是默认的从元素边框内边缘（padding 外边缘）开始，而是变成了从元素边框外边缘开始，此时的背景图片直接在元素的边框底下。

04 转换到外部 CSS 样式表文件中，在名称为 #bg 的 CSS 样式中将 background-origin 属性值修改为 content-box，如图 12-76 所示。保存 CSS 样式表文件，在浏览器中预览页面，可以看到背景图像从元素填充区域的内边缘开始显示，如图 12-77 所示。

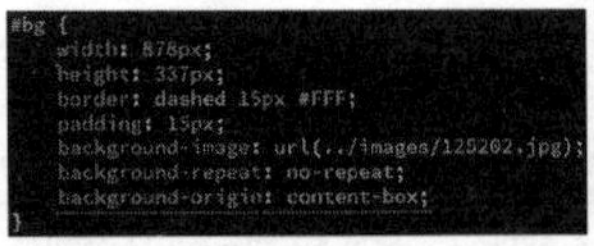

背景图像从元素填充区域的内边缘开始显示

图 12-76

图 12-77

> **提示**
>
> 当使用 background-origin 属性设置元素背景图像的起始位置时，需要将 background-attachment 属性设置为 scroll，scroll 为 background-attachment 属性的默认值。但是如果将 background-attachment 属性设置为 fixed，则 background-origin 属性将不起任何作用。

## 12.5.3 background-clip 属性——背景图像裁剪区域

在 CSS3 中新增了背景图像裁剪区域属性 background-clip，通过该属性可以定义背景图像的裁剪区域。

background-clip 属性与 background-origin 属性比较类似，background-clip 属性的语法格式如下。

```
background-clip: border-box | padding-box | content-box;
```

background-clip 属性的语法规则与 background-origin 属性的语法规则一样，其取值也相似。background-clip 属性的属性值说明如表 12-15 所示。

表 12-15 background-clip 属性的属性值说明

| 属性值 | 说明 |
|---|---|
| padding-box | 所设置的背景图像从元素的 padding 区域向外裁剪,即元素 padding 区域之外的背景图像将被裁剪掉 |
| border-box | 默认值,所设置的背景图像从元素的 border 区域向外裁剪,即元素边框之外的背景图像都将被裁剪掉 |
| content-box | 所设置的背景图像从元素的 content 区域向外裁剪,即元素内容区域之外的背景图像将被裁剪掉 |

**实 战 设置元素背景图像的显示区域**

最终文件:最终文件 \ 第 12 章 \12-5-3.html 视频:视频 \ 第 12 章 \12-5-3.mp4

**01** 执行"文件" > "打开"命令,打开页面"源文件 \ 第 12 章 \12-5-3.html",转换到该网页所链接的外部 CSS 样式表文件中,可以看到名称为 #bg 的 CSS 样式的设置代码,如图 12-78 所示。在浏览器中预览该页面,可以看到 id 名称为 bg 的元素背景图像的显示效果,如图 12-79 所示。

图 12-78

图 12-79

**02** 转换到外部 CSS 样式表文件中,在名称为 #bg 的 CSS 样式中添加 background-clip 属性设置,设置其属性值为 content-box,如图 12-80 所示。保存 CSS 样式表文件,在浏览器中预览页面,可以看到背景图像的显示效果,如图 12-81 所示。

图 12-80

图 12-81

**提示**

当设置 background-clip 属性为 content-box 时,元素的背景发生了很大的变化,整个背景(背景颜色和背景图像)在超出元素内容区域的部分全部被裁剪掉。

## 12.5.4 background 属性——多背景图像

在 CSS3 之前,每个容器只能设置一张背景图像,因此每当需要增加一张背景图像时,必须至少添加一个容器来容纳它。早期使用嵌套 Div 容器显示特定背景的做法不是很复杂,但是它明显难以管理和维护。

在 CSS3 中可以通过 background 属性为一个容器应用一张或多张背景图像。代码和 CSS2 中一样,可以用逗号来区分各个背景图销售量。第一个声明的背景图像定位在容器顶部,其他的背景图像依次在其下排列。

CSS3 多背景语法和 CSS 中背景语法其实并没有本质上的区别,只是在 CSS3 中可以给多个背景图像设置相同或不同的背景相关属性,其中最重要的是在 CSS3 多背景中,相邻背景设置之间必须使用逗号分隔开。background 多背景的语法格式如下。

```
background: [background-image] | [background-repeat] | [background-attachment] |
[background-position] | [background-size] | [background-origin] | [background-clip],*;
```

CSS3 多背景的属性参数与 CSS 的基础背景属性参数类似，只是在其基础上增加了 CSS3 为背景添加的新属性。

除了 background-color 属性以外，其他的属性都可以设置多个属性值，不过前提是元素有多个背景图像存在。如果这个条件成立，多个属性之间必须使用逗号分隔开。其中 background-image 属性需要设置多个，而其他属性可以设置一个或多个，如果一个元素有多个背景图像，其他属性只有一个属性值时，表示所有背景图像都应用了相同的属性值。

> **提示**
>
> 在使用 background 属性为元素设置多个背景图像时，background-color 属性值只能设置一个，如果设置多个 background-color 属性值将是一种致命的语法错误。

**实战　为网页设置多背景图像效果**

最终文件：最终文件 \ 第 12 章 \12-5-4.html　　　视频：视频 \ 第 12 章 \12-5-4.mp4

**01** 执行"文件" > "打开"命令，打开页面"源文件 \ 第 12 章 \12-5-4.html"，可以看到页面的 HTML 代码，如图 12-82 所示。在浏览器中预览该页面，可以看到页面的背景效果，如图 12-83 所示。

图 12-82　　　　　　　　　　　　　　　图 12-83

**02** 转换到该网页所链接的外部 CSS 样式表文件中，找到名称为 body 的标签 CSS 样式设置，可以看到该 CSS 样式设置代码，如图 12-84 所示。在该 CSS 样式中添加 background 多背景图像的设置代码，如图 12-85 所示。

图 12-84　　　　　　　　　　　　　图 12-85

**03** 保存外部 CSS 样式表文件，在浏览器中预览页面，可以看到为页面同时设置多个背景图像的效果，如图 12-86 所示。

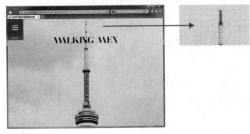

图 12-86

> **提示**
>
> 在 background 属性中同时设置 3 个背景图像，中间使用逗号隔开，每个背景图像设置不同的平铺方式，写在前面的背景图像会显示在上面，写在后面的背景图像则显示在下面。

## 12.6　新增的边框设置属性

在 CSS3 之前，页面边框效果比较单调，通过 border 属性只能设置边框的粗细、样式和颜色，如果想实现更加丰富的边框效果，只能事先设计好边框图片，然后通过使用背景或直接插入图片的方式来实现。在 CSS3 中新增了 3 个有关边框设置的属性，分别是 border-colors、border-radius 和 border-image，通过这 3 个新增的边框属性能够实现更加丰富的边框效果。

### 12.6.1　border-colors 属性——多种颜色边框

border-color 属性早在 CSS1 就已经写入 CSS 语法规范，但是为了避免与 border-color 属性的原生功能 ( 也就是在 CSS1 中定义边框颜色的功能 ) 发生冲突，如果需要为边框设置多种色彩，直接使用 border-color 属性，在该属性值中设置多个颜色值是不起任何作用的。必须将这个 border-color 属性拆分为 4 个边框颜色子属性，使用多种颜色才会有效果。

```
border-top-colors:[<color> | transparent]{1,4} | inherit;
border-right-colors:[<color> | transparent]{1,4} | inherit;
border-bottom-colors:[<color> | transparent]{1,4} | inherit;
border-left-colors:[<color> | transparent]{1,4} | inherit;
```

需要注意的是，这 4 个属性与前面所介绍的 border-color 属性的 4 个基础子属性不同，这里的属性中 color 是复数 colors，如果在书写过程中少写了字母 s 就会导致无法实现多种边框颜色的效果。

多种边框颜色属性的参数其实很简单，就是颜色值，可以取任意合法的颜色值。如果设置 border 的宽度为 npx，那么就可以在这个 border 上使用 n 种颜色，每种颜色显示 1 像素的宽度。如果所设置的 border 的宽度为 10 像素，但只声明了 5 种或 6 种颜色，那么最后一个颜色将被添加到剩下的宽度。

**实战　实现多彩绚丽的边框效果**

最终文件：最终文件 \ 第 12 章 \12-6-1.html　　　视频：视频 \ 第 12 章 \12-6-1.mp4

**01** 执行 "文件" > "打开" 命令，打开页面 "源文件 \ 第 12 章 \12-6-1.html"，可以看到页面的 HTML 代码，如图 12-87 所示。在浏览器中预览该页面，可以看到页面元素的实色边框效果，如图 12-88 所示。

图 12-87

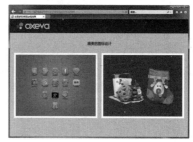

图 12-88

**02** 转换到该网页所链接的外部 CSS 样式表文件中，找到名称为 #main img 的 CSS 样式，在该 CSS 样式中可以看到通过基础的 border 属性为元素设置的 10 像素宽实线边框的设置代码，如图 12-89 所示。在该 CSS 样式表中添加 Gecko 核心浏览器的边框多重颜色的私有属性设置代码，如图 12-90 所示。

> **提示**
>
> CSS3 中的多种边框颜色效果虽然功能强大，但目前能够支持该效果的浏览器仅有 Firefox 3.0 及其以上版本，而且还需要使用该浏览器的私有属性写法。

03 保存外部 CSS 样式表文件，在 Firefox 浏览器中预览页面，可以看到为页面中 id 名称为 main 的元素中包含的图片的多种颜色边框效果，如图 12-91 所示。

图 12-89

图 12-90

图 12-91

提示

因为在该 CSS 样式中已经通过 border 属性设置元素边框的宽度为 10 像素，那么在多种边框颜色的属性设置中可以最多设置 10 个不同的颜色值，颜色值之间使用空格进行分隔。默认情况下，每种颜色只占 1 像素，并且颜色是由外到内显示的。如果所设置的颜色值少于边框的宽度，则最后一种颜色将被用于剩下的宽度。

## 12.6.2 border-radius 属性——圆角边框

在 CSS3 之前，如果要在网页中实现圆角边框的效果，通常都是使用图像来实现，而在 CSS3 中新增了圆角边框属性 border-radius，通过该属性，可以轻松地在网页中实现圆角边框效果。

圆角能够让页面元素看起来不是那么生硬，能够增强页面的曲线之美。CSS3 中专门针对元素的圆角效果新增了 border-radius 属性。

border-radius 属性的语法格式如下。

```
border-radius: none | <length>{1,4} [ / <length>{1,4} ]?
```

border-radius 属性的属性值说明如表 12-16 所示。

表 12-16　border-radius 属性的属性值说明

| 属性值 | 说明 |
| --- | --- |
| none | none 为默认值，表示不设置圆角效果 |
| <length> | 由浮点数和单位标识符组成的长度值，不可以为负值 |

提示

如果在 border-radius 属性所设置的参数值中反斜杠符号 "/" 存在，"/" 前面的值是设置水平方向的圆角半径，"/" 后面的值是设置垂直方向上的半径；如果所设置的参数值没有反斜杠符号 "/"，则所设置圆角的水平和垂直方向的半径值相等。

border-radius 属性是一种缩写方式，在该属性中可以按照 top-left、top-right、bottom-right 和 bottom-left 的顺时针顺序同时设置 4 个角的圆角半径值，其主要有以下 4 种情况出现。

(1) border-radius 属性只设置一个值。

如果 border-radius 属性只设置一个属性值，那么就说明 top-left、top-right、bottom-right 和 bottom-left 4 个值是相等的，也就是元素的 4 个圆角效果相同。

(2) border-radius 属性设置两个值。

如果 border-radius 属性设置两个属性值，那么就说明 top-left 与 bottom-right 值相等，并取第一个值；top-right 与 bottom-left 值相等，并取第二个值。也就是元素的左上角与右下角取第一个值，右上角与左下角取第二个值。

(3) border-radius 属性设置 3 个值。

如果 border-radius 属性设置 3 个属性值，则第一个值设置 top-left，第二个值设置 top-right 和 bottom-left，第三个值设置 bottom-right。

(4) border-radius 属性设置 4 个值。

如果 border-radius 属性设置 4 个属性值，则第一个值设置 top-left，第二个值设置 top-right，第三个值设置 bottom-right，第四个值设置 bottom-left。

> **技巧**
>
> 如果重置元素没有圆角效果，设置 border-radius 属性值为 none 并没有效果，需要将元素的 border-radius 属性值设置为 0。

## 实战　为网页元素设置圆角效果

最终文件：最终文件 \ 第 12 章 \12-6-2.html　　　视频：视频 \ 第 12 章 \12-6-2.mp4

**01** 执行"文件" > "打开"命令，打开页面"源文件 \ 第 12 章 \12-6-2.html"，可以看到页面的 HTML 代码，如图 12-92 所示。在浏览器中预览该页面，可以看到页面中相应的元素显示为直角的边框效果，如图 12-93 所示。

图 12-92

图 12-93

**02** 转换到该网页所链接的外部 CSS 样式表文件中，找到名称为 #main img 的 CSS 样式，添加 border-radius 属性设置代码，如图 12-94 所示。保存外部 CSS 样式表文件，在浏览器中预览该页面，可以看到页面中 id 名称为 main 的 Div 中包含的图片的 4 个角为相同圆角的效果，如图 12-95 所示。

图 12-94　　　　　　　图 12-95

> **技巧**
>
> 元素设置有边框效果时，当元素的圆角半径值小于或等于边框宽度时，该角会显示为外圆内直的效果；当元素的圆角半径值大于边框宽度时，该角会显示为内外都是圆角的效果。

> **提示**
>
> 使用 border-radius 属性可以为网页中任意元素应用圆角效果，但是在为图片 <img> 元素应用圆角效果时，只有 Webkit 核心的浏览器不会对图片进行剪切，而在其他的浏览器中都能实现图片的圆角效果。

**03** 转换到外部 CSS 样式表文件中，在名称为 #title 的 CSS 样式中添加 border-radius 属性设置，如图 12-96 所示。保存外部 CSS 样式表文件，在浏览器中预览该页面，可以看到所实现的元素对角显示为相同圆角效果，如图 12-97 所示。

图 12-96

图 12-97

> **技巧**
>
> border-radius 属性本身又包含 4 个子属性，当为该属性赋一组值时，将遵循 CSS 的赋值规则。从 border-radius 属性语法可以看出，其值也可以同时包含 2 个值、3 个值或 4 个值，多个值的情况使用空格进行分隔。

### 12.6.3　border-image 属性——图像边框

在 CSS3 中新增了图像边框属性 border-image，通过使用该属性能够模拟出 background-image 属性的功能，功能比 background-image 强大，通过 border-image 属性能够为页面的任何元素设置图片边框效果，还可以使用该属性来制作圆角按钮效果等。

CSS3 中新增的 border-image 属性，专门用于图像边框的处理，它的强大之处在于能灵活地分隔图像，并应用于边框。

border-image 属性的语法格式如下。

```
border-image: none | <image> [ <number> | <percentage>]{1,4}[ / <border-width>{1,4}
]? [stretch | repeat | round] {0,2}
```

border-image 属性的参数说明如表 12-17 所示。

表 12-17　border-image 属性的参数说明

| 参数 | 说明 |
| --- | --- |
| none | none 为默认值，表示无图像 |
| <image> | 用于设置边框图像，可以使用绝对地址或相对地址 |
| <number> | number 是一个数值，用来设置边框或边框背景图片的大小，其单位是像素 (px)，可以使用 1～4 个值，表示 4 个方位的值，可以参考 border-width 属性的设置方式 |
| <percentage> | percentage 也是用来设置边框或者边框背景图片的大小，与 number 不同之处是，percentage 使用的是百分比值 |
| <border-width> | 由浮点数字和单位标识符组成的长度值，不可以为负值，用于设置边框宽度 |
| stretch、repeat、round | 这 3 个属性参数是用来设置边框背景图片的铺放方式，类似于 background-position 属性，其中 stretch 会拉伸边框背景图片、repeat 是重复边框背景图片、round 是平铺边框背景图片，其中 stretch 为默认值 |

> **实战　为网页元素设置图像边框效果**
>
> 最终文件：最终文件 \ 第 12 章 \12-6-3.html　　视频：视频 \ 第 12 章 \12-6-3.mp4

**01** 执行"文件" > "打开"命令，打开页面"源文件 \ 第 12 章 \12-6-3.html"，可以看到页面的 HTML 代码，如图 12-98 所示。在浏览器中预览该页面，效果如图 12-99 所示。

**02** 转换到该网页所链接的外部 CSS 样式表文件中，找到名称为 #title 的 CSS 样式，首先在该 CSS 样式中添加 border 属性设置代码，为其添加边框，如图 12-100 所示。保存外部 CSS 样式表文件，在浏览器中预览该页面，可以看到页面中 id 名称为 title 的元素的边框效果，如图 12-101 所示。

图 12-98

图 12-99

图 12-100

图 12-101

**03** 转换到外部 CSS 样式表文件中，在名称为 #title 的 CSS 样式中添加 border-image 属性设置代码，如图 12-102 所示。这里引用的边框图像是一张事先设计好的较小的图像，效果如图 12-103 所示。

图 12-102

图 12-103

**04** 保存外部 CSS 样式表文件，在浏览器中预览该页面，可以看到页面中 id 名称为 title 的元素的图像边框效果，如图 12-104 所示。

图 12-104

## 12.6.4　box-shadow 属性——元素阴影

通过 box-shadow 属性，可以为网页中的元素设置一个或多个阴影效果，如果 box-shadow 属性同时设置了多个阴影效果，则多个阴影的设置代码之间必须使用英文逗号 "," 隔开。

box-shadow 属性的语法规则如下。

```
box-shadow: none | [<length> <length> <length>?<length>? || <color>] [,<length>
<length> <length>?<length>? || <color>] +;
```

上面的语法规则简写如下。

```
box-shadow: none | [inset x-offset y-offset blur-radius spread-radius color], [inset
x-offset y-offset blur-radius spread-radius color];
```

box-shadow 属性的参数说明如表 12-18 所示。

表 12-18　box-shadow 属性的参数说明

| 参数 | 说明 |
| --- | --- |
| none | none 为默认值，表示元素没有任何阴影效果 |
| inset | 可选值，如果不设置该参数，则默认的阴影方式为外阴影；如果设置该参数，则可以为元素设置内阴影效果 |
| x-offset | 该参数表示阴影的水平偏移值，其值可以为正值，也可以为负值。如果取正值，则阴影在元素的右边；如果取负值，则阴影在元素的左边 |
| y-offset | 该参数表示阴影的垂直偏移值，其值可以为正值，也可以为负值。如果取正值，则阴影在元素的底部；如果取负值，则阴影在元素的顶部 |
| blur-radius | 该参数为可选参数，表示阴影的模糊半径，其值只能为正值。如果取值为 0 时，表示阴影不具有模糊效果；如果取值越大，阴影边缘就越模糊 |
| spread-radius | 该参数为可选参数，表示阴影的扩展半径，其值可能为正负值。如果取正值，则整个阴影都延展扩大；如果取负值，则整个阴影都缩小 |
| color | 可选参数，表示阴影的颜色。如果不设置该参数，浏览器会取默认颜色为阴影颜色，但是各浏览器的默认阴影颜色不同，特别是在 Webkit 核心的浏览器将会显示透明，建议在设置 box-shadow 属性时不要省略该参数 |

**实战　为网页元素添加阴影效果**

最终文件：最终文件 \ 第 12 章 \12-6-4.html　　视频：视频 \ 第 12 章 \12-6-4.mp4

**01** 执行"文件" > "打开"命令，打开页面"源文件 \ 第 12 章 \12-6-4.html"，可以看到页面的 HTML 代码，如图 12-105 所示。在浏览器中预览该页面，目前页面中的元素并没有应用阴影效果，效果如图 12-106 所示。

图 12-105

图 12-106

**02** 转换到该网页所链接的外部 CSS 样式表文件中，找到名称为 #box 的 CSS 样式，添加 box-shadow 属性设置代码，如图 12-107 所示。保存外部 CSS 样式表文件，在浏览器中预览该页面，可以看到页面中 id 名称为 box 的元素的阴影效果，如图 12-108 所示。

```
#box {
    width: 905px;
    height: auto;
    overflow: hidden;
    background-color: #FFF;
    padding: 20px;
    margin: 0px auto;
    box-shadow: 0px 0px 20px #CCC;
}
```
图 12-107

图 12-108

　　在此处的 box-shadow 属性设计中，第 1 个值为水平方向偏移值，该值为 0px，表示水平方向不发生偏移；第 2 个值为垂直方向偏移值，该值为 0px，表示阴影在垂直方向上不发生偏移；第 3 个值为阴影模糊半径值，该值为 20px，表示阴影的模糊范围；第 4 个颜色值为阴影颜色。此处因为没有对阴影进行偏移处理，只是进行了模糊处理，所以产生的阴影效果类似于元素向四周投影的效果。

　　**03** 转换到外部 CSS 样式表文件中，找到名称为 #box img 的 CSS 样式，添加 box-shadow 属性设置代码，如图 12-109 所示。保存外部 CSS 样式表文件，在浏览器中预览该页面，可以看到页面中 id 名称为 box 的 Div 中所包含的图片都会应用相同的阴影效果，如图 12-110 所示。

图 12-109

图 12-110

# 12.7　新增的多列布局属性

　　在 CSS3 中新增了多列布局的功能，可以让浏览器确定何时结束一列或开始下一列，无需任何额外的标记。简单来说，就是 CSS3 多列布局功能可以自动将内容按指定的列数进行排列，通过多列布局功能实现的效果和报纸、杂志的排版类似。

## 12.7.1　columns 属性——多列布局

　　columns 属性是 CSS3 新增的多列布局功能中的一个基础属性，该属性是一个复合属性，包含列宽度 (column-width) 和列数 (column-count)，用于快速定义多列布局的列数目和每列的宽度。

　　columns 属性的语法格式如下。

```
columns: <column-width> || <column-count>;
```

　　columns 属性的参数说明如表 12-19 所示。

表 12-19　columns 属性的参数说明

| 参数 | 说明 |
| --- | --- |
| <column-width> | 用于设置多列布局中每列的宽度，详细使用方法请参阅 12.7.2 节 |
| <column-count> | 用于设置多列布局的列数，详细使用方法请参阅 12.7.3 节 |

　　在实际布局的过程中，所定义的多列布局的列数是最大列数，当容器的宽度不足以划分所设置的列数时，列数会适当地减少，而每列的宽度会自适应宽度，从而填满整个容器范围。

**实 战**　快速对网页内容分列

最终文件：最终文件 \ 第 12 章 \12-7-1.html　　视频：视频 \ 第 12 章 \12-7-1.mp4

　　**01** 执行"文件" > "打开"命令，打开页面"源文件 \ 第 12 章 \12-7-1.html"，可以看到页面的 HTML 代码，如图 12-111 所示。在浏览器中预览该页面，可以看到页面中文本内容的默认显示效果，如图 12-112 所示。

图 12-111

图 12-112

**02** 转换到该网页所链接的外部 CSS 样式表文件中，找到名称为 #text 的 CSS 样式设置代码，如图 12-113 所示。在该 CSS 样式中添加 columns 属性设置代码，如图 12-114 所示。

图 12-113

图 12-114

**03** 保存外部 CSS 样式表文件，在浏览器中预览该页面，可以看到将该部分内容分为 3 列的显示效果，如图 12-115 所示。

图 12-115

**提示**

如果分栏元素的宽度采用的是百分比设置，那么当该元素的宽度变小时，则该元素中的分栏会变成 2 栏或者 1 栏。每列的高度尽可能保持一致，而每列的宽度会自动进行分配，并不一定是 columns 属性中所设置的宽度大小。

## 12.7.2 column-width 属性——列宽度

column-width 属性用于设置多列布局的列宽，与 CSS 样式中的 width 属性相似，不同的是 column-width 属性设置多列布局的列宽度时，既可以单独使用，也可以和多列布局的其他属性配合使用。

column-width 属性的语法格式如下。

```
column-width: auto | <length>;
```

column-width 属性的参数说明如表 12-20 所示。

表 12-20　column-width 属性的参数说明

| 参数 | 说明 |
| --- | --- |
| auto | 该属性值为默认值，表示元素多列布局的列宽度由其他属性来决定，例如，由 column-count 属性来决定 |
| <length> | 表示使用固定值来设置元素的多列布局列宽度，其主要是由数值和长度单位组成，其值只能取正值，不能为负值 |

## 12.7.3 column-count 属性——列数

column-count 属性用于设置多列布局的列数，而不需要通过列宽度自动调整列数。

column-count 属性的语法格式如下。

```
column-count: auto | <integer>;
```

column-count 属性的参数说明如表 12-21 所示。

表 12-21　column-count 属性的参数说明

| 参数 | 说明 |
| --- | --- |
| auto | 该属性值为默认值，表示元素多列布局的列数将由其他属性来决定，例如由 column-width 属性来决定。如果没有设置 column-width 属性，则当设置 column-count 属性为 auto 时，只有一列 |
| <integer> | 表示多列布局的列数，取值为大于 0 的正整数，不可以取负数 |

提示

使用 column-count 属性实现容器的分列布局时，如果容器的宽度是按百分比进行设置的，那么分列中每列的宽度是不固定的，会根据容器的宽度来自动计算每列的宽度，但始终保持 column-count 属性所设置的列数不变。

## 12.7.4　column-gap 属性——列间距

使用前面所介绍的 column-width 和 column-count 属性能够很方便地将元素创建为多列布局，而列与列的间距是默认的大小。通过使用 column-gap 属性可以设置分列布局中列与列的间距，从而可以更好地控制多列布局中的内容和版式。

column-gap 属性的语法格式如下。

```
column-gap: normal | <length>;
```

column-gap 属性的参数说明如表 12-22 所示。

表 12-22　column-gap 属性的参数说明

| 参数 | 说明 |
| --- | --- |
| normal | 该属性值为默认值，通过浏览器默认设置进行解析，一般情况下，normal 值相当于 1em |
| <length> | 由浮点数字和单位标识符组成的长度值，主要用来设置列与列之间的距离，常使用 px、em 单位的任何整数值，但其不能为负值 |

提示

多列布局中的 column-gap 属性类似于盒模型中的 margin 和 padding 属性，具有一定的空间位置，当其值过大时会撑破多列布局，浏览器会自动根据相关参数重新计算列数，直到容器无法容纳时，显示为一列为止。但是 column-gap 属性与 margin 和 padding 属性不同的是，其只存在于列与列之间，并与列高度相等。

## 12.7.5　column-rule 属性——列分隔线

边框是非常重要的 CSS 属性之一，通过边框可以划分不同的区域。CSS3 新增 column-rule 属性，在多列布局中，通过该属性设置多列布局的边框，用于区分不同的列。

column-rule 属性的语法格式如下。

```
column-rule: <column-rule-width> | <column-rule-style> | <column-rule-color>;
```

column-rule 属性的参数说明如表 12-23 所示。

表 12-23　column-rule 属性的参数说明

| 参数 | 说明 |
| --- | --- |
| <column-rule-width> | 类似于 border-width 属性，用来定义列边框的宽度，其默认值为 medium。该属性值可以是任意浮点数，但不可以取负值。与 border-width 属性相同，可以使用关键词 medium、thick 和 thin |
| <column-rule-style> | 类似于 border-style 属性，用来定义列边框的效果，其默认值为 none。该属性值与 border-style 属性值相同，包括 none、hidden、dotted、dashed、solid、double、groove、ridge、inset 和 outset |
| <column-rule-color> | 类似于 border-color 属性，用来定义列边框的颜色，可以接受所有的颜色值，如果不希望显示颜色，也可以将其设置为 transparent( 透明色 ) |

> **提示**
>
> column-rule 属性类似于盒模型中的 border 属性，主要用来设置列分隔线的宽度、样式和颜色，并且 column-rule 属性所表现出的列分隔线不具有任何空间位置，同样具有与列一样的高度，但列分隔线 column-rule 属性与 border 属性的不同之处是，border 会撑破容器，而 column-rule 不会撑破容器，只不过其列分隔线的宽度大于列间距时，列分隔线会自动消失。

## 12.7.6　column-span 属性——横跨列

报纸或杂志的文章标题经常会跨列显示，如果要在分列布局中实现相同效果的跨列显示，则需要使用 column-span 属性。

column-span 属性主要用于设置一个分列元素中的子元素能够跨所有列。column-width 和 column-count 属性能够实现将一个元素分为多列，不管里面元素如何排放顺序，它们都是从左至右放置内容，但有时候需要其中一段内容或一个标题不进行分列，也就是横跨所有列，这时使用 column-span 属性就能够轻松实现。

column-span 属性的语法格式如下。

```
column-span: none | all;
```

column-span 属性的属性值说明如表 12-24 所示。

表 12-24　column-span 属性的属性值说明

| 属性值 | 说明 |
| --- | --- |
| none | 该属性值为默认值，表示不横跨任何列 |
| all | 该属性值与 none 属性值刚好相反，表示元素横跨多列布局元素中的所有列，并定位在列的 $z$ 轴之上 |

**实战　设置网页内容的分列布局效果**

最终文件：最终文件 \ 第 12 章 \12-7-6.html　视频：视频 \ 第 12 章 \12-7-6.mp4

**01** 执行"文件" > "打开"命令，打开页面"源文件\第 12 章\12-7-6.html"，切换到设计视图中，可以看到页面的效果，如图 12-116 所示。转换到该网页所链接的外部 CSS 样式表文件中，找到名称为 #text 的 CSS 样式，如图 12-117 所示。

图 12-116

图 12-117

**02** 在该 CSS 样式中添加列宽度 column-width 属性设置代码，如图 12-118 所示。保存 CSS 样式表文件，在浏览器中预览页面，可以看到网页元素被分为多栏，并且每一栏的宽度为 180 像素，效果如图 12-119 所示。

图 12-118

图 12-119

使用 column-width 属性以固定数值的方式可以实现多列布局的效果，不过这种方式比较特殊，如果容器的宽度为百分比值，那么当容器宽度超出分栏宽度时，会以分栏的方式显示；但是如果容器宽度小于所设置的分栏宽度时，容器将减少分栏数量，直到最终只显示一列。

03 返回外部 CSS 样式表文件中，在名称为 #text 的 CSS 样式中，将刚添加的 column-width 属性设置删除，添加定义栏目列数 column-count 属性设置代码，如图 12-120 所示。保存 CSS 样式表文件，在浏览器中预览页面，可以看到该元素内容被分为 3 栏，如图 12-121 所示。

```
#text {
    width: 770px;
    height: auto;
    overflow: hidden;
    margin: 0px auto;
    background-color: rgba(0,0,0,0.5);
    padding: 15px;
    margin-top: 80px;
    column-count: 3;
}
```

图 12-120

图 12-121

单独使用 column-width 属性或者 column-count 属性都能够实现容器的分列布局效果，但这两种属性所实现的分列布局效果又存在不同。在容器宽度不固定的情况下，使用 column-width 属性实现分列布局，列数不是固定的，会根据容器的宽度增多或减少；使用 column-count 属性实现分列布局，列数是固定的，但每列的宽度并不固定，如果容器变宽则每列宽度都随之增加，如果容器变窄则每列宽度都随之减少。

04 返回外部 CSS 样式表文件中，在名称为 #text 的 CSS 样式中添加列间距 column-gap 属性设置代码，如图 12-122 所示。保存 CSS 样式表文件，在浏览器中预览页面，可以看到所设置的列间距效果，如图 12-123 所示。

```
#text {
    width: 770px;
    height: auto;
    overflow: hidden;
    margin: 0px auto;
    background-color: rgba(0,0,0,0.5);
    padding: 15px;
    margin-top: 80px;
    column-count: 3;
    column-gap: 40px;
}
```

图 12-122

图 12-123

05 返回外部 CSS 样式表文件中，在名称为 #text 的 CSS 样式中添加列分隔线 column-rule 属性设置代码，如图 12-124 所示。保存 CSS 样式表文件，在浏览器中预览页面，可以看到所设置的分栏线效果，如图 12-125 所示。

```
#text {
    width: 770px;
    height: auto;
    overflow: hidden;
    margin: 0px auto;
    background-color: rgba(0,0,0,0.5);
    padding: 15px;
    margin-top: 80px;
    column-count: 3;
    column-gap: 40px;
    column-rule: dashed 1px #F4F4F4;
}
```

图 12-124

图 12-125

列分隔线不占有任何的空间位置，所以列分隔线宽度的增大并不会影响分列布局的效果。但是如果列分隔线的宽度增加到超过列与列之间的间距，那么列分隔线就会自动消失，不可见。

06 返回外部 CSS 样式表文件中，找到名称为 #text h1 的 CSS 样式，在该 CSS 样式中添加横跨所有列 column-span 属性设置代码，如图 12-126 所示。保存 CSS 样式表文件，在浏览器中预览页面，可以看到文章标题横跨所有列的效果，如图 12-127 所示。

```
#text h1 {
    display: block;
    font-size: 24px;
    font-weight: bold;
    background-color: #27628E;
    text-align: center;
    line-height: 40px;
    margin-bottom: 10px;
    column-span: all;
}
```

图 12-126

图 12-127

# 12.8 新增的盒模型设置属性

除了以上针对页面中不同元素的新增属性外，在 CSS3 中还新增了一些可应用于多种元素的属性，包括元素不透明度、溢出内容处理方式、自由缩放、轮廓外边框等，为网页设计制作带来更多的便利及人性化设计。

## 12.8.1 opacity 属性——元素不透明度

以前网页中元素想要实现半透明的效果大多数都是通过背景图片来实现的，而在 CSS3 中新增了 opacity 属性，可以通过该属性直接设置网页元素的透明度。

使用 opacity 属性可以通过具体的数值设置元素透明的程度，能够使网页任何元素呈现出半透明的效果。opacity 属性的语法格式如下。

```
opacity: <length> | inherit;
```

opacity 属性的参数说明如表 12-25 所示。

表 12-25　opacity 属性的参数说明

| 参数 | 说明 |
| --- | --- |
| <length> | 默认值为 1，可以取 0~1 之间的任意浮点数，不可以为负数。当取值为 1 时，元素完全不透明；反之，取值为 0 时，元素完全透明不可见 |
| inherit | 表示继承元素的 opacity 属性值，即继承父元素的不透明度 |

**实战** 设置网页元素的不透明度

最终文件：最终文件＼第 12 章＼12-8-1.html　　视频：视频＼第 12 章＼12-8-1.mp4

01 执行"文件">"打开"命令，打开页面"源文件＼第 12 章＼12-8-1.html"，可以看到页面的 HTML 代码，如图 12-128 所示。在浏览器中预览该页面，可以看到当前页面中的图片都显示为默认的完全不透明效果，如图 12-129 所示。

图 12-128

图 12-129

02 转换到该网页所链接的外部 CSS 样式表文件中，创建名称为 .pic01 的类 CSS 样式，在该类 CSS 样式中设置 opacity 属性，如图 12–130 所示。返回网页 HTML 代码中，为相应的图片应用名称为 pic01 的类 CSS 样式，如图 12–131 所示。

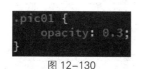

图 12–130

图 12–131

03 保存外部 CSS 样式表文件和 HTML 文件，在浏览器中预览该页面，可以看到图片半透明的显示效果，如图 12–132 所示。转换到外部 CSS 样式表文件中，分别创建名称为 .pic02 和 .pic03 的类 CSS 样式，并分别设置不同的不透明度值，如图 12–133 所示。

图 12–132

图 12–133

04 返回网页 HTML 代码中，为相应的图片分别应用名称为 pic02 和 pic03 的类 CSS 样式，如图 12–134 所示。保存外部 CSS 样式表文件和 HTML 文件，在浏览器中预览该页面，可以看到将图片设置为不同透明度的效果，如图 12–135 所示。

图 12–134

图 12–135

提示

使用 opacity 属性可以设置任意网页元素的不透明度，不仅仅是图片。但需要注意的是，为元素设置 opacity 属性后，该元素的所有后代元素都会继承该 opacity 属性设置。

## 12.8.2 overflow-x 和 overflow-y 属性——溢出内容处理方式

在 CSS 样式中每一个元素都可以看作一个盒子，这个盒子就是一个容器。在 CSS2 规范中，就已经有处理溢出内容的 overflow 属性，该属性定义当盒子的内容超出盒子边界时的处理方法。

在 CSS3 中新增了 overflow-x 和 overflow-y 属性，overflow-x 属性主要用来设置在水平方向对溢出内容的处理方式；overflow-y 属性主要用来设置在垂直方向对溢出内容的处理方式。

overflow-x 和 overflow-y 属性的语法格式如下。

```
overflow-x: visible | auto | hidden | scroll | no-display | no-content;
overflow-y: visible | auto | hidden | scroll | no-display | no-content;
```

和 overflow 属性一样，overflow-x 和 overflow-y 属性取不同的属性值所起到的作用也不同。overflow-x 和 overflow-y 属性的属性值说明如表 12–26 所示。

表 12-26　overflow-x 和 overflow-y 属性的属性值说明

| 属性值 | 说明 |
| --- | --- |
| visible | 默认值，盒子内容溢出时，不裁剪溢出的内容，超出盒子边界的部分将显示在盒元素之外 |
| auto | 盒子溢出时，显示滚动条 |
| hidden | 盒子溢出时，溢出的内容将被裁剪，并且不显示滚动条 |
| scroll | 无论盒子中的内容是否溢出，overflow-x 都会显示横向滚动条，而 overflow-y 都会显示纵向滚动条 |
| no-display | 当盒子溢出时，不显示元素，该属性值是新增的 |
| no-content | 当盒子溢出时，不显示内容，该属性值是新增的 |

**实 战　设置网页元素内容溢出的处理方式**

最终文件：最终文件 \ 第 12 章 \12-8-2.html　　视频：视频 \ 第 12 章 \12-8-2.mp4

**01** 执行 "文件" > "打开" 命令，打开页面 "源文件 \ 第 12 章 \12-8-2.html"，可以看到页面的 HTML 代码，如图 12-136 所示。转换到该网页所链接的外部 CSS 样式表文件中，找到名称为 #text 的 CSS 样式设置代码，可以看到该元素已经设置了固定的宽度与高度，如图 12-137 所示。

图 12-136

图 12-137

**02** 切换到该网页的设计视图中，可以看到页面中 id 名称为 text 的 Div 容器中的内容明显溢出，如图 12-138 所示。在浏览器中预览该页面，可以看到默认情况下，溢出的内容会撑破容器从而保证内容的显示完整，如图 12-139 所示。

图 12-138

图 12-139

**提示**

在名称为 #text 的 CSS 样式中并没有添加任何关于溢出属性 (overflow、overflow-x、overflow-y) 的设置，所以在浏览页面时，溢出部分的内容依然会完整地显示出来。

**03** 转换到外部 CSS 样式表文件中，在名称为 #text 的 CSS 样式中添加 overflow-y 属性，设置该属性值为 hidden，如图 12-140 所示。保存 CSS 样式表文件，在浏览器中预览该页面，可以看到容器中溢出的内容被直接裁切隐藏，如图 12-141 所示。

**提示**

可以根据容器中内容溢出的方向来选择使用 overflow-x 或 overflow-y 属性对不同溢出方向进行设置。因为当前元素的内容溢出方向为垂直方向，所以这里也可以使用 overflow-y 属性进行设置。

图 12-140　　　　　　　　　　　　　　图 12-141

**04** 转换到外部 CSS 样式表文件中，在名称为 #text 的 CSS 样式中修改 overflow-y 属性值为 auto，如图 12-142 所示。保存 CSS 样式表文件，在浏览器中预览页面，可以看到当垂直方向上内容有溢出时，会自动为容器添加垂直方向的滚动条，如图 12-143 所示。

图 12-142　　　　　　　　　　　　　　图 12-143

### 12.8.3　resize 属性——自由缩放

在 CSS3 中新增了区域缩放调节的属性，通过新增的 resize 属性，就可以实现页面中元素的区域缩放操作，调节元素的尺寸大小。

resize 属性的语法规则如下。

```
resize: none | both | horizontal | vertical | inherit;
```

resize 属性的属性值说明如表 12-27 所示。

表 12-27　resize 属性的属性值说明

| 属性值 | 说明 |
|---|---|
| none | 不提供元素尺寸调整机制，用户不能操纵调节元素的尺寸 |
| both | 提供元素尺寸的双向调整机制，让用户可以调节元素的宽度和高度 |
| horizontal | 提供元素尺寸的单向水平方向调整机制，让用户可以调节元素的宽度 |
| vertical | 提供元素尺寸的单向垂直方向调整机制，让用户可以调节元素的高度 |
| inherit | 继承父元素的 resize 属性设置 |

> **提示**
>
> resize 属性需要和溢出处理属性 overflow、overflow-x 或 overflow-y 一起使用，才能把元素定义成可以调整尺寸大小的效果，且溢出属性值不能为 visible。

**实战　实现网页元素尺寸任意拖动缩放**

最终文件：最终文件 \ 第 12 章 \12-8-3.html　　　视频：视频 \ 第 12 章 \12-8-3.mp4

**01** 执行"文件">"打开"命令，打开页面"源文件 \ 第 12 章 \12-8-3.html"，可以看到页面的 HTML 代码，如图 12-144 所示。在 Chrome 浏览器中预览该页面，可以看到该页面的默认显示效果，如图 12-145 所示。

```
<!doctype html>
<html>
<head>
<meta charset="utf-8">
<title>实现网页元素尺寸任意拖动缩放</title>
<link href="style/12-8-3.css" rel="stylesheet" type="text/css">
</head>

<body>
<div id="text">
    <span class="text01">记忆力的风</span>
    <p>春天的风总是从很远的地方吹来，拂过广袤的原野，钻进葳蕤的树林里。</p>
    <p>记忆里的春天，总是带着几分和煦，在水波中轻轻漾起，在绿色里渐渐散尽，我的身体在这种抚摸下暖了起来，在靠近心脏的地方，却没有了温度。</p>
    <p>记忆里的春天，有时也会肆意的卷起，将地上的尘土，迷乱了我的视线。这样，肌肤告别了温存，不知为何，内心突兀的贴切。春天的风，飞舞着，不知道从哪里溢出了花香，简单充斥了鼻息之后，荡然无存。远处的、近处的、还有脚下的，嫩绿的、暗黄的、还有淡粉的，    没有波澜的春季，万物都是安静的，仿佛可以听到心脏无力的跳动，微弱的，没有节奏，原来，这里只是属于记忆里</p>
</div>
</body>
</html>
```

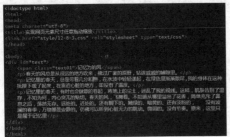

图 12-144

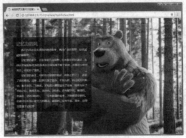

图 12-145

02 转换到该网页所链接的外部 CSS 样式表文件中，找到名称为 #text 的 CSS 样式，可以看到该 CSS 样式的设置代码，如图 12-146 所示。在该 CSS 样式中添加 resize 属性，设置其属性值为 both，如图 12-147 所示。

```
#text {
    position: absolute;
    width: 400px;
    height: auto;
    overflow: hidden;
    background-color: rgba(0,0,0,0.6);
    top: 100px;
    left: 50px;
    padding: 15px;
    border: solid 1px #333;
}
```

图 12-146

```
#text {
    position: absolute;
    width: 400px;
    height: auto;
    overflow: hidden;
    background-color: rgba(0,0,0,0.6);
    top: 100px;
    left: 50px;
    padding: 15px;
    border: solid 1px #333;
    resize: both;
}
```

图 12-147

03 保存外部 CSS 样式表文件，在 Chrome 浏览器中预览页面，可以看到页面中 id 名称为 text 的元素右下角显示可拖动样式，如图 12-148 所示。在网页中单击该元素右下角并拖动可以调整元素的尺寸大小，如图 12-149 所示。

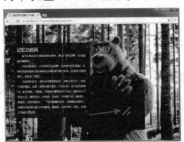

图 12-148

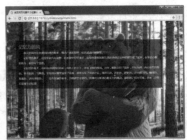

图 12-149

**提示**

在本实例的 CSS 样式中设置 resize 属性为 both，并且设置 overflow 属性为 hidden，这样在浏览器中预览页面时，可以在网页中任意调整该元素的大小。CSS3 中新增的 resize 属性，不仅可以为 Div 元素应用，还可以为其他元素应用，同样可以起到调整大小的效果。

## 12.8.4 outline 属性——轮廓外边框

outline 属性早在 CSS2 中就出现了，主要用来在元素周围绘制一条轮廓线，可以起到突出元素的作用，但是并没有得到各主流浏览器的广泛支持。在 CSS3 中对 outline 属性进行了一定的扩展，在以前的基础上增加了新的特性。

outline 属性的语法规则如下。

```
outline: [outline-color] || [outline-style] || [outline-width] || inherit;
```

从语法中可看出，outline 属性与 border 属性的使用方法极其相似。outline 属性的参数说明如表 12-28 所示。

表 12-28　outline 属性的参数说明

| 参数 | 说明 |
| --- | --- |
| [outline-color] | 该参数表示外轮廓线的颜色，取值为 CSS 中定义的颜色值。在实际应用中，如果省略该参数则默认显示为黑色 |
| [outline-style] | 该参数表示外轮廓线的样式，取值为 CSS 中定义线的样式。在实际应用中，如果省略该参数则默认值为 none，不对该轮廓线进行任何绘制 |
| [outline-width] | 该参数表示外轮廓线的宽度，取值可以为一个宽度值。在实际应用中，如果省略该参数则默认值为 medium，表示绘制中等宽度的轮廓线 |
| inherit | 继承父元素的 resize 属性设置 |

outline 属性是一个复合属性，它包含 4 个子属性：outline-width 属性、outline-style 属性、outline-color 属性和 outline-offset 属性。

### 1. outline-width 属性

outline-width 属性用于定义元素外轮廓的宽度，语法格式如下。

outline-width: thin | medium | thick | <length> | inherit;

outline-width 属性的属性值与 border-width 属性的属性值相同。

### 2. outline-style 属性

outline-style 属性用于定义元素外轮廓外边框的轮廓样式，语法格式如下。

```
outline-style: none | dotted | dashed | solid | double | groove | ridge | inset | outset | inherit;
```

outline-style 属性的属性值与 border-style 属性的属性值相同。

### 3. outline-color 属性

outline-color 属性用于定义元素外轮廓边框的颜色，语法格式如下。

```
outline-color: <color> | invert | inherit;
```

outline-color 属性的属性值与 border-color 属性的属性值相同。

### 4. outline-offset 属性

outline-offset 属性用于定义元素外轮廓边框的偏移值，语法格式如下。

```
outline-offset: <length> | inherit;
```

当该属性取值为正数时，表示轮廓线向外偏离多少个像素；当该属性取值为负数时，表示轮廓线向内偏移多少个像素。

> **提示**
>
> 在复合的 outline 属性语法中没有包含 outline-offset 子属性，因为这样会造成外轮廓边框宽度值指定不明确，无法正确解析。

**实战** 为网页元素添加轮廓外边框效果

最终文件：最终文件 \ 第 12 章 \12-8-4.html　　　视频：视频 \ 第 12 章 \12-8-4.mp4

 执行"文件" > "打开"命令，打开页面"源文件 \ 第 12 章 \12-8-4.html"，可以看到页面的 HTML 代码，如图 12-150 所示。在浏览器中预览该页面，可以看到页面元素的显示效果，如图 12-151 所示。

02 转换到该网页链接的外部 CSS 样式表文件中，创建名称为 #pic img 的 CSS 样式，在该 CSS 样式中通过 border 属性设置，为图片添加边框效果，如图 12-152 所示。保存外部 CSS 样式表文件，在浏览器中预览该页面，可以看到为图片添加的边框效果，如图 12-153 所示。

```
<body>
<div id="top">
<div id="top-center">
    <img src="images/128402.png" width="53" height="71" alt="">
    <img src="images/128406.gif" width="30" height="71" alt="">
    <img src="images/128403.png" width="53" height="71" alt="">
    <img src="images/128406.gif" width="30" height="71" alt="">
    <img src="images/128404.png" width="53" height="71" alt="">
    <img src="images/128406.gif" width="30" height="71" alt="">
    <img src="images/128405.png" width="53" height="71" alt="">
</div>
</div>
<div id="pic">
    <img src="images/128407.jpg" width="941" height="428" alt="">
</div>
</body>
```

图 12-150

图 12-151

**03** 转换到外部 CSS 样式表文件中，在名称为 #pic img 的 CSS 样式中添加 outline 属性设置，如图 12-154 所示。保存外部 CSS 样式表文件，在浏览器中预览该页面，可以看到为图片添加的外轮廓边框效果，如图 12-155 所示。

```
#pic img {
    border: solid 10px #FDB958;
}
```

图 12-152

图 12-153

```
#pic img {
    border: solid 10px #FDB958;
    outline: groove 15px #0091D4;
}
```

图 12-154

此处的 outline 属性也可以拆分为 outline-width、outline-color 和 outline-style 这 3 个子属性分别进行设置。

图 12-155

**04** 转换到外部 CSS 样式表文件中，在名称为 #pic img 的 CSS 样式中添加外轮廓偏移 outline-offset 属性设置代码，如图 12-156 所示。保存外部 CSS 样式表文件，在 Chrome 浏览器中预览该页面，可以看到外轮廓偏移的效果，如图 12-157 所示。

```
#pic img {
    border: solid 10px #FDB958;
    outline: groove 15px #0091D4;
    outline-offset: 10px;
}
```

图 12-156

图 12-157

**提示**

outline-offset 属性值可以取负值，如果取负值，则外轮廓向元素内部进行偏移。目前 IE 浏览器还不支持 outline-offset 属性，将会直接忽略 outline-offset 属性的设置。

## 12.8.5　content 属性——赋予内容

如果要为网页中的元素插入内容，很少有人会想到使用 CSS 样式来实现。在 CSS 样式中，可以使用 content 属性为元素添加内容，通过该属性可以替代 JavaScript 的部分功能。content 属性与 :before 及 :after 伪元素配合使用，可以将生成的内容放在一个元素内容的前面或后面。

content 属性的语法格式如下。

```
content: none | normal | <string> | counter(<counter>) | attr(<attribute>) |
url(<url>) | inherit;
```

content 属性的各参数介绍如表 12-29 所示。

表 12-29　content 属性的参数说明

| 参数 | 说明 |
|---|---|
| none | 该属性值表示赋予的内容为空 |
| normal | 默认值，表示不赋予内容 |
| <string> | 用于赋予指定的文本内容 |
| counter(<counter>) | 用于指定一个计数器作为添加内容 |
| attr(<attribute>) | 把选择的元素的属性值作为添加内容，<attribute> 为元素的属性 |
| url(<url>) | 指定一个外部资源（图像、声音、视频或浏览器支持的其他任何资源）作为添加内容，<url> 为一个网络地址 |
| inherit | 该属性值表示继承父元素 |

**实 战 为网页元素赋予文字内容**

最终文件：最终文件 \ 第 12 章 \12-8-5.html　　视频：视频 \ 第 12 章 \12-8-5.mp4

01 执行 "文件" > "打开" 命令，打开页面 "源文件 \ 第 12 章 \12-8-5.html"，可以看到页面的 HTML 代码，如图 12-158 所示。切换到该网页的设计视图中，可以看到页面中 id 名称为 title 的 Div 中是空白的，如图 12-159 所示，我们需要通过 CSS 样式为该 Div 赋予文字内容。

图 12-158　　　　　　　　　　　　　　　　图 12-159

02 转换到该网页所链接的外部 CSS 样式表文件中，创建名称为 #title:before 的 CSS 样式，如图 12-160 所示。保存外部 CSS 样式表文件，在浏览器中预览该页面，可以看到为网页中的元素赋予文字内容的效果，如图 12-161 所示。

```
#title:before {
    content: "我们的设计作品";
}
```

图 12-160　　　　　　　　　　　　　　　　图 12-161

# 第13章 使用 CSS3 实现动画效果

在网页中适当地使用动画效果，可以使页面更加生动和友好。CSS3 为设计师带来了革命性的改变，不但可以实现元素的变形操作，还能够在网页中实现动画效果。本章将带领读者详细学习 CSS3 中新增的 2D 和 3D 变形动画属性，从而掌握通过 CSS 样式实现动画效果的方法。

**本章知识点：**

➢ 理解 transform 属性
➢ 掌握 transform 属性中各种变换函数的设置和使用方法
➢ 掌握定义变形中心点 transform-origin 的设置
➢ 掌握元素过渡效果 transition 属性的设置和使用方法

## 13.1 实现元素变形

在网页中如果需要使一些元素产生倾斜等变形效果，则通过将图像制作成倾斜的效果来实现。在 CSS3 中，新增了 transform 属性，通过该属性的设置可以使网页中的元素产生各种常见的变形效果。

### 13.1.1 transform 属性

CSS3 新增的 transform 属性可以在网页中实现元素的旋转、缩放、移动、倾斜等变形效果。transform 属性的语法如下。

```
transform: none | <transform-function>;
```

transform 属性的参数说明如表 13-1 所示。

表 13-1 transform 属性的参数说明

| 参数 | 说明 |
| --- | --- |
| none | 该属性值为默认值，表示不设置元素变换效果 |
| <transform-function> | 该参数表示设置一个或多个变形函数。变形函数包括旋转 rotate()、缩放 scale()、移动 translate()、倾斜 skew()、矩阵变形 matrix() 等。设置多个变形函数时，使用空格进行分隔 |

> **提示**
>
> 元素在变换过程中，仅其显示效果变换，实际尺寸并不会因为变换而改变。所以元素变换后，可能会超出原有的限定边界，但不会影响自身尺寸及其他元素的布局。

### 13.1.2 使用 rotate() 函数实现元素旋转

设置 transform 属性值为 rotate() 函数，即可实现网页元素的旋转变换。rotate() 函数用于定义网页元素在二维空间中的旋转变换效果。rotate() 函数的语法如下。

```
transform: rotate(<angle>);
```

<angle> 参数表示元素旋转角度，为带有角度单位标识符的数值，角度单位是 deg。该值为正数

时，表示顺时针旋转；该值为负数时，表示逆时针旋转。

**01** 打开页面"源文件＼第 13 章＼13-1-2.html"，可以看到该页面的 HTML 代码，如图 13-1 所示。在浏览器中预览页面，可以看到页面元素的默认效果，如图 13-2 所示。

图 13-1

图 13-2

**02** 转换到该网页所链接的外部 CSS 样式表文件中，创建名称为 #box:hover 的 CSS 样式，如图 13-3 所示。保存外部 CSS 样式表文件，在浏览器中预览页面，当光标移至页面中 id 名称为 box 的元素上方时，可以看到该元素发生了旋转，如图 13-4 所示。

```
#box:hover {
    cursor: pointer;
    transform: rotate(30deg);          /*W3C标准写法*/
    -webkit-transform: rotate(30deg);  /*Webkit核心私有属性写法*/
    -moz-transform: rotate(30deg);     /*Gecko核心私有属性写法*/
    -o-transform: rotate(30deg);       /*Presto核心私有属性写法*/
}
```

图 13-3

图 13-4

> **提示**
>
> 在 id 名称为 box 的元素的鼠标经过状态中，设置 transform 属性值为旋转变形函数 rotate()，旋转角度为 30deg，实现当光标经过该元素时，元素顺时针旋转 30 度。

## 13.1.3　使用 scale() 函数实现元素缩放和翻转变形

设置 transform 属性值为 scale() 函数，即可实现网页元素的缩放和翻转效果。scale() 函数用于定义网页元素在二维空间的缩放和翻转效果。scale() 函数的语法如下。

```
transform: scale(<x>,<y>);
```

scale() 函数的参数说明如表 13-2 所示。

表 13-2　scale() 函数的参数说明

| 参数 | 说明 |
| --- | --- |
| \<x\> | 表示元素在水平方向上的缩放倍数 |
| \<y\> | 表示元素在垂直方向上的缩放倍数 |

\<x\> 和 \<y\> 参数的值可以为整数、负数和小数。当取值的绝对值大于 1 时，表示放大；当取值的绝对值小于 1 时，表示缩小。当取值为负数时，元素被翻转。如果 \<y\> 参数值省略，则说明垂直方向上的缩放倍数与水平方向上的缩放倍数相同。

**实战** 实现网页元素的缩放和翻转效果

最终文件：最终文件 \ 第 13 章 \13-1-3.html　　视频：视频 \ 第 13 章 \13-1-3.mp4

**01** 打开页面"源文件 \ 第 13 章 \13-1-3.html"，可以看到该页面的 HTML 代码，如图 13-5 所示。在浏览器中预览页面，可以看到页面元素的默认效果，如图 13-6 所示。

图 13-5

图 13-6

**02** 转换到该网页所链接的外部 CSS 样式表文件中，创建名称为 #logo:hover 的 CSS 样式，如图 13-7 所示。保存页面并保存外部 CSS 样式表文件，在浏览器中预览页面，当光标移至页面中 id 名称为 logo 的元素上方时，可以看到该元素实现了放大并翻转的效果，如图 13-8 所示。

图 13-7

图 13-8

**03** 返回外部 CSS 样式表文件中，创建名称为 #text:hover 的 CSS 样式，如图 13-9 所示。保存页面并保存 CSS 样式表文件，在浏览器中预览页面，当光标移至页面中 id 名称为 text 的元素上方时，可以看到该元素产生放大效果，如图 13-10 所示。

图 13-9

图 13-10

> **提示**
>
> 在 id 名称为 text 的元素的鼠标经过状态中，设置 transform 属性值为缩放变形函数 scale()，缩放值为 1.4，实现当光标经过该元素时，元素放大至 1.4 倍。注意，如果在 scale() 函数中只设置一个参数值，则表示在水平和垂直方向上的缩放值是相同的。

### 13.1.4　使用 translate() 函数实现元素移动

设置 transform 属性值为 translate() 函数，即可实现网页元素的移动。translate() 函数用于定义网页元素在二维空间的偏移效果。translate() 函数的语法如下。

```
transform: translate(<x>,<y>);
```

translate() 函数的参数说明如表 13-3 所示。

表 13-3　translate() 函数的参数说明

| 参数 | 说明 |
| --- | --- |
| \<x\> | 表示网页元素在水平方向上的偏移距离 |
| \<y\> | 表示网页元素在垂直方向上的偏移距离 |

　　\<x\> 和 \<y\> 参数的值是带有长度单位标识符的数值，可以为负数和带有小数的值。如果取值大于 0，则表示元素向右或向下偏移；如果取值小于 0，则表示元素向左或向上偏移。如果 \<y\> 值省略，则说明垂直方向上偏移距离默认为 0。

**实 战　实现网页元素的移动效果**

最终文件：最终文件 \ 第 13 章 \13-1-4.html　　　视频：视频 \ 第 13 章 \13-1-4.mp4

　　**01** 打开页面 "源文件 \ 第 13 章 \13-1-4.html"，可以看到该页面的 HTML 代码，如图 13-11 所示。在浏览器中预览页面，可以看到页面元素的默认效果，如图 13-12 所示。

图 13-11　　　　　　　　　　　　　　　　　图 13-12

　　**02** 转换到该网页所链接的外部 CSS 样式表文件中，创建名称为 #text:hover 的 CSS 样式，如图 13-13 所示。保存外部 CSS 样式表文件，在浏览器中预览页面，当光标移至页面下方 id 名称为 text 的元素上方时，可以看到该元素产生垂直向上移动的效果，如图 13-14 所示。

图 13-13　　　　　　　　　　　　　　　图 13-14

> **提示**
>
> 　　在 id 名称为 text 的元素的鼠标经过状态中，设置 transform 属性值为移动变形函数 translate()，设置水平方向为 0，表示水平方向不产生位置移动；设置垂直方向为负数，则表示在当前位垂直向上移动指定的距离。

## 13.1.5　使用 skew() 函数实现元素倾斜

　　设置 transform 属性值为 skew() 函数，即可实现网页元素的倾斜效果。skew() 函数用于定义网页元素在二维空间中的倾斜变换，skew() 函数的语法如下。

```
transform: skew(<angleX>,<angleY>);
```

skew() 函数的参数说明如表 13-4 所示。

表 13-4　skew() 函数的参数说明

| 参数 | 说明 |
| --- | --- |
| &lt;angleX&gt; | 表示网页元素在空间 *x* 轴上的倾斜角度 |
| &lt;angleY&gt; | 表示网页元素在空间 *y* 轴上的倾斜角度 |

&lt;angleX&gt; 和 &lt;angleY&gt; 参数的值是带有角度单位标识符的数值，角度单位是 deg。取值为正数时，表示顺时针旋转；取值为负数时，表示逆时针旋转。如果 &lt;angleY&gt; 参数值省略，则说明垂直方向上的倾斜角度默认认为 0deg。

**实 战　实现网页元素的倾斜效果**

最终文件：最终文件 \ 第 13 章 \13-1-5.html　　　视频：视频 \ 第 13 章 \13-1-5.mp4

01 打开页面"源文件 \ 第 13 章 \13-1-5.html"，可以看到该页面的 HTML 代码，如图 13-15 所示。在浏览器中预览页面，可以看到页面元素的默认效果，如图 13-16 所示。

图 13-15

图 13-16

02 转换到该网页所链接的外部 CSS 样式表文件中，创建名称为 #btn:hover 的 CSS 样式，如图 13-17 所示。保存外部 CSS 样式表文件，在浏览器中预览页面，当光标移至页面中 id 名称为 btn 的元素上方时，可以看到该元素产生的倾斜效果，如图 13-18 所示。

图 13-17

图 13-18

**提示**

在 id 名称为 btn 的元素的鼠标经过状态中，设置 transform 属性值为倾斜变形函数 skew()，仅设置了水平方向倾斜角度为 30deg，没有设置垂直方向上的倾斜角度，则默认垂直方向上的倾斜角度为 0deg。

## 13.1.6　使用 matrix() 函数实现元素矩阵变形

设置 transform 属性值为 matrix() 函数，即可实现网页元素的矩阵变形。matrix() 函数用于定义网页元素在二维空间的矩阵变形效果，matrix() 函数的语法如下。

```
transform: matrix(<m11>,<m12>,<m21>,<m22>,<x>,<y>);
```

matrix() 函数中的 6 个参数均为可计算的数值，组成一个变形矩阵，与当前网页元素旧的参数组成的矩阵进行乘法运算，形成新的矩阵，元素的参数被改变。该变形矩阵的形式如下。

```
| m11    m21    x |
| m12    m22    y |
| 0      0      1 |
```

关于详细的矩阵变形原理，需要掌握矩阵的相关知识，具体参考数学及图形学相关的资料，这里不做过多的说明。不过这里可以先通过几个特例了解其大概的使用方法。前面已经讲解了移动、缩放和旋转这些变换操作，其实都可以看作矩阵变形的特例。

🔽 **旋转 rotate(A)**：相当于矩阵变形 matrix(cosA,sinA,−sinA,cosA,0,0)。

🔽 **缩放 scale(sx,sy)**：相当于矩阵变形 matrix(sx,0,0,sy,0,0)。

🔽 **移动 translate(dx,dy)**：相当于矩阵变形 translate(1,0,0,1,dx,dy)。

可见，通过矩形变形可以使网页元素的变形更加灵活。

---

**实战　实现网页元素的矩阵变形效果**

最终文件：最终文件 \ 第 13 章 \13-1-6.html　　　视频：视频 \ 第 13 章 \13-1-6.mp4

**01** 打开页面"源文件 \ 第 13 章 \13-1-6.html"，可以看到该页面的 HTML 代码，如图 13-19 所示。在浏览器中预览页面，可以看到页面元素的默认效果，如图 13-20 所示。

图 13-19　　　　　　　　　　　　　　　　　　图 13-20

**02** 转换到该网页所链接的外部 CSS 样式表文件中，创建名称为 #box:hover 的 CSS 样式，如图 13-21 所示。

```
#box:hover {
    cursor: pointer;
    transform: matrix(0.86,0.5,0.5,-0.86,10,10);        /*W3C标准写法*/
    -webkit-transform: matrix(0.86,0.5,0.5,-0.86,10,10);  /*Webkit核心私有属性写法*/
    -moz-transform: matrix(0.86,0.5,0.5,-0.86,10,10);     /*Gecko核心私有属性写法*/
    -o-transform: matrix(0.86,0.5,0.5,-0.86,10,10);       /*Presto核心私有属性写法*/
}
```

图 13-21

**03** 保存外部 CSS 样式表文件，在浏览器中预览页面，效果如图 13-22 所示。当光标移至页面中 id 名称为 box 的元素上方时，可以看到该元素产生的矩阵变形效果，如图 13-23 所示。

图 13-22　　　　　　　　　　　　　　　　　　图 13-23

---

💡 **提示**

在 id 名称为 box 的元素的鼠标经过状态中，设置 transform 属性值为矩阵变形函数 matrix()，其变形效果中包含旋转、移动和缩放等。

## 13.1.7 定义变形中心点

transform 属性可以实现对网页元素的变换，默认的变换原点是元素对象的中心点。在 CSS3 中新增了 transform-origin 属性，通过该属性可以设置元素变换的中心点位置，这个位置可以是元素对象的中心点以外的任意位置，这样就使得使用 transform 属性对网页元素进行变换操作时更加灵活。

transform-origin 属性的语法如下。

```
transform-origin: <x-axis> <y-axis>;
```

transform-origin 属性的参数说明如表 13-5 所示。

表 13-5　transform-origin 属性的参数说明

| 参数 | 说明 |
| --- | --- |
| <x-axis> | 定义变形原点的横坐标位置，默认值为 50%，取值包括 left、center、right、百分比值、长度值 |
| <y-axis> | 定义变形原点的纵坐标位置，默认值为 50%，取值包括 top、middle、bottom、百分比值、长度值 |

**实战　设置网页元素的变形中心点位置**

最终文件：最终文件\第 13 章\13-1-7.html　　视频：视频\第 13 章\13-1-7.mp4

**01** 打开页面"源文件\第 13 章\13-1-7.html"，可以看到该页面的 HTML 代码，如图 13-24 所示。在浏览器中预览页面，可以看到页面元素的默认效果，如图 13-25 所示。

图 13-24

图 13-25

**02** 转换到该网页所链接的外部 CSS 样式表文件中，创建名称为 #box:hover 的 CSS 样式，添加 transform 属性设置，对该网页元素进行旋转操作，如图 13-26 所示。保存外部 CSS 样式表文件，在浏览器中预览页面，当光标移至名称为 box 的元素上方时，可以看到该元素旋转的效果，默认情况下，以元素的中心点位置进行旋转，如图 13-27 所示。

图 13-26

图 13-27

**03** 返回到外部 CSS 样式表中，在名称为 #box:hover 的 CSS 样式中添加 transform-origin 属性设置，如图 13-28 所示。保存外部 CSS 样式表文件，在浏览器中预览页面，可以看到设置变换中心点后，元素旋转变形效果，如图 13-29 所示。

旋转中心点位置

图 13-28

图 13-29

**技巧**

设置 transform-origin 属性的值为 0% 和 0%，即将元素的变形原点设置为元素的左上角。如果需要将变形原点设置为元素的左上角，还可以将 CSS 样式写为 transform-origin: 0 0; 和 transform-origin: left top; 的形式。

**04** 返回外部 CSS 样式表中，在名称为 #box:hover 的 CSS 样式中修改 transform-origin 属性值，如图 13-30 所示。保存外部 CSS 样式表文件，在浏览器中预览页面，可以看到设置变换中心点后，元素旋转变形效果，如图 13-31 所示。

图 13-30

图 13-31

## 13.1.8　同时使用多个变形函数

矩阵变形虽然非常灵活，但是并不容易理解，也不是很直观。transform 属性允许同时设置多个变形函数，这使元素变形可以更加灵活。在为 transform 属性设置多个函数时，各函数之间使用空格进行分隔，表现形式如下。

```
transform: rotate(<angle>) scale(<x>,<y>) translate(<x>,<y>) skew(<angleX>,<angleY>)
matrix(<m11>,<m12>,<m21>,<m22>,<x>,<y>);
```

**实 战　为网页元素同时应用多种变形效果**

最终文件：最终文件 \ 第 13 章 \13-1-8.html　　视频：视频 \ 第 13 章 \13-1-8.mp4

**01** 打开页面 "源文件 \ 第 13 章 \13-1-8.html"，可以看到该页面的 HTML 代码，如图 13-32 所示。在浏览器中预览页面，可以看到页面元素的默认效果，如图 13-33 所示。

图 13-32

图 13-33

**02** 转换到该网页所链接的外部 CSS 样式表文件中，找到名称为 #box 的 CSS 样式设置代码，添加 transform 属性设置，对该元素同时进行移动、旋转和缩放操作，如图 13-34 所示。保存外部 CSS 样式表文件，在浏览器中预览页面，可以看到元素同时应用多种变形的效果，如图 13-35 所示。

图 13-34

图 13-35

> **提示**
>
> 设置 transform 属性值为移动函数 translate()、旋转函数 rotate() 和缩放函数 scale()，各函数之间以空格进行分隔，在执行 CSS 样式代码时，按顺序对该元素进行多个变换操作。

**03** 返回外部 CSS 样式表文件中，对刚添加的 transform 属性中多个变形函数的顺序进行调整，如图 13-36 所示。保存页面并保存外部 CSS 样式表文件，在浏览器中预览页面，可以看到元素的效果，如图 13-37 所示。

图 13-36

图 13-37

> **技巧**
>
> 当为元素同时应用多个变形函数进行变形操作时，其执行的顺序是按照排列的先后顺序进行的，如果调整了函数的先后顺序，则得到的变形效果也会有所不同。

## 13.2 CSS3 实现过渡动画效果

在上一节中介绍的 transform 属性所实现的是网页元素的变形效果，仅仅呈现的是元素变形的结果。在 CSS3 中还新增了 transition 属性，通过该属性可以设置元素的变换过渡效果，可以让元素的变形过程看起来更加平滑。

### 13.2.1 transition 属性

CSS3 中新增了 transition 属性，通过该属性可以实现网页元素变换过程中的过渡效果，即在网页中实现了基本的动画效果。与实现元素变换的 transform 属性一起使用，可以展现出网页元素的变形过程，丰富动画的效果。

transition 属性的语法如下。

```
transition: transition-property || transition-duration || transition-timing-function
|| transition-delay;
```

transition 属性是一个复合属性，可以同时定义过渡效果所需的参数信息。其中包含 4 个方面的信息，就是 4 个子属性：transition-property、transition-duration、transition-timing-function 和 transition-delay。

transition 属性包含的子属性说明如表 13-6 所示。

表 13-6 transition 属性的子属性说明

| 子属性 | 说明 |
|---|---|
| transition-property | 用于设置过渡效果 |
| transition-duration | 用于设置过渡过程的时间长度 |
| transition-timing-function | 用于设置过渡方式 |
| transition-delay | 用于设置开始过渡的延迟时间 |

**技巧**

transition 属性可以同时定义两组或两组以上的过渡效果，每组之间使用逗号进行分隔。

## 13.2.2 transition-property 属性——实现过渡效果

transition-property 属性用于设置元素的动画过渡效果，该属性的语法如下。

```
transition-property: none | all | <property>;
```

transition-property 属性的参数说明如表 13-7 所示。

表 13-7 transition-property 属性的参数说明

| 参数 | 说明 |
|---|---|
| none | 该参数表示没有任何 CSS 属性有过渡效果 |
| all | 该参数为默认值，表示所有的 CSS 属性都有过渡效果 |
| <property> | 该参数用于指定一个或多个用逗号分隔的属性，针对指定的这些属性有过渡效果 |

**实战** 制作网页元素旋转并放大动画效果

最终文件：最终文件\第 13 章\13-2-2.html　　视频：视频\第 13 章\13-2-2.mp4

**01** 打开页面"源文件\第 13 章\13-2-2.html"，可以看到该页面的 HTML 代码，如图 13-38 所示。在浏览器中预览页面，可以看到页面元素的默认效果，如图 13-39 所示。

图 13-38

图 13-39

**02** 转换到该网页所链接的外部样式表文件中，找到名称为 #box 的 CSS 样式设置代码，如图 13-40 所示。在该 CSS 样式代码中添加 transition-property 和 transition-duration 属性设置，设置元素过渡效果和过渡时间，如图 13-41 所示。

图 13-40

图 13-41

03 创建名称为 #box:hover 的 CSS 样式，在该 CSS 样式中设置元素在鼠标经过状态下的变形效果，如图 13-42 所示。保存外部 CSS 样式表文件，在浏览器中预览页面，效果如图 13-43 所示。

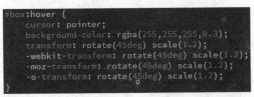

图 13-42

图 13-43

**提示**

通过设置 transition-property 属性值为 all，指定了 id 名称为 box 的元素的所有属性均实现过渡效果，所以在元素变换过程中不仅有旋转和缩放的变形过渡，还包括元素背景颜色变化的过渡效果。

04 当光标移至页面中 id 名称为 box 的元素上方时，可以看到该元素的旋转过渡效果，如图 13-44 所示。

图 13-44

### 13.2.3  transition-duration 属性——设置过渡时间

transition-duration 属性用于设置动画过渡过程中需要的时间，该属性的语法如下。

```
transition-duration: <time>;
```

<time> 参数用于指定一个用逗号分隔的多个时间值，时间的单位可以是 s( 秒 ) 或 ms( 毫秒 )。默认情况下为 0，即看不到过渡效果，看到的直接是变换后的结果。

**实 战  设置网页元素变形动画持续时间**

最终文件：最终文件 \ 第 13 章 \13-2-3.html　　视频：视频 \ 第 13 章 \13-2-3.mp4

01 打开页面"源文件 \ 第 13 章 \13-2-3.html"，切换到设计视图中，可以看到页面的效果，如图 13-45 所示。转换到该网页所链接的外部样式表文件中，找到名称为 #box 的 CSS 样式设置代码，如图 13-46 所示。

图 13-45

图 13-46

**02** 在该 CSS 样式代码中，修改 transition-property 属性设置并修改变形过渡时间为 3s，如图 13-47 所示。保存页面并保存外部 CSS 样式表文件，在浏览器中预览页面，当光标移至页面中 id 名称为 box 的元素上方时，可以看到元素变形过渡效果，过渡持续时间为 3s，如图 13-48 所示。

图 13-47

图 13-48

**03** 返回外部 CSS 样式表文件中，在名称为 #box 的 CSS 样式中修改两种过渡效果分别为不同的持续时间，如图 13-49 所示。保存页面并保存外部 CSS 样式表文件，在浏览器中预览页面，当光标移至页面中 id 名称为 box 的元素上方时，可以看到元素两种属性不同过渡持续时间的效果，如图 13-50 所示。

图 13-49

图 13-50

> **提示**
>
> 通过 transition-duration 属性设置两个过渡持续时间 1s 和 3s，分别应用于背景颜色和变形属性。在预览过程中可以发现，背景颜色过渡效果已经结束了，变形的过渡效果还在持续，直至变形的过渡完成。

## 13.2.4 transition-delay 属性——实现过渡延迟效果

transition-delay 属性用于设置动画过渡的延迟时间，该属性的语法如下。

```
transition-delay: <time>;
```

<time> 参数用于指定一个用逗号分隔的多个时间值，时间的单位可以是 s( 秒 ) 或 ms( 毫秒 )。默认情况下为 0，即没有时间延迟，立即开始过渡效果。

<time> 参数的取值可以为负值，但过渡的效果会从该时间点开始，之前的过渡效果将被截断。

**实战 设置网页元素变形动画延迟时间**

最终文件：最终文件 \ 第 13 章 \13-2-4.html　　视频：视频 \ 第 13 章 \13-2-4.mp4

**01** 打开页面"源文件 \ 第 13 章 \13-2-4.html"，切换到设计视图中，可以看到页面的效果，如图 13-51 所示。转换到该网页所链接的外部样式表文件中，找到名称为 #box 的 CSS 样式设置代码，如图 13-52 所示。

图 13-51

图 13-52

**02** 在该 CSS 样式代码中添加 transition-delay 属性设置，如图 13-53 所示。保存外部 CSS 样式表文件，在浏览器中预览页面，当光标移至页面中 id 名称为 box 的元素上方时，需要等待延迟时间后才开始显示过渡效果，如图 13-54 所示。

图 13-53

图 13-54

**提示**

此处设置延迟过渡时间 transition-delay 属性为 500ms，表示当鼠标经过该元素时，需要等待 500ms 后才产生过渡效果。

## 13.2.5　transition-timing-function 属性——设置过渡方式

transition-timing-function 属性用于设置动画过渡的速度曲线，即过渡方式。该属性的语法如下。

```
transition-timing-function: linear | ease | ease-in | ease-out | ease-in-out |
cubic-bezier(n,n,n,n);
```

transition-timing-function 属性的属性值说明如表 13-8 所示。

表 13-8　transition-timing-function 属性的属性值说明

| 属性值 | 说明 |
| --- | --- |
| linear | 表示过渡动画一直保持同一速度，相当于 cubic-bezier(0,0,1,1) |
| ease | 该属性值为 transition-timing-function 属性的默认值，表示过渡的速度先慢、再快，最后非常慢，相当于 cubic-bezier(0.25,0.1,0.25,1) |
| ease-in | 表示过渡的速度先慢，后来越来越快，直到动画过渡结束，相当于 cubic-bezier(0.42,0,1,1) |
| ease-out | 表示过渡的速度先快，后来越来越慢，直到动画过渡结束，相当于 cubic-bezier(0,0,0.58,1) |
| ease-in-out | 表示过渡的速度在开始和结束时都比较慢，相当于 cubic-bezier(0.42,0,0.58,1) |
| cubic-bezier(n,n,n,n) | 自定义贝塞尔曲线效果，其中的 4 个参数为从 0 到 1 的数字 |

**实｜战** **设置网页元素变形动画过渡方式**

最终文件：最终文件 \ 第 13 章 \13-2-5.html　　　视频：视频 \ 第 13 章 \13-2-5.mp4

01 打开页面"源文件 \ 第 13 章 \13-2-5.html"，切换到设计视图中，可以看到页面的效果，如图 13-55 所示。转换到该网页所链接的外部样式表文件中，找到名称为 #box 的 CSS 样式设置代码，如图 13-56 所示。

图 13-55

图 13-56

02 在该 CSS 样式代码中添加 transition-timing-function 属性设置，如图 13-57 所示。保存页面并保存外部 CSS 样式表文件，在浏览器中预览页面，当光标移至页面中 id 名称为 box 的元素上方时，可以看到元素的变形过渡方式，如图 13-58 所示。

图 13-57

图 13-58

**提示**

　　设置 transition-timing-function 属性为 ease-out，表示过渡效果的速度越来越慢。当鼠标经过该元素时，快速产生过渡效果，然后缓慢地结束。

# 第 14 章 JavaScript 基础

在网页制作中，JavaScript 是常见的脚本语言，它可以嵌入 HTML 中，在客户端执行，是网页特效制作的最佳选择，同时也是浏览器普遍支持的网页脚本语言。JavaScript 甚至可以控制所有常用的浏览器，而且 JavaScript 是世界上重要的编程语言之一，因此，在学习 Web 技术的同时必须要掌握 JavaScript。

**本章知识点：**
- 了解 JavaScript 的作用以及在网页中使用 JavaScript 的方法
- 理解并掌握 JavaScript 的语法基础
- 了解什么是 JavaScript 变量，以及其声明和使用方法
- 理解并掌握 JavaScript 的数据类型和运算符
- 掌握 JavaScript 中条件和循环语句的使用

## 14.1 了解 JavaScript

网页中的程序可分为服务器端程序和客户端程序两种。服务器端程序，即运行在网页服务器中并得出结果，如 ASP、PHP 等程序；客户端程序，即通过网页加载到客户端的浏览器后，才开始运行并得出结果。JavaScript 程序是网页设计制作中常用的客户端（浏览端）程序之一。

### 14.1.1 JavaScript 概述

JavaScript 是一种脚本编程语言，是基于对象并且事件驱动的程序。其程序代码嵌入 HTML 网页文件中，需要浏览者的浏览器进行解释运行。前面学习的 HTML 和 XHTML 等属于一种标记语言，是用某种结构储存数据并在设备上显示的手段，两者属于完全不同的概念。一个完整的网页中是离不开 JavaScript 程序的，因为有太多的功能需要它来实现。如果只是想单纯地显示网页的基本内容，那么，就没有必要再使用 JavaScript 程序了。

### 14.1.2 JavaScript 在网页中的作用

JavaScript 程序用于检测网页中的各种事件，并且做出相应的反应，它的功能非常强大，简单来说，JavaScript 程序可以实现以下功能。

(1) 控制文档的外观和内容。JavaScript 能够轻松地动态改变网页的 CSS 样式及结构，甚至页面显示内容。这样大大增强了页面的灵活性，可以使用户动态决定页面的外观和内容。

(2) 控制浏览器的行为。例如，浏览器的前进、刷新、加入收藏夹等相关操作。

(3) 用户交互操作。例如，网上查询、网上测试页面等。

(4) 与页面各种元素交互。例如，操作图片、与 Flash 动画通信等。

(5) 读写部分客户端信息。例如，读写浏览者计算机的 Cookie 信息。

JavaScript 是一种脚本程序，即通过解释运行，没有编译所以效率比较低，且代码暴露在网页源代码中。同时，JavaScript 程序对 C++、C# 和 Java 等程序也存在一定的局限性。JavaScript 只能嵌入网页中使用，不能读 / 写客户端程序 (Cookie 除外 )，但是足以用来操作网页。刚接触的读者可以

将 JavaScript 视作一种初级程序来学习，这样以后在学习服务器端编程时更加轻松。

JavaScript 程序由浏览器解释运行，目前常用的版本为 1.5，相对 CSS 来讲，浏览器兼容性少很多。JavaScript 同样是 Web 标准的一部分，负责动态交互行为部分。

## 14.1.3　如何在网页中应用 JavaScript

JavaScript 有着非常严格的编写规范，在前面的 HTML 学习中我们了解到 JavaScript 包含在网页的 <script> 与 </script> 标签中。由于 JavaScript 程序代码嵌入 HTML 代码中，为了使页面代码结构清晰，设计者经常把 JavaScript 部分的代码放置在头部信息区。当然，也可以在 HTML 文件中多处嵌入 JavaScript 代码，但并不倡导这样的做法。因为浏览器解析 HTML 文件时是自上而下的顺序，设计者需要确保 JavaScript 代码被优先解析。

在前面的 HTML 学习过程中，接触了部分的 JavaScript 程序嵌入方法，第一种是将程序代码直接放入 <script></script> 中。

```
<html>
<head>
<script language="javascript">
javascript 程序代码
</script>
</head>
<body>
…
</body>
</html>
```

第二种是编写在外部的 JavaScript 文件中，然后通过类似于链接外部 CSS 文件的方式链接到 HTML 文件中。

```
<html>
<head>
<script type="text/javascript" src="JavaScript 文件路径 ">
</script>
</head>
<body>
…
</body>
</html>
```

编写 JavaScript 程序代码与网页代码类似，推荐使用 Dreamweaver 来编写 JavaScript 程序代码。

**实 战　编写一个简单的 JavaScript 脚本**

最终文件：最终文件 \ 第 14 章 \14-1-3.html　　　视频：视频 \ 第 14 章 \14-1-3.mp4

01 打开 Dreamweaver，执行"文件" > "新建"命令，弹出"新建文档"对话框，选择 HTML 选项，单击"创建"按钮，新建 HTML 页面，如图 14-1 所示。将新建的页面保存为"源文件 \ 第 14 章 \14-1-3.html"，如图 14-2 所示。

图 14-1　　　　　　　　　　　　　　　　　图 14-2

**02** 转换到代码视图中，在 <head> 与 </head> 之间输入相应的内部 CSS 样式代码，如图 14-3 所示。在 <body> 与 </body> 标签之间输入 JavaScript 程序声明代码，如图 14-4 所示。

图 14-3

图 14-4

**03** 在刚添加的 <script> 与 </script> 标签之间输入 JavaScript 程序代码，如图 14-5 所示。完成第一个网页程序代码的制作，在浏览器中预览该页面，可以看到使用 JavaScript 实现的效果，如图 14-6 所示。

```
<body>
<script type="text/javascript">
var i,j;
for(i=1;i<10;i++){
    for(j=1;j<i;j++){
        document.write("★")
    }
    document.write("<br>")
}
</script>
</body>
```
图 14-5

图 14-6

## 14.2　JavaScript 语法基础

本节将开始学习如何编写程序，很多读者觉得编写代码是一件相当烦琐和困难的事情，其实，只要将程序中的内容与 HTML 元素相结合，编写程序代码将会变得容易很多。

### 14.2.1　JavaScript 代码格式

JavaScript 代码的编写比较自由。JavaScript 解释器将忽略标识符和运算符之间的空白字符。每一句 JavaScript 代码语句之间用英文分号分隔，建议一行只写一条语句，这样可以保持格式分明。编写格式如下面的代码所示。

```
<script type="text/javascript">
var w=20;
var h=40;
var txt=" 程序代码 ";
</script>
```

在函数名、变量名等标识符中，不可以加入空白字符。字符串和正则表达式的空白字符是其组成部分，JavaScript 解释器将会保留。编写代码时可以根据个人需要进行自由缩进，以方便结构的查看与调试。

### 14.2.2　<script> 标签声明

将 JavaScript 代码嵌入 HTML 文件中需要使用 <script> 与 </script> 标签，它可以放在 HTML 文件中的任意位置，如果需要 Document 对象的 write() 方法输出字符串，则代码放在 HTML 文件中需要显示的地方，在 <body> 与 </body> 之间。<script> 与 </script> 标签同样具有很多属性，在 Web 标准中，建议使用 type 属性代替 language 属性，代码编写格式如下。

```
<script type="text/javascript">
Javascript 代码
</script>
```

## 14.2.3　大小写规范

很多初学者由于不注意编写代码的大小写，经常会犯一些比较低级的错误，类似于 CSS 中的 id 和 class 的名称，JavaScript 最基本的要求就是区分字母的大小写。所以，设计者一定要注意，尽量统一使用小写，例如以下代码。

```
var china,CHINA,China,cHina
```

以上是声明变量的语句，因为没有注意大小写，导致以上语句声明了 4 个变量。

## 14.2.4　添加注释

和 HTML 注释一样，JavaScript 代码也有注释代码，对某一段代码进行说明，JavaScript 解释器将忽略注释部分。和其他的程序语言相同，JavaScript 的注释可分为单行注释和多行注释。单行注释以 "//" 开头，其后面的同一行部分为注释内容。而多行注释以 "/*" 开头，以 "*/" 结尾，包含部分为注释内容。注释编写方法如下。

```
<script type="text/javascript">
// 单行注释：定义一个名称为 w 的变量，并且初值为 30
var w=30;
// 单行注释：定义一个名称为 h 的变量，并且初值为 60
var h=60;
/* 多行注释：定义一个名称为 txt 的变量，
   并且其值为
   字符串"网页设计"*/
var txt=" 网页设计";
</script>
```

## 14.2.5　JavaScript 中的保留字

编程语言都有属于自己的保留字，一般在一些特殊场合使用这些单词。它们都有特定的含义，但是需要注意，在用户自定义的各种名称时不可以使用这些保留字的。JavaScript 的保留字如表 14–1 所示。

表 14-1　JavaScript 中的保留字

| abstract | boolean | break | byte | Case | catch | char |
|----------|---------|-------|------|------|-------|------|
| class | const | continue | default | Delete | do | double |
| else | extends | false | final | Finally | float | for |
| function | goto | if | implements | Import | in | instanceof |
| int | interface | long | native | New | null | package |
| private | protected | public | return | short | static | super |
| switch | synchronized | this | throw | Throws | transient | true |
| try | typeof | var | void | volatile | while | with |

## 14.2.6　输出方法

字符串是由多个字符组成的一个序列。在 JavaScript 代码中引用字符串必须用英文双引号或者英文单引号包含，如果字符串中也含有一对英文双（单）引号，那么，引用字符串的引号类型必须相反，如下面一段代码所示。

```
<script type="text/javascript">
 var txt="he say:'I can't stand!'";
 var txt2='he say:"I had a cold!"';
</script>
```

JavaScript 还可以通过加号拼接多个字符，当字符串中有 HTML 标签时，JavaScript 解释器不会理会，浏览器会将字符串当作 HTML 代码解析。

write() 方法括号中可以存放多个值，并且用英文逗号隔开。括号中的同一个值中，如果用加号连接字符串和数字，那么，数字将转换为字符串，然后进行字符串拼接。如果加号连接的只有数字，数字就会进行加法运算得出结果后转换成字符串并输出。

**实战** 使用 JavaScript 程序在网页中输出文字

最终文件：最终文件 \ 第 14 章 \14-2-6.html　　视频：视频 \ 第 14 章 \14-2-6.mp4

**01** 打开 Dreamweaver，执行“文件”>“新建”命令，弹出“新建文档”对话框，选择 HTML 选项，单击“创建”按钮，新建 HTML 页面，如图 14-7 所示。将新建的页面保存为“源文件 \ 第 14 章 \14-2-6.html”，如图 14-8 所示。

图 14-7

图 14-8

**02** 转换到代码视图中，在 <body> 与 </body> 之间输入相应的 JavaScript 程序代码，如图 14-9 所示。完成网页程序代码的制作，在浏览器中预览该页面，可以看到 JavaScript 输入文字的效果，如图 14-10 所示。

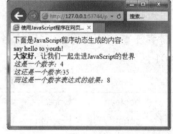

图 14-9

图 14-10

**提示**

JavaScript 代码中的 document 是一个对象，表示已经加载的整个 HTML 文件，而 write() 是 document 对象的一个方法，用于输出字符串的值。document 对象和 write() 通过小数符号连接，小数点右边内容从属于左边。

# 14.3　变量

程序如同计算机的灵魂，JavaScript 更是如此，程序的运行需要操作各种数据值，这些数据值在程序运行时暂时存储在计算机的内存中。计算机内存开辟了许多的小块，类似一个个小房间用于存放这些数据。这些房间可以称为变量。

## 14.3.1　什么是变量

变量的作用十分强大，在网页编程中它可以完成许多复杂的事情。变量和我们在数学中学习的方程式差不多，程序代码就如一个复杂的方程式。只要未知数有确定的值，就可以得到解答。变量还可以临时存放一些数据，在程序中可以引用变量来操作其中的数据。

实际上，这和计算机硬件系统的工作相似，当声明一个变量时，就等于向计算机系统发出申请，在内存中划出一块区域存储数据，这块小区域就是所说的变量。将变量声明为合适的数据也是在编写程序时的一个良好的习惯。

> **提示**
>
> 内存是临时存放数据的，因此定义的变量也是临时存储数据。

## 14.3.2　变量的声明和使用

在使用变量之前，需要使用 var 关键字对变量进行声明，变量的声明方法如下。

```
var 变量名称；
var 变量名称1，变量名称2，变量名称3……；
var 变量名称 = 变量值；
```

变量名称必须以下画线或字母开头，后面跟随字母、下画线或数字。前面了解到变量名称区分大小写，即变量 txt 和变量 Txt 是两个完全不同的变量。

**实战　定义并输出变量**

最终文件：最终文件 \ 第 14 章 \14-3-2.html　　　视频：视频 \ 第 14 章 \14-3-2.mp4

**01** 执行"文件" > "新建"命令，弹出"新建文档"对话框，新建 HTML 页面，将其保存为"源文件 \ 第 14 章 \14-3-2.html"，如图 14-11 所示。在 <head> 与 </head> 标签之间编写 JavaScript 脚本代码，定义变量，如图 14-12 所示。

图 14-11

图 14-12

**02** 在 <body> 与 </body> 之间输入相应的 JavaScript 程序代码，如图 14-13 所示。保存页面，在浏览器中预览该页面，可以看到输出的结果，如图 14-14 所示。

图 14-13

图 14-14

> **提示**
>
> 在 JavaScript 中定义的变量必须要赋值，在没有赋予变量数据值时，其默认值为 undefined，无法参与程序的运算。声明变量的 = 符号不是等于符号，而是赋值符号，代表把右边的数据值赋值给左边的变量。

# 14.4 数据类型

数据类型可以决定变量的大小，它可以根据程序的不同使用各种类型的数据，以避免浪费内存空间。

## 14.4.1 什么是数据类型

数据类型可以简单分为两类，即基本数据类型和复合数据类型两种。

### 1. 基本数据类型

基本数据类型是 JavaScript 语言中最小、最基本的元素。JavaScript 中的基本数据类型包括数字型 ( 整数和浮点数 )、字符串型 ( 需要引号包含 )、布尔型 ( 取值为 true 或 false)、空值型和未定义型。

### 2. 复合数据类型

复合数据类型包括对象、数组等。

JavaScript 相对于 C# 等语言，变量或常量使用前不需要声明数据类型，只有在赋值或使用时确定其数据类型。如果需要查看数据的数据类型，可以使用 typeof 运算符，其编写格式如下。

```
typeof 数据
typeof ( 数据 )
```

以上两种都是正确的编写方法，但是，为了代码的清晰，我们建议使用第二种，typeof 运算符返回值为一个字符串，内容是所操作数据的数据类型。

> **提示**
>
> 空值型只有一个值，即 null，未定义型也只有一个值，即 undefined。

## 14.4.2 基本的数据类型

JavaScript 语言中的数字类型 (number) 分为整数和浮点数，整数和浮点数用于程序中的数学运算。例如 10、20、40 和 –20 都是整数，而 2.35、3.11 和 2.34 等都是浮点数。事实上，JavaScript 所有的数字型数据都采用 IEEE764 标准定义的 64 位浮点格式表示，即 Java、C++ 和 C 等语言中的 double 类型。JavaScript 中的数字类型数据通过运算符进行各种运算，数字的运算符可分为加法运算符 (+)、减法运算符 (–)、乘法运算符 (*) 和除法运算符 (/)。在使用数字类型时，JavaScript 并不区分整数和浮点数。

JavaScript 语言中的字符串类型数据是用引号包含起来的一串字符，单引号或双引号必须成对出现。引号中没有任何字符称作空串，即使引号中有数字也属于字符串类型，并不是数字类型。为了在字符串中放入一些无法输入的字符，JavaScript 提供了转义字符，常用的转义字符如表 14–2 所示。

表 14-2　常用转义字符

| 转义字符 | 含义 | 转义字符 | 含义 |
| --- | --- | --- | --- |
| \' | 英文单引号 ' | \" | 英文双引号 " |
| \t | Tab 字符 | \n | 换行字符 |
| \r | 回车字符 | \f | 换页字符 |
| \b | 退格字符 | \e | 转义字符 (Esc 字符 ) |
| \\ | 反斜杠字符 (\) | | |

JavaScript 中的布尔类型使用非常广泛，布尔类型只有两个值，一个是 true( 真 )，另一个是 false( 假 )，布尔类型常用于代表状态或标识。

> **提示**
>
> JavaScript 中的数据类型运用十分广泛，如果加法符号的操作数是字符串，另一个操作数是数字型数据，那么数字型数据将被转换为字符串再进行拼接。如果加法符号的两个操作数都是数字型数据，则进行数字的加法运算，并得出相应的数据结果。

**实战　数据类型的使用**

最终文件：最终文件 \ 第 14 章 \14-4-2.html　　　　视频：视频 \ 第 14 章 \14-4-2.mp4

**01** 执行"文件" > "新建"命令，弹出"新建文档"对话框，新建 HTML 页面，将其保存为"源文件 \ 第 14 章 \14-4-2.html"，如图 14-15 所示。在 <body> 与 </body> 之间插入 <script> 标签并声明，在 <script> 与 </script> 标签之间写入 JavaScript 脚本代码，使用字符串数据类型，如图 14-16 所示。

图 14-15

图 14-16

**02** 在 <body> 与 </body> 标签之间输入相应的 JavaScript 程序代码，如图 14-17 所示。保存页面，在浏览器中预览该页面，可以看到输出的结果，如图 14-18 所示。

图 14-17

图 14-18

> **提示**
>
> 空类型是 JavaScript 的一种对象类型，只能取值为 null，用于初始化变量或清除变量的内容，以释放相应的内存空间；而未定义型取值为 undefined，在变量声明并未赋值时，默认的值即为 underfined，这时变量参与运算将导致程序出错。不过，如果把 unll 值赋给变量，程序运行将不会报错。

# 14.5　运算符

程序的运行靠各种运算进行，运算时需要各种运算符、表达式等的参与。大多数 JavaScript 程序运算符和数学中的运算符相似，不过也有差异，就像前面所说的 JavaScript 变量赋值符号"="。

## 14.5.1　运算符与表达式

JavaScript 的运算符是一些特定符号的集合，这些符号用来操作数据按特定的规则进行运算，并生成结果。运算符所操作的数据被称为操作数，运算符和操作数连接并可运算出结果的式子就是表达式。不同的运算符，其对应的操作数个数也不同。JavaScript 中根据操作数个数，运算符分为一元运算符、二元运算符和三元运算符。

表达式是 JavaScript 运算中的"短语"，它可以把多个表达式合并为一个表达式。为了防止破坏表达式的结构，应该注意运算符的优先级。

> **提示**
>
> 表达式中的操作数可以是数字、字符串或者布尔型等数据类型，但是很多运算符要求特定数据类型的操作数，在编写代码时需要特别注意数据的类型。

**实战 合并表达式**

最终文件：最终文件 \ 第 14 章 \14-5-1.html　　视频：视频 \ 第 14 章 \14-5-1.mp4

`01` 执行"文件" > "新建"命令，弹出"新建文档"对话框，新建 HTML 页面，将其保存为"源文件 \ 第 14 章 \14-5-1.html"，如图 14-19 所示。在 <head> 与 </head> 标签之间编写 JavaScript 脚本代码，定义变量并为变量赋值，如图 14-20 所示。

图 14-19

图 14-20

`02` 在 <body> 与 </body> 标签之间编写 JavaScript 脚本代码，对变量进行简单运算并输出结果，如图 14-21 所示。保存页面，在浏览器中预览该页面，可以看到程序输出的结果，如图 14-22 所示。

图 14-21

图 14-22

> **技巧**
>
> JavaScript 中乘法运算符 (*) 优先级高于加法运算符 (+)，为了保持表达式合并的准确性，用括号包含子表达式是比较好的习惯。在运算顺序方面，只有二元运算符是自左向右，一元运算符和三元运算符是自右向左。

## 14.5.2　算术运算符

算术运算符中包含加法 (+)、减法 (–)、乘法 (*)、除法 (/) 和取余 (%) 运算符。加减乘除和数学中的加减乘除一样，都是二元运算符，乘法和除法的优先级高于加法和减法。而取余运算符也是二元运算符，可以用于求两个操作数相除后的余数。

**实战 算术运算符的应用**

最终文件：最终文件 \ 第 14 章 \14-5-2.html　　视频：视频 \ 第 14 章 \14-5-2.mp4

`01` 执行"文件" > "新建"命令，弹出"新建文档"对话框，新建 HTML 页面，将其保存为"源文件 \ 第 14 章 \14-5-2.html"，如图 14-23 所示。在 <head> 与 </head> 标签之间编写 JavaScript

脚本代码，定义变量并为变量赋值，如图 14-24 所示。

图 14-23　　　　　　　　　　　　　　图 14-24

**02** 在 <body> 与 </body> 标签之间编写 JavaScript 脚本代码，对变量进行简单运算并输出结果，如图 14-25 所示。保存页面，在浏览器中预览该页面，可以看到程序输出的结果，如图 14-26 所示。

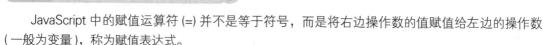

图 14-25　　　　　　　　　　　　　　图 14-26

### 14.5.3 赋值运算符

JavaScript 中的赋值运算符 (=) 并不是等于符号，而是将右边操作数的值赋值给左边的操作数（一般为变量），称为赋值表达式。

赋值运算符和基本运算符结合形成多种类型的赋值运算符，例如以下语句。

```
num1= num1+num2;
```

以上代码可以用加赋值符号的语句代替，编写方法如下。

```
num1+=num2;
```

类似的方法可得出减赋值符号 (-=)、乘赋值符号 (*=)、除赋值符号 (/=) 和取余赋值符号 (%=)。

**实 战　赋值运算符的应用**

最终文件：最终文件 \ 第 14 章 \14-5-3.html　　　视频：视频 \ 第 14 章 \14-5-3.mp4

**01** 执行"文件" > "新建"命令，弹出"新建文档"对话框，新建 HTML 页面，将其保存为"源文件 \ 第 14 章 \14-5-3.html"，如图 14-27 所示。在 <head> 与 </head> 标签之间编写 JavaScript 脚本代码，定义变量并为变量赋值，如图 14-28 所示。

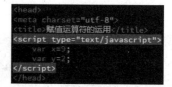

图 14-27　　　　　　　　　　　　　　图 14-28

**02** 在 <body> 与 </body> 标签之间添加 JavaScript 程序代码，对变量进行简单运算并输出结果，如图 14-29 所示。保存页面，在浏览器中预览该页面，可以看到程序输出的结果，如图 14-30 所示。

图 14-29　　　　　　　　　　　　　　　　　图 14-30

**提示**

等于符号在 JavaScript 中为 (==)，判断两边的操作数的值是否相等。如果相等则返回 true，反之则返回 false，只含有等于表达式的程序语句是没有任何意义的。而赋值运算符 (=) 用于赋值，赋值表达式是具体的运算，也可单独成为程序语句。

**技巧**

加法运算符 "+" 和加赋值运算符 "+=" 两边的操作数中至少有 1 个字符串数据时，加法运算符将进行字符串拼接运算。

## 14.5.4　递增和递减运算符

为了简化代码的编写，JavaScript 提供了递增运算符 (++) 和递减运算符 (--)。递增和递减运算符都是一元运算符，递增运算符可使操作数加 1，递减运算符可使操作数减 1。递增运算符 (++) 位于操作数左边时，称为前增，即操作数先加 1，然后参与其他运算；反之称为后增，即操作数先参加其他运算，然后增加 1。递减运算符 (--) 位于操作数左边时，称为前减，即操作数先减 1，然后参与其他运算；反之称为后减，即操作数先参加其他运算，然后减 1。

**实战　递增和递减运算符的应用**

最终文件：最终文件 \ 第 14 章 \14-5-4.html　　　视频：视频 \ 第 14 章 \14-5-4.mp4

01 执行"文件" > "新建"命令，弹出"新建文档"对话框，新建 HTML 页面，将其保存为"源文件 \ 第 14 章 \14-5-4.html"，如图 14-31 所示。在 <head> 与 </head> 标签之间加入 JavaScript 脚本代码，定义变量并为变量赋值，如图 14-32 所示。

图 14-31　　　　　　　　　　　　　　　　　图 14-32

02 在 <body> 与 </body> 标签之间添加 JavaScript 脚本代码，对变量进行简单运算并输出结果，如图 14-33 所示。保存页面，在浏览器中预览该页面，可以看到程序输出的结果，如图 14-34 所示。

图 14-33　　　　　　　　　　　　　　　　　图 14-34

**技巧**

递增和递减运算符的前后位置可以影响赋值运算的顺序。递增和递减运算符常用于循环语句中，递增和递减运算符在循环语句中，可以发挥计算器的作用。

## 14.5.5  关系运算符

JavaScript 中的关系运算符用于测试操作数之间的关系，如大小比较、是否相等，依据这些关系存在与否返回一个布尔型数据值，即 true( 真 ) 或者 false( 假 )。比较运算符是关系运算符中最常用的一种运算符，常用的关系运算符介绍如表 14-3 所示。

表 14-3  常用关系运算符说明

| 关系运算符 | 说明 |
| --- | --- |
| <<br>小于运算符 | 如果左边的操作数小于右边的操作数，则返回 true( 真 )；反之，则返回 false( 假 ) |
| <=<br>小于等于运算符 | 如果左边的操作数小于等于右边的操作数，则返回 true( 真 )；反之，则返回 false( 假 ) |
| ><br>大于运算符 | 如果左边的操作数大于右边的操作数，则返回 true( 真 )；反之，则返回 false( 假 ) |
| >=<br>大于等于运算符 | 如果左边的操作数大于等于右边的操作数，则返回 true( 真 )；反之，则返回 false( 假 ) |
| ==<br>等于运算符 | 如果左边的操作数等于右边的操作数，则返回 true( 真 )；反之，则返回 false( 假 ) |
| !=<br>不等于运算符 | 如果左边的操作数不等于右边的操作数，则返回 true( 真 )；反之，则返回 false( 假 ) |
| ===<br>全等于运算符 | 如果左边的操作数全等于右边的操作数，则返回 true( 真 )；反之，则返回 false( 假 ) |
| !==<br>非全等于运算符 | 如果左边的操作数没有全等于右边的操作数，则返回 true( 真 )；反之，则返回 false( 假 ) |

**提示**

等于 "==" 和全等于 "===" 运算符都是用于测试两个操作数的值是否相等，操作数可以使用任意数据类型。等于 "==" 对操作数一致性要求比较宽松，可以通过数据类型转换后进行比较，而全等于 "===" 对操作数要求就比较严格。

**实战  关系运算符的应用**

最终文件：最终文件 \ 第 14 章 \14-5-5.html　　视频：视频 \ 第 14 章 \14-5-5.mp4

**01** 执行 "文件" > "新建" 命令，弹出 "新建文档" 对话框，新建 HTML 页面，将其保存为 "源文件 \ 第 14 章 \14-5-5.html"，如图 14-35 所示。在 <title> 与 </title> 标签之间输入网页标题，如图 14-36 所示。

图 14-35

图 14-36

**02** 在 <body> 与 </body> 标签之间添加相应的 JavaScript 脚本代码，如图 14-37 所示。保存页面，在浏览器中预览该页面，可以看到 JavaScript 程序运行结果，如图 14-38 所示。

图 14-37　　　　　　　　　　　　　　图 14-38

> **提示**
>
> 　　比较运算符的两个操作数有一个数字类型时，如果另一个为字符串类型，字符串类型将转换成数字类型进行比较。而如果运算符的两个操作数都是字符串类型时，字符串将一个个字符从左到右进行比较，一旦发现有不同字符马上停止比较，只比较这个位置两个不同字符的字符编码值。这个数值，即字符在 Unicode 编码集中的数值。

## 14.5.6　逻辑运算符

　　在 JavaScript 中，逻辑运算符一般用于执行布尔型数据，因为关系运算符的返回值（结果）为布尔型数据，所以逻辑运算符常和比较运算符配合使用。通常情况下，逻辑运算符的返回值也是布尔型数据，不过操作数都是数字型时，逻辑运算符的返回值也为数字型。常用的逻辑运算符说明如表 14-4 所示。

表 14-4　常用逻辑运算符说明

| 逻辑运算符 | 说明 |
| --- | --- |
| &&<br>逻辑与运算符 | 该运算符是二元运算符，当且仅当两个操作数的值都为 true 时，逻辑与运算符运算返回的值为 true；反之，为 false |
| \|\|<br>逻辑或运算符 | 该运算符是二元运算符，当两个操作数的值至少有一个为 true 时，逻辑或运算符运算返回的值为 true。当两个操作数的值全部为 false 时，逻辑或运算符运算返回的值为 false |
| !<br>逻辑非运算符 | 该运算符是一元运算符，其位置在操作数前面。运算时对操作数的布尔值取反，即当操作数值为 false 时，逻辑运算符运算返回的值为 true；反之，为 false |

**实战　逻辑运算符的应用**

最终文件：最终文件 \ 第 14 章 \14-5-6.html　　　视频：视频 \ 第 14 章 \14-5-6.mp4

**01** 执行 "文件" > "新建" 命令，弹出 "新建文档" 对话框，新建 HTML 页面，将其保存为 "源文件 \ 第 14 章 \14-5-6.html"，如图 14-39 所示。在 <head> 与 </head> 标签之间加入 JavaScript 脚本代码，定义变量，如图 14-40 所示。

图 14-39

图 14-40

**02** 在 <body> 与 </body> 标签之间输入相应的 JavaScript 脚本代码，如图 14-41 所示。保存页面，在浏览器中预览该页面，可以看到运行结果，如图 14-42 所示。

> **提示**
>
> 　　在使用逻辑运算符运算时，操作数为空类型 (null) 时，可以看作 false 值，操作数为未定义类 (undefined) 时，同样可以看作 false 值。例如 !null 和 !undefined 的结果都为 true。

图 14-41　　　　　　　　　　　　　　　图 14-42

## 14.5.7　条件运算符

JavaScript 中为了便于程序编写，另外还提供了条件运算符 (?:)。它是 JavaScript 中唯一的三元运算符，编写使用 (?) 和 (:) 连接 3 个操作数，条件运算符的编写格式如下。

表达式 1? 表达式 2: 表达式 3

"表达式 1"的返回值为布尔值 ( 或被转换为布尔值 )，当"表达式 1"的值为 true 时，条件运算符返回"表达式 2"的值；当"表达式 1"的值为 false 时，条件运算符返回"表达式 3"的值。

**实战　条件运算符的应用**

最终文件：最终文件 \ 第 14 章 \14-5-7.html　　　视频：视频 \ 第 14 章 \14-5-7.mp4

**01** 执行"文件">"新建"命令，弹出"新建文档"对话框，新建 HTML 页面，将将其保存为"源文件 \ 第 14 章 \14-5-7.html"，如图 14-43 所示。在 \<head\> 与 \</head\> 标签之间加入 JavaScript 脚本代码，定义变量，如图 14-44 所示。

图 14-43

图 14-44

**02** 在 \<body\> 与 \</body\> 标签之间输入相应的 JavaScript 脚本代码，如图 14-45 所示。保存页面，在浏览器中预览该页面，可以看到 JavaScript 程序运行效果，如图 14-46 所示。

图 14-45

图 14-46

**03** 在文本框中输入"真"，单击"确定"按钮，可以看到页面的效果，如图 14-47 所示。如果在文本框中输入其他数值，单击"确定"按钮，可以看到页面的效果，如图 14-48 所示。

图 14-47

图 14-48

## 14.6 条件和循环语句

程序的核心就是计算机可以根据情况的不同进行不同类型的计算。这就是条件和循环语句的作用，通过这些语句的利用，程序可以更加充分地利用计算机的运算能力，从而编写出功能更为强大的程序。

### 14.6.1 if 条件语句

if 条件语句在执行程序时，条件分支语句可以完成程序不同执行路线的判断选择，选择的依据则取决于条件表达式的值 ( 布尔值 )。

if 条件语句常用于两条或三条程序执行路线的判断选择，两条执行路线的编写格式如下。

```
if ( 条件表达式 ){
    代码段 1
}else{
    代码段 2}
```

条件语句首先对括号内的条件表达式的值进行判断，如果条件表达式的值为 true，则程序将执行 "代码段 1"，否则程序将跳过 "代码段 1"，直接执行 "代码段 2"。在有两个条件表达的情况下，if 条件语句的编写格式如下。

```
if ( 条件表达式 1){
    代码段 1
}else if( 条件表达式 2){
    代码段 2
}else{
    代码段 3
}
```

> **提示**
>
> 通过 if( 如果 ) 和 else( 否则 ) 的组合可以对多个条件进行判断，以选择不同的程序执行路线。根据设立的条件不同，程序将执行不同的代码，在网页中可用于判断不同情况下网页产生的不同行为。

**实战** **if 条件语句的应用**

最终文件：最终文件 \ 第 14 章 \14-6-1.html    视频：视频 \ 第 14 章 \14-6-1.mp4

**01** 执行 "文件" > "新建" 命令，弹出 "新建文档" 对话框，新建 HTML 页面，将其保存为 "源文件 \ 第 14 章 \14-6-1.html"，如图 14-49 所示。在 <body> 与 </body> 标签之间编写相应的 JavaScript 脚本代码，如图 14-50 所示。

图 14-49

图 14-50

**02** 保存页面，在浏览器中预览该页面，效果如图 14-51 所示。在文本框中输入提示文字 "小狗"，单击"确定"按钮,可以看到页面效果,如图 14-52 所示。如果在文本框中输入"小狗"和"小猫"以外的内容,单击"确定"按钮,可以看到页面效果,如图 14-53 所示。

图 14-51                     图 14-52                     图 14-53

## 14.6.2 switch 条件语句

switch 条件语句比起 if 条件语句更为工整,条理也更为清晰,在编写代码的过程中不易出错,它的编写格式如下。

```
switch( 条件表达式 ){
    case 值1:
    代码段1;
break;
    case 值2:
    代码段2;
    break;
    …
    default: 代码段 n;
}
```

switch 条件语句的执行过程其实并不复杂,同样是判断条件表达式中的值,如果条件表达式的值为 1,则程序将执行"代码段 1",break 代表其他语句全部跳过,依此类推。最后有一个 default 的情况,类似于 else,即条件表达式和以上值都不相等,则程序将执行"代码段 n"。

**实战** switch 条件语句的应用

最终文件:最终文件 \ 第 14 章 \14-6-2.html        视频:视频 \ 第 14 章 \14-6-2.mp4

01 执行"文件">"新建"命令,弹出"新建文档"对话框,新建 HTML 页面,将其保存为"源文件 \ 第 14 章 \14-6-2.html",如图 14-54 所示。在 <body> 与 </body> 标签之间编写相应的 JavaScript 脚本代码,如图 14-55 所示。

图 14-54                                 图 14-55

02 保存页面,在浏览器中预览该页面,效果如图 14-56 所示。在文本框中输入提示文字"法国",单击"确定"按钮,可以看到页面效果,如图 14-57 所示。如果在文本框中输入"美国""英国"和"法国"以外的内容,单击"确定"按钮,可以看到页面效果,如图 14-58 所示。

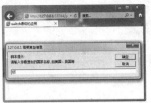

图 14-56

图 14-57

图 14-58

> **提示**
>
> switch 语句中的条件表达式的值与 case 的值是使用全等于 (==) 测试的，即两个值必须完全匹配才执行相应的代码段。

## 14.6.3 while 循环语句

while 循环在执行循环体前测试一个条件，如果条件成立则进入循环体；反之，则跳到循环体后的第一条语句。while 循环语句的编写格式如下。

```
while（条件表达式）{
    代码段
}
```

| **实 战** | **while 语句的应用** |  |

最终文件：最终文件 \ 第 14 章 \14-6-3.html      视频：视频 \ 第 14 章 \14-6-3.mp4

**01** 执行"文件" > "新建"命令，弹出"新建文档"对话框，新建 HTML 页面，将其保存为"源文件\第 14 章 \14-6-3.html"，如图 14-59 所示。在 <body> 与 </body> 标签之间编写相应的 JavaScript 脚本代码，如图 14-60 所示。

图 14-59

图 14-60

**02** 保存页面，在浏览器中预览该页面，可以看到 JavaScript 程序输出的结果，如图 14-61 所示。

图 14-61

> **提示**
>
> while 循环语句在工作时，首先判断条件表达式的值，如果值为 true，程序将执行一次代码段的语句，然后再次判断条件表达式。如果值为 false，则跳过循环语句，执行后面的语句。

## 14.6.4 do...while 循环语句

do...while 循环语句和 while 循环语句非常相似，只是将条件表达式的判断放在后面，do...while 循环语句的编写格式如下。

```
do {
    代码段
} while(条件表达式);
```

do...while 循环语句先执行一次代码段，然后再判断条件表达式的值是否为 true。如果表达式的值为 true，则继续循环执行代码段；反之，则跳出循环，执行后面的语句。

**实战 do...while 循环语句的应用**

最终文件：最终文件 \ 第 14 章 \14-6-4.html　　视频：视频 \ 第 14 章 \14-6-4.mp4

**01** 执行"文件" > "新建"命令，弹出"新建文档"对话框，新建 HTML 页面，将其保存为"源文件 \ 第 14 章 \14-6-4.html"，如图 14-62 所示。在 <body> 与 </body> 标签之间编写相应的 JavaScript 脚本代码，如图 14-63 所示。

图 14-62

图 14-63

**02** 保存页面，在浏览器中预览该页面，可以看到 JavaScript 程序输出的结果，如图 14-64 所示。

图 14-64

> **提示**
>
> do...while 循环语句与 while 循环语句基本相似，只是将条件表达式的判断放在后面。由于判断条件的先后关系，即使条件表达式的值为 false，do...while 循环仍然执行一次代码段语句。

## 14.6.5　for 循环语句

JavaScript 中的 for 循环语句结构清晰、循环结构完整。for 循环有一个初始化的变量做计算器，每循环一次计数器自增 1( 或自减 1)，并且设立一个终止循环的条件表达式。而初始化、检测循环条件件和更新是对计数器变量的 3 个重要操作，for 循环将这 3 个操作作为语法声明的一部分，for 循环语句的编写格式如下。

```
for(初始化变量；设立终止循环条件表达式；更新变量) {
    代码段
}
```

for 循环语句的编写可以避免忘记更新变量( 自增或自减) 等情况，表达更加明白，也更容易理解。

**实战 for 循环语句的应用**

最终文件：最终文件 \ 第 14 章 \14-6-5.html　　视频：视频 \ 第 14 章 \14-6-5.mp4

**01** 执行"文件" > "新建"命令，弹出"新建文档"对话框，新建 HTML 页面，将其保存为"源文件 \ 第 14 章 \14-6-5.html"，如图 14-65 所示。在 <body> 与 </body> 标签之间编写相应的 JavaScript 脚本代码，如图 14-66 所示。

图 14-65

图 14-66

02 保存页面，在浏览器中预览该页面，可以看到 JavaScript 程序输出的结果，如图 14-67 所示。

图 14-67

> **提示**
>
> 在 for 循环语句的循环体内有一个条件语句，根据计数器变量的数字特点，判断是否应该换行。for 循环语句推荐在循环次数确定的情况下使用。

## 14.6.6　for...in 循环语句

JavaScript 中还有另外一种 for 循环，即 for...in 循环，用于处理 JavaScript 对象，如对象的属性等。for...in 循环语句的编写格式如下。

```
for(声明变量 in 对象){
    代码段
}
```

声明的变量用于存储循环运行时对象中的下一个元素。for...in 的执行过程即对对象中每一个元素执行代码段的语句。

由于每个对象的属性不同，所以循环的次数是未知的，并且循环的顺序也是未知的。数组是一种特殊的对象类型，可以存储多个数据（类似于多个变量的集合），并通过索引进行访问。下面通过以数组为例，向读者展示 for...in 循环的作用。

### 实战　for...in 循环语句的应用

最终文件：最终文件 \ 第 14 章 \14-6-6.html　　　视频：视频 \ 第 14 章 \14-6-6.mp4

01 执行"文件" > "新建"命令，弹出"新建文档"对话框，新建 HTML 页面，将其保存为"源文件\第 14 章 \14-6-6.html"，如图 14-68 所示。在 <body>与 </body> 标签之间编写相应的 JavaScript 脚本代码，如图 14-69 所示。

图 14-68

图 14-69

**02** 保存页面，在浏览器中预览该页面，可以看到 JavaScript 程序输出的结果，如图 14-70 所示。

图 14-70

> **提示**
>
> 　　JavaScript 提供了 break 和 continue 语句进行循环控制，break 语句用于终止当前的循环，程序将执行循环后面的语句。而 continue 语句则可以终止本次循环，即不执行 continue 语句后面的代码段，直接进入下一轮循环。

# 第15章 JavaScript 中的函数与对象

JavaScript 中的函数是进行模块化程序设计的基础，在 JavaScript 程序中还可以根据设计者的需要创建自定义的对象，从而使 JavaScript 的功能更加强大。本章将详细介绍 JavaScript 中的函数与对象的相关知识，并且讲解 JavaScript 中函数和对象的使用方法和技巧。

**本章知识点：**

➢ 了解 JavaScript 函数的基本知识
➢ 理解并掌握各种 JavaScript 函数的运用方法
➢ 掌握如何声明和引用对象
➢ 理解并掌握 JavaScript 内置对象
➢ 理解浏览器对象并掌握设置的常用方法

## 15.1 JavaScript 函数

在网页应用中，很多功能需求都比较相似，例如显示当前的日期时间、检测输入数据的有效性等。函数能把完成相应功能的代码划分为一块，在程序需要时直接调用函数名即可完成相应功能。

### 15.1.1 什么是函数

JavaScript 中的函数是可以完成某种特定功能的一系列代码的集合，在函数被调用前函数体内的代码并不执行，即独立于主程序。编写主程序时不需要知道函数体内的代码如何编写，只需要使用函数方法即可。可把程序中大部分功能分解为一个个函数，使程序代码结构清晰，易于理解和维护。函数的代码执行结果不一定是一成不变的，可以通过向函数传递函数，用来解决不同情况下的问题，函数也可以返回一个值。

### 15.1.2 函数的使用

函数是进行模块化程序设计的基础，编写复杂的应用程序，必须对函数有更深入的理解。JavaScript 中的函数与其他的语言不相同，每个函数都是作为一个对象被维护和运行的。通过函数对象的性质，可以极其方便地将一个赋值给一个变量或者将函数作为参数传递。函数的定义语法有多种，分别介绍如下。

```
function func1(...){...}
var func2=function(...){...};
var func3=function func4(...){...};
var func5=new Function();
```

可以用 function 关键字定义一个函数，并为每个函数指定一个函数名，通过函数名来进行调用。在 JavaScript 解释执行时，函数都是被维护为一个对象。

函数对象与其他用户所定义的对象有着本质的区别，这一类对象被称为内部对象，例如日期对象 (date)、数组对象 (array) 和字符串对象 (string) 都属于内部对象。这些内置对象的构造器都是由

JavaScript 本身所定义的。通过执行 new Array() 语句返回一个对象，JavaScript 内部有一套机制来初始化返回的对象，而不是由用户来指定对象的构造方式。

**实 战　自定义函数的应用**

最终文件：最终文件 \ 第 15 章 \15–1–2.html　　　视频：视频 \ 第 15 章 \15–1–2.mp4

**01** 执行"文件" > "新建"命令，弹出"新建文档"对话框，新建 HTML 页面，将其保存为"源文件 \ 第 15 章 \15–1–2.html"，如图 15–1 所示。在 <head> 与 </head> 标签之间加入 JavaScript 脚本代码，定义函数，并且添加内部 CSS 样式表代码，如图 15–2 所示。

图 15-1

图 15-2

> **技巧**
>
> 　由于定义函数要先于程序执行，一般在网页的头部信息部分定义函数。如果使用外部 JavaScript 文件调用的方法，可以把函数定义在 JavaScript 文件中，实现多个网页共享函数的定义，共同调用函数，节约了大量的代码编写。

**02** 在 <body> 与 </body> 标签之间编写相应的 JavaScript 脚本代码，调用在 <head> 与 </head> 标签之间自定义的函数，如图 15–3 所示。保存该页面，在浏览器中预览页面，可以看到输出的结果，如图 15–4 所示。

图 15-3

图 15-4

> **提示**
>
> 　函数能够简化代码，将程序划分为多个独立的功能模块，并且可以代码复用。JavaScript 还提供了大量内置的函数，制作者可以直接调用。例如前面常常使用到的 write() 方法，本身就是一个内置的函数，而 write() 的括号中的字符串即传递的参数。

## 15.1.3　函数传递参数

大多数的 JavaScript 内置函数在使用时几乎都需要传递参数。如 window 对象的 alert() 方法和 confirm() 方法等，函数将根据不同的参数通过相同的代码处理，得到编写者所期望的功能。自定义函数同样可以传递参数，而且个数不限，定义函数时声明的参数称为形式参数，定义函数的语法如下。

```
function(x,y...){
    代码段（形式参数参与代码运算）
}
```

x 和 y 为函数的形式参数，在函数体内参与代码的运算，而实际调用函数时需传递相应的数据给形式参数，这些数据称为实际参数。

**实战 使用函数传递参数**

最终文件：最终文件 \ 第 15 章 \15-1-3.html　　　视频：视频 \ 第 15 章 \15-1-3.mp4

01 执行"文件"＞"新建"命令，弹出"新建文档"对话框，新建 HTML 页面，将其保存为"\ 源文件 \ 第 15 章 \15-1-3.html"，如图 15-5 所示。在 <head> 与 </head> 标签之间加入 JavaScript 脚本代码，定义函数，如图 15-6 所示。

图 15-5　　　　　　　　　　　　　　　图 15-6

02 在 <body> 与 </body> 标签之间编写相应的 JavaScript 脚本代码，向 <head> 与 </head> 标签之间自定义的函数传递参数，如图 15-7 所示。保存页面，在浏览器中预览该页面，可以看到输出的结果，如图 15-8 所示。

图 15-7　　　　　　　　　　　　　　　图 15-8

**提示**

此处函数定义部分的 x 和 y 就是形式参数，而调用函数的括号中的 3 和 4 是实际参数，分别对应形式参数 x 和 y。形式参数就像一个变量，当调用函数时，实际参数赋值给形式参数，并参与实际运算。但是在定义函数时，形式参数只是代表实际参数的位置和类型，系统并未为其分配内存存储空间。

## 15.1.4　函数中变量的作用域

变量的作用域即变量在多大的范围是有效的，在主程序（函数外部）中声明的变量称为全局变量，其作用域为整个 HTML 文件。在函数体内部用 var 声明的变量为函数局部变量，只有在其直属的函数体内才有效，在函数体外该变量没有任何意义。

**实战 了解函数中变量的作用域**

最终文件：最终文件 \ 第 15 章 \15-1-4.html　　　视频：视频 \ 第 15 章 \15-1-4.mp4

01 执行"文件"＞"新建"命令，弹出"新建文档"对话框，新建 HTML 页面，将其保存为"源文件 \ 第 15 章 \15-1-4.html"，如图 15-9 所示。在 <head> 与 </head> 标签之间加入 JavaScript 脚本代码，定义函数并且在函数中定义变量，如图 15-10 所示。

02 在 <body> 与 </body> 标签之间编写相应的 JavaScript 脚本代码，如图 15-11 所示。保存页面，在浏览器中预览该页面，可以看到输出的结果，如图 15-12 所示。

图 15-9

图 15-10

图 15-11

图 15-12

> **提示**
>
> 在函数内部声明和全局变量同名的变量，函数内部优先使用局部变量（同一函数体中），即同名的局部变量和全局变量只是标识符相同，其他分配的存储空间不同，所以可以存储不同的数据。

## 15.1.5 函数的返回值

函数不仅可以执行代码段，其本身还将返回一个值给调用的程序，类似于表达式的计算。函数返回值需要使用 return 语句，该语句将终止函数的执行，并返回指定表达式的值。return 语句的表现方法如下。

```
return;
return 表达式;
```

第一条 return 语句类似于系统自动添加的情况，返回值为 undefined，不推荐使用。第二条 return 语句将返回表达式的值给程序。

向自定义的函数传递相应的值，在函数中进行运算后得到相应的结果，可以使用 return 语句将运算结果返回。

**实 战 接收函数返回值**

最终文件：最终文件 \ 第 15 章 \15-1-5.html　　　视频：视频 \ 第 15 章 \15-1-5.mp4

**01** 执行 "文件" > "新建" 命令，弹出 "新建文档" 对话框，新建 HTML 页面，将其保存为 "源文件 \ 第 15 章 \15-1-5.html"，如图 15-13 所示。在 <head> 与 </head> 标签之间加入 JavaScript 脚本代码，定义函数，如图 15-14 所示。

图 15-13

图 15-14

**02** 在 <body> 与 </body> 标签之间编写相应的 JavaScript 脚本代码，调用自定义函数，如图 15-15 所示。保存页面，在浏览器中预览该页面，可以看到输出的结果，如图 15-16 所示。

```
<body>
<script type="text/javascript">
    document.write("第一个函数的返回值为："+funReturn());
    document.write("<hr>第二个函数的返回值为："+funReturn2());
</script>
</body>
```

图 15-15

图 15-16

> **提示**
>
> 其实所有的函数都有返回值，当函数体内没有 return 语句时，JavaScript 解释器将在末尾加一条 return 语句，返回值为 undefined，例如本实例中自定义的名称为 funReturn2() 的函数。

## 15.1.6 函数嵌套

与循环语句相似，函数体内部也可以调用或定义多个函数，只不过定义函数只能在函数体内部的顶层，不能包含于 if 条件语句和循环语句等结构中。嵌套函数的基本编写方法如下。

```
function fun1(){
    function fun2(){
        代码段
    }
    代码段
}
```

在以上代码中，fun1 称为外层函数，fun2 称为内层函数。内层函数内部定义的局部变量在内层函数体中才有效，而外层函数定义的局部变量可以在内层函数体内使用，遇到同名局部变量，优先使用内层函数的局部变量。

**实 战** 函数嵌套的应用

最终文件：最终文件 \ 第 15 章 \15-1-6.html　　　视频：视频 \ 第 15 章 \15-1-6.mp4

**01** 执行"文件" > "新建"命令，弹出"新建文档"对话框，新建 HTML 页面，将其保存为"源文件 \ 第 15 章 \15-1-6.html"，如图 15-17 所示。在 <head> 与 </head> 标签之间加入 JavaScript 脚本代码，定义函数，如图 15-18 所示。

图 15-17

```
<head>
<meta charset="utf-8">
<title>函数嵌套的应用</title>
<script type="text/javascript">
    function fun1(){
        function fun2(){
            var a=25;
            var b=a+5;
            return a+b;
        }
        var a=900;
        var b=Math.sqrt(a);
        return b+fun2();
    }
</script>
</head>
```

图 15-18

**02** 在 <body> 与 </body> 标签之间编写相应的 JavaScript 脚本代码，如图 15-19 所示。保存页面，在浏览器中预览该页面，可以看到输出的结果，如图 15-20 所示。

> **提示**
>
> 外层函数可以调用内层函数，但外部的其他函数不能访问内层函数。函数的嵌套使程序功能进一步模块化，即把函数完成的一个复杂功能再次划分为多个独立的功能函数。

图 15-19

图 15-20

# 15.2　声明和引用对象

　　每个对象都有属于它自己的属性、方法和事件。对象可以是一段文字、一个表单和一幅图片等。对象的属性反映该对象某些特定的性质，如字符串的长度、图像的宽度或文字框里的文字等；对象的方法可以为该对象做一些事情，如表单的"提交"(submit)，窗口的"滚动"(scrolling) 等；而对象的事件能响应发生在对象上的事情，例如单击链接产生的"单击事件"，提交表单产生表单的"提交事件"。

## 15.2.1　对象的声明

　　JavaScript 中的对象是由属性 (properties) 和方法 (methods) 两个基本的元素构成的。可以将对象的相关信息存储在该对象的属性（properties）当中，在对象执行某种行为的过程中，可以通过存储在属性中的信息与指定的变量相关联。方法是指对象可以依照设计者的意图而被执行，从而与特定的函数相关联。

　　JavaScript 内置了很多对象，也可以直接创建一个新对象。创建对象的方法是使用 new 运算符和构造函数，编写方法如下。

```
var 新对象实例名称 =new 构造函数；
```

　　对象的声明也可以称为对象的创建，一个对象可以生成多个相同实例，而实例的属性被改变后，不会影响对象。

**实　战**　在 JavaScript 中声明对象

　　最终文件：最终文件 \ 第 15 章 \15-2-1.html　　　视频：视频 \ 第 15 章 \15-2-1.mp4

**01**　执行"文件" > "新建"命令，弹出"新建文档"对话框，新建 HTML 页面，将其保存为"源文件 \ 第 15 章 \15-2-1.html"，如图 15-21 所示。在 <head> 与 </head> 标签之间加入 JavaScript 脚本代码，定义新对象，如图 15-22 所示。

图 15-21

图 15-22

**02**　在 <body> 与 </body> 标签之间编写相应的 JavaScript 程序代码，如图 15-23 所示。保存页面，在浏览器中预览该页面，可以看到输出的结果，如图 15-24 所示。

> **提示**
>
> 　　预先定义的构造函数直接决定了所创建对象的类型，如果创建一个空对象，即无属性无方法的对象，可以使用 Object() 构造函数。

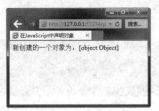

```
<body>
<script type="text/javascript">
    document.write("新创建的一个对象为："+i);
</script>
</body>
```

图 15-23

图 15-24

### 15.2.2　引用对象

JavaScript 为用户提供了一些十分有用的内部对象和方法。用户不需要用脚本来实现这些功能。

对象的引用其实就是对象的地址，通过这个地址可以找到对象的所在。对象的来源有以下 3 种方式。通过取得它的引用即可对它进行操作，例如调用对象的方法、读取和设置对象的属性等。

- ➤ 引用 JavaScript 内置对象。
- ➤ 由浏览器环境中提供。
- ➤ 创建新对象。

JavaScript 引用对象可以通过以上 3 种形式，要么创建新对象，要么使用内置对象。一个对象在被引用之前，这个对象必须存在，否则引用将毫无意义，并且会出现错误的信息。

**实战　引用内置对象输出系统时间**

最终文件：最终文件 \ 第 15 章 \15-2-2.html　　视频：视频 \ 第 15 章 \15-2-2.mp4

**01** 执行"文件">"新建"命令，弹出"新建文档"对话框，新建 HTML 页面，将其保存为"源文件 \ 第 15 章 \15-2-2.html"，如图 15-25 所示。在 <title> 与 </title> 标签之间输入网页标题，如图 15-26 所示。

图 15-25

```
<!doctype html>
<html>
<head>
<meta charset="utf-8">
<title>引用内置对象输出系统时间</title>
</head>

<body>
</body>
</html>
```

图 15-26

**02** 在 <body> 与 </body> 之间编写相应的 JavaScript 脚本代码，如图 15-27 所示。保存页面，在浏览器中预览该页面，可以看到输出的结果，如图 15-28 所示。

```
<body>
<script type="text/javascript">
    var date;
    date=new Date();
    date=date.toLocaleString();
    alert(date);
</script>
</body>
```

图 15-27

图 15-28

**提示**

在本实例中，变量 date 引用了一个日期对象，使用 date=date.toLocaleString() 通过 date 变量调用日期对象的 toLocaleString() 方法将日期信息以一个字符串对象的引用返回，此时 date 的引用已经发生了改变，指向一个 string 对象。

### 15.2.3　对象属性

对象属性的定义方法很简单，直接在对象后面使用点号 (.) 运算符声明属性的名称，并可以直接赋值。

**实　战　设置对象属性**

| 最终文件：最终文件 \ 第 15 章 \15-2-3.html | 视频：视频 \ 第 15 章 \15-2-3.mp4 |

**01** 执行"文件" > "新建"命令，弹出"新建文档"对话框，新建 HTML 页面，将其保存为"源文件 \ 第 15 章 \15-2-3.html"，如图 15-29 所示。在 <head> 与 </head> 标签之间编写相应的 JavaScript 脚本代码，创建对象并定义对象属性，如图 15-30 所示。

图 15-29

图 15-30

**02** 在 <body> 与 </body> 之间编写相应的 JavaScript 脚本代码，输出定义对象的属性值，如图 15-31 所示。保存页面，在浏览器中预览该页面，可以看到输出的结果，如图 15-32 所示。

图 15-31

图 15-32

### 15.2.4　对象构造函数

创建对象所用的构造函数是预定义的，例如 Object() 函数用于创建一个空对象，而创建数组对象可以使用 Array() 函数。这些构造函数都是 JavaScript 内置的，配合 new 运算符以创建并初始化各种不同的内置对象。在实际程序设计中，也需要自定义对象，即自定义构造函数。例如创建一个班级的对象，即自定义一个构造函数为 Class() 的对象类，通过向这个构造函数传递参数以初始化对象实例。

> **提示**
>
> 在 C#、C++ 和 Java 等面向对象的程序设计中，使用类结构来定义对象的模板，而 JavaScript 比较简单，只需声明构造函数即可定义对象类。类是用于创建对象实例的一个模板，对象实例通过构造函数初始化，并继承一定的属性和方法。

**实　战　对象构造函数的应用**

| 最终文件：最终文件 \ 第 15 章 \15-2-4.html | 视频：视频 \ 第 15 章 \15-2-4.mp4 |

**01** 执行"文件" > "新建"命令，弹出"新建文档"对话框，新建 HTML 页面，将其保存为"源文件 \ 第 15 章 \15-2-4.html"，如图 15-33 所示。在 <head> 与 </head> 标签之间

编写相应的 JavaScript 脚本代码，创建自定义函数并创建对象，如图 15-34 所示。

图 15-33

图 15-34

**02** 在 \<body\> 与 \</body\> 之间编写相应的 JavaScript 脚本代码，输出对象属性，如图 15-35 所示。保存页面，在浏览器中预览该页面，可以看到输出的结果，如图 15-36 所示。

图 15-35

图 15-36

> **提示**
>
> 对象内的一切组成要素称作对象内部的成员，如果一个成员是函数，则称这个函数为对象的方法。方法即为通过对象调用的函数，可以完成特定的功能，和构造函数一样，方法内部的 this 关键字用于引用对象本身。

### 15.2.5　自定义对象方法

自定义对象的方法比较简单，只需要将自定义的函数赋值给对象的方法名即可，代码编写在构造函数中，使用 this 引用对象。

**实战**　**自定义对象的应用**

最终文件：最终文件 \ 第 15 章 \15-2-5.html　　　视频：视频 \ 第 15 章 \15-2-5.mp4

**01** 执行 "文件" > "新建" 命令，弹出 "新建文档" 对话框，新建 HTML 页面，将其保存为 "源文件 \ 第 15 章 \15-2-5.html"，如图 15-37 所示。在 \<head\> 与 \</head\> 标签之间编写相应的 JavaScript 脚本代码，创建自定义函数并创建对象，如图 15-38 所示。

图 15-37

图 15-38

**02** 在 \<body\> 与 \</body\> 标签之间编写相应的 JavaScript 脚本代码，如图 15-39 所示。保存页面，在浏览器中预览该页面，可以看到输出的结果，如图 15-40 所示。

```
<body>
<script type="text/javascript">
    document.write("a对象的实例为 : "+a);
    document.write("<hr>a对象实例的name属性为 : "+a.name);
    document.write("<hr>a对象实例的color属性为 : "+a.color);
    document.write("<hr>a对象实例的weight属性为 : "+a.weight);
    document.write("<hr>a对象的call()方法执行情况: "+a.call());
</script>
</body>
```

图 15-39　　　　　　　　　　　　　　　　图 15-40

**技巧**

将函数赋值给对象的方法名时，不需要 ()，否则赋值的内容是函数的返回值。虽然 JavaScript 支持对象数据类型，但是相对于 C#、C++ 和 Java 等没有很正式的类的概念，所以 JavaScript 并不是以类为基础的面向对象的程序设计语言。

## 15.3　JavaScript 内置对象

JavaScript 中提供了一些非常有用的内部对象作为该语言规范的一部分，每一个内部对象都有一些方法和属性。JavaScript 中提供的内部对象按使用方法分为动态对象和静态对象。这些常见的内置对象包括时间对象 date、数学对象 math、字符串对象 string、数组对象 array 等，本节将详细介绍这些内置对象的使用。

### 15.3.1　date 对象

date 对象是一个经常使用的对象，无论是做时间输出或时间判断等操作都离不开 date 对象。date 对象类型提供了使用日期和时间的共用方法集合。用户可以利用 date 对象获取系统中的日期和时间并加以使用。使用 date 对象的基本语法如下。

```
var myDate=new Date ([arguments]);
```
date 对象会自动把当前日期和时间保存为其初始值，参数的形式有以下 5 种。

```
new Date("month dd,yyyy hh:mm:ss");
new Date("month dd,yyyy");
new Date(yyyy,mth,dd,hh,mm,ss);
new Date(yyyy,mth,dd);
new Date(ms);
```

date 对象的相关参数说明如表 15-1 所示。

表 15-1　date 对象参数说明

| 参数 | 说明 |
| --- | --- |
| month | 用英文表示的月份名称，从 January 至 December |
| mth | 用整数表示的月份，0(1 月 )~ 11(12 月 ) |
| dd | 表示一个月中的第几天，1 ~ 31 |
| yyyy | 四位数表示的年份 |
| hh | 小时数，0( 午夜 )~ 23( 晚 11 点 ) |
| mm | 分钟数，0 ~ 59 的整数 |
| ss | 秒数，0 ~ 59 的整数 |
| ms | 表示需要创建的时间和 GMT 时间 1970 年 1 月 1 日之间相差的毫秒数 |

date 对象的常用方法说明如表 15-2 所示。

表 15-2　date 对象的常用方法说明

| 方法 | 说明 | 方法 | 说明 |
| --- | --- | --- | --- |
| getYear() | 返回年，以 0 开始 | getMonth() | 返回月值，以 0 开始 |
| getDate() | 返回日期 | getHours() | 返回小时，以 0 开始 |
| getMinutes() | 返回分钟，以 0 开始 | getaSeconds() | 返回秒，以 0 开始 |
| getMilliseconds() | 返回毫秒 (0~999) | getUTCDay() | 根据世界时间来得到现在是星期几 (0~6) |
| getUTCFullYear() | 根据世界时间来得到完整的年份 | getUTCMonth() | 根据世界时间来得到月份 (0~11) |
| getUTCDate() | 根据世界时间来得到日期 (1~31) | getUTCHours() | 根据世界时间来得到小时 (0~23) |
| getUTCMinutes() | 根据世界时间来返回分钟 (0~59) | getUTCSeconds() | 根据世界时间来返回秒 (0~59) |
| getUTCMilliseconds() | 根据世界时间来返回毫秒 (0~999) | getDay() | 返回星期几，值为 0~6 |
| getTime() | 返回从 1970 年 1 月 1 日 0:0:0 到现在共花去的毫秒数 | setYear() | 设置年份 2 位数或 4 位数 |
| setMonth() | 设置月份 (0~11) | setDate() | 设置日期 (1~31) |
| setHours() | 设置小时数 (0~23) | setMinutes() | 设置分钟数 (0~59) |
| setSeconds() | 设置秒数 (0~59) | setTime() | 设置从 1970 年 1 月 1 日开始的时间，毫秒数 |
| setUTCDate() | 根据世界时间设置 date 对象中月份的一天 (1~31) | setUTCMonth() | 根据世界时间设置 date 对象中的月份 (0~11) |
| setUTCFullYear() | 根据世界时间设置 date 对象中的年份（四位数字） | setUTCHours() | 根据世界时间设置 date 对象中的小时 (0~23) |
| setUTCMinutes() | 根据世界时间设置 date 对象中的分钟 (0~59) | setUTCSeconds() | 根据世界时间设置 date 对象中的秒钟 (0~59) |
| setUTCMilliseconds() | 根据世界时间设置 date 对象中的毫秒 (0~999) | toSource() | 返回该对象的源代码 |
| toString() | 把 date 对象转换为字符串 | toTimeString() | 把 date 对象的时间部分转换为字符串 |
| toDateString() | 把 date 对象的日期部分转换为字符串 | toGMTString() | 使用 toUTString() 方法代替 |
| toUTCString() | 根据世界时间，把 date 对象转换为字符串 | toLocaleString() | 根据本地时间格式，把 date 对象转换为字符串 |
| toLocaleTimeString() | 根据本地时间格式，把 date 对象的时间部分转换为字符串 | toLocaleDateString() | 根据本地时间格式，把 date 对象的日期部分转换为字符串 |
| UTC() | 根据世界时间返回 1997 年 1 月 1 日到指定日期的毫秒数 | valueOf | 返回 date 对象的原始值 |

**实战** date 对象的应用

最终文件：最终文件 \ 第 15 章 \15-3-1.html　　视频：视频 \ 第 15 章 \15-3-1.mp4

**01** 执行"文件"＞"新建"命令，弹出"新建文档"对话框，新建 HTML 页面，将其保存为"源文件 \ 第 15 章 \15-3-1.html"，如图 15-41 所示。在 <head> 与 </head> 标签之间编写相应的 JavaScript 脚本代码，定义对象属性，如图 15-42 所示。

图 15-41

```
<head>
<meta charset="utf-8">
<title>date对象的应用</title>
<script type="text/javascript">
    var date1=new Date();
    var date2=new Date(2018,5,1);
</script>
</head>
```

图 15-42

**02** 在 <body> 与 </body> 标签之间编写相应的 JavaScript 脚本代码,如图 15–43 所示。保存页面,在浏览器中预览该页面,可以看到输出的结果,如图 15–44 所示。

图 15–43

图 15–44

> **提示**
>
> 从本实例中可以看出 date 对象的默认显示格式,其中 Tue 代表星期二,Mar 代表 3 月份,27 代表第 27 日。GMT+0800 代表本地处于世界时区东 8 区 ( 北京时间 ),即通用格林尼治时间需要加上 8 小时才是本地时间。

## 15.3.2　math 对象

作为一门编程语言,进行数学计算是不可缺少的。在数学计算中经常会使用数学函数,如取绝对值、开方、取整和求三角函数等,还有一种重要的函数是随机函数。JavaScript 将所有这些与数学相关的方法、常数、三角函数以及随机数都集中到数学对象 math 中。math 对象是 JavaScript 中的一个全局对象,不需要由函数进行创建,并且只有一个。使用 math 对象的基本方法如下。

```
math. 属性
math. 方法
```

math 对象中内置了很多针对数学运算的方法,不过使用这些方法并不需要创建对象实例,直接引用对象类名称和点运算符即可。

**实战　math 对象的应用**

最终文件:最终文件 \ 第 15 章 \15–3–2.html　　视频:视频 \ 第 15 章 \15–3–2.mp4

**01** 执行 "文件" > "新建" 命令,弹出 "新建文档" 对话框,新建 HTML 页面,将其保存为 "源文件 \ 第 15 章 \15–3–2.html",如图 15–45 所示。在 <title> 与 </title> 标签之间输入网页标题,如图 15–46 所示。

图 15–45

图 15–46

**02** 在 <body> 与 </body> 标签之间编写相应的 JavaScript 脚本代码,如图 15–47 所示。保存页面,在浏览器中预览该页面,可以看到输出的结果,如图 15–48 所示。

图 15–47

图 15–48

### 15.3.3　string 对象

　　string 对象是动态对象，需要创建对象实例后才可以引用它的属性或方法，可以把用单引号或双引号括起来的一个字符串当作一个字符串的对象实例来看待，意思是说可以直接在某个字符串后面加上 (.) 去调用 string 对象的属性和方法。string 类定义了大量操作字符串的方法，例如从字符串中提取字符或子串。但是，JavaScript 的字符串是不可变的，string 类定义的方法都不能改变字符串的内容。

**实　战　string 对象的应用**

最终文件：最终文件 \ 第 15 章 \15-3-3.html　　　视频：视频 \ 第 15 章 \15-3-3.mp4

　　**01** 执行 "文件" > "新建" 命令，弹出 "新建文档" 对话框，新建 HTML 页面，将其保存为 "源文件 \ 第 15 章 \15-3-3.html"，如图 15-49 所示。在 <head> 与 </head> 标签之间编写相应的 JavaScript 脚本代码，如图 15-50 所示。

图 15-49

图 15-50

　　**02** 在 <body> 与 </body> 标签之间编写文本域 <input> 和按钮 <button> 标签，并分别添加相应的属性设置，如图 15-51 所示。保存页面，在浏览器中预览该页面，在文本框中输入任意字符，单击 "计算输入字符数量" 按钮，即可计算出所输入的字符数量，如图 15-52 所示。

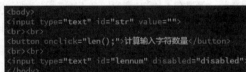

图 15-51

图 15-52

### 15.3.4　array 对象

　　程序中的数据是存储在变量中的，但是如果数据量很大，例如，几百个选手的名次，如果再逐个定义变量来存储这些数据就显得非常麻烦，此时通过数组来存储这些数据就会使这一过程相当简单。在编程语言中，数组是专门用于存储有序数列的工具，也是基本、常用的数据结构之一。在 JavaScript 中，array 对象专门负责数组的定义和管理。

　　数组也是一种对象，使用前先创建一个数字对象。创建数字对象使用 array 函数，并通过 new

操作符来返回一个数组对象，其调用方式有以下 3 种。

```
new Array()
new Array(len)
new Array([item0,[item1,[item2,...]]])
```

其中第 1 种形式创建一个空数组，它的长度为 0；第 2 种形式创建一个长度为 len 的数组，len 的数据类型必须是数字，否则按照第 3 种形式处理；第 3 种形式是通过参数列表指定的元素初始化一个数组。分别使用上述 3 种形式创建数组对象的代码如下。

```
var myArray = new Array();              // 创建一个空数组对象
var myArray = new Array(5);             // 创建一个数组对象，包括 5 个元素
var myArray = new Array("a","b","c");   // 以 a、b 和 c 3 个元素初始化一个数组对象
```

在 JavaScript 中，不仅可以通过调用 array 函数创建数组，而且可以使用方括号 [] 的语法直接创建一个数组，它的效果与上面第 3 种形式的效果相同，都是以一定的数据列表来创建一个数组。通过这种方式就可以直接创建仅包含一个数字类型元素的数组。例如，下面创建数组的代码。

```
var myArray = new Array[];              // 创建一个空数组对象
var myArray = new Array[5];             // 创建一个仅包含数字类型元素 5 的数组
var myArray = new Array["a","b","c"];   // 以 a、b 和 c 3 个元素初始化一个数组对象
```

数组是一种特殊的对象类型，所以创建一个新的数组类似于创建一个对象实例，通过 new 运算符和相应的数组构造函数完成。

**实 战** **array 对象的应用**

最终文件：最终文件 \ 第 15 章 \15-3-4.html　　　视频：视频 \ 第 15 章 \15-3-4.mp4

**01** 执行 "文件" > "新建" 命令，弹出 "新建文档" 对话框，新建 HTML 页面，将其保存为 "源文件 \ 第 15 章 \15-3-4.html"，如图 15-53 所示。在 <head> 与 </head> 标签之间编写相应的 JavaScript 脚本代码，如图 15-54 所示。

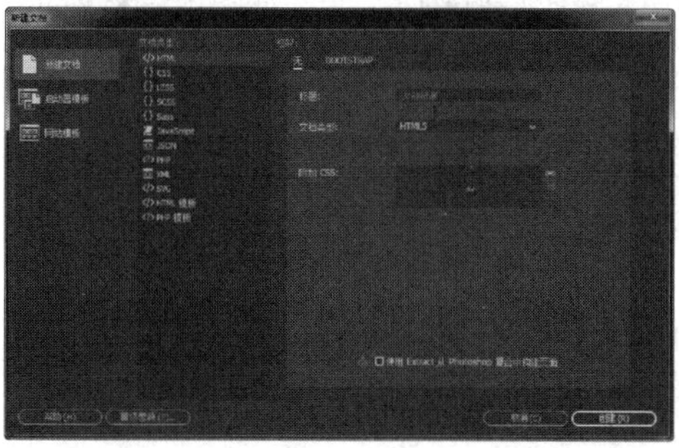

图 15-53

图 15-54

**02** 在 <body> 与 </body> 标签之间编写相应的 JavaScript 脚本代码，如图 15-55 所示。保存页面，在浏览器中预览该页面，可以看到输出的结果，如图 15-56 所示。

图 15-55

图 15-56

**提示**

通过数组的下标可以很轻松地访问数组中的任意元素，下标从 0 开始编号，是一个非负整数。数组的 length 属性是存储数组中所含元素的个数，其值比数组最后一个元素的下标值大 1。如果数组引用的下标是负数、浮点数或其他数据类型，数组会将其转换为字符串，作为一个属性名使用，而不是元素下标。

## 15.3.5 函数对象

在 JavaScript 中，可以创建函数对象，函数对象可以被动态地创建，在形式上非常灵活。函数对象的创建方法如下。

```
var myFunc=new Function(参数1,参数2...,参数n,函数体);
```

在编写格式上，参数写在前面，函数体写在后面，都需要以字符串形式表示(加引号)，参数是可选的，即可以没有参数。而 myFunc 是一个变量，用于存储函数对象实例的引用。函数对象实例没有函数名，所以也被称为匿名函数。

函数对象的方法说明如表 15-3 所示。

表 15-3 函数对象的方法说明

| 参数 | 说明 |
| --- | --- |
| apply(x,y) | 将数组绑定为另一个对象的方法，x 参数为对象实例名称，y 参数为所传递的参数，y 可以为数组 |
| call(x,y1,y2...yn) | 功能与 apply() 方法一样，x 参数为对象实例名称，y1 至 yn 参数为所传递的参数 |
| toString() | 返回函数的字符串形式 |

### 实战 函数对象的应用

最终文件：最终文件 \ 第 15 章 \15-3-5.html    视频：视频 \ 第 15 章 \15-3-5.mp4

**01** 执行"文件" > "新建"命令，弹出"新建文档"对话框，新建 HTML 页面，将其保存为"源文件 \ 第 15 章 \15-3-5.html"，如图 15-57 所示。在 <head> 与 </head> 标签之间编写相应的 JavaScript 脚本代码，如图 15-58 所示。

图 15-57

```
<head>
<meta charset="utf-8">
<title>函数对象的应用</title>
<script type="text/javascript">
    var code='var y=document.getElementById("str").value;alert(x+y);'
    var myFunc=new Function("x",code);
    var code2='document.getElementById("func").innerText=myFunc.toString();';
    var myFunc2=new Function(code2);
</script>
</head>
```

图 15-58

**02** 在 <body> 与 </body> 标签之间输入文本域 <input> 和按钮 <button> 标签，并分别添加相应的属性设置，如图 15-59 所示。保存页面，在浏览器中预览该页面，可以看到页面中的表单元素效果，如图 15-60 所示。

```
<body>
<input type="text" id="str" value="">
<hr>
<button onclick="myFunc('你填写的内容是：')">显示填写内容</button>
<br>
<button onclick="myFunc2();">显示myFunc函数</button>
<br>
<span id="func"></span>
</body>
```

图 15-59

图 15-60

**03** 在文本框中输入内容，单击"显示填写内容"按钮，在弹出的窗口中显示输入的内容，如图 15-61 所示。单击"显示 myFunc 函数"按钮，myFunc 函数对象代码以字符串形式显示在 span 元素中，如图 15-62 所示。

图 15-61

图 15-62

**提示**

函数对象实例也是一种对象，因此也有自己的属性和方法，其属性有 length 和 prototype 两种。length 是只读属性，可获取函数声明的参数个数。而 prototype 属性和其他对象一样，可用于扩展对象的属性和方法。

# 15.4 浏览器对象

使用浏览器的内部对象系统，可以实现与 HTML 文件进行交互。浏览器对象的作用是将相关元素组织包装起来，提供给程序设计人员使用，这样可以给编程人员减轻工作负担，提高设计 Web 页面的能力。

浏览器的内部对象说明如表 15–4 所示。

表 15-4　浏览器的内部对象说明

| 对象 | 说明 |
| --- | --- |
| navigator | 提供有关浏览器的信息 |
| window | 处于对象层次最顶端，它提供了处理浏览器窗口的方法和属性 |
| location | 提供与当前打开的 URL 一起工作的方法和属性，它是一个静态的对象 |
| history | 提供与浏览器历史清单有关的信息 |
| document | 包含与文档元素一起工作的对象 |

使用 JavaScript 提供的内置浏览器对象，可以对浏览器环境中的事件进行控制和处理。在 JavaScript 中提供了非常丰富的内部方法和属性，从而减轻了制作者的工作，提高工作效率。在这些对象系统中，document 对象是非常重要的，它位于最底层，但对于实现网页信息交互起着非常关键的作用，它是对象系统的核心部分。

## 15.4.1 浏览器对象 navigator

navigator 对象包含的属性描述了正在使用的浏览器，可以使用这些属性进行平台专用的配置。只要是支持 JavaScript 的浏览器都能够支持 navigator 对象。

navigator 对象的常用属性说明如表 15–5 所示。

表 15-5　navigator 对象的常用属性说明

| 属性 | 说明 |
| --- | --- |
| appName | 获取浏览器的名称 |
| appVersion | 获取浏览器的版本 |
| appCodeName | 获取浏览器的代码名称 |
| browserLanguage | 获取浏览器所使用的语言 |
| plugins | 浏览器可以使用的插件信息 |
| platform | 浏览器系统所使用的平台，如 win32 等 |
| cookieEnabled | 判断浏览器的 cookie 功能是否打开 |

**实战** navigator 对象的应用

最终文件：最终文件 \ 第 15 章 \15-4-1.html　　视频：视频 \ 第 15 章 \15-4-1.mp4

**01** 执行"文件" > "新建"命令，弹出"新建文档"对话框，新建 HTML 页面，将其保存为"源文件 \ 第 15 章 \15-4-1.html"，如图 15–63 所示。在 <title> 与 </title> 标签之间输入网页标题，如图 15–64 所示。

图 15-63

图 15-64

[02] 转换到代码视图中，在 <body> 与 </body> 标签之间编写相应的 JavaScript 脚本代码，如图 15-65 所示。保存该页面，在浏览器中预览该页面，可以看到通过 navigator 对象来获取浏览器的相关信息，如图 15-66 所示。

图 15-65

图 15-66

## 15.4.2 窗口对象 window

window 对象处于对象层次的最顶端，提供了处理 navigator 窗口的方法和属性。JavaScript 的输入可以通过 windows 对象来实现。使用 window 对象产生用于客户与页面交互的对话框主要有 3 种：警告框、确认框和提示框，这 3 种对话框使用 window 对象的不同方法产生，功能和应用场合也不太相同。

window 对象的常用属性说明如表 15-6 所示。

表 15-6　window 对象的常用属性说明

| 属性 | 说明 |
| --- | --- |
| open(url.windowName.parameterlist) | 用于创建一个新窗口，3 个参数分别用于设置 URL 地址、窗口名称和窗口属性（一般包括宽度、高度、定位、工具栏等） |
| close() | 用于实现关闭窗口 |
| alert(text) | 用于实现弹出式窗口，参数 text 为弹出窗口中显示的文字 |
| confirm(text) | 用于实现弹出确认框，参数 text 为弹出确认框中显示的文字 |
| promt(text,defaulttext) | 用于实现弹出提示框，参数 text 为窗口中的文字，参数 defaulttext 用来设置默认情况下显示的文字 |
| moveBy( 水平位移 , 垂直位移 ) | 将窗口按指定的位移值进行移动 |
| moveTo(x,y) | 将窗口移动到指定的坐标位置 |
| resizeBy( 水平位移 , 垂直位移 ) | 将窗口按指定的位移量重新设置窗口的尺寸大小 |
| resizeTo(x,y) | 将窗口设置为指定的尺寸大小 |
| back() | 用于实现窗口中当前页面的回退 |
| forward() | 用于实现窗口中当前页面的前进 |
| home() | 用于实现返回主页 |
| stop() | 用于实现停止加载页面 |

（续表）

| 属性 | 说明 |
| --- | --- |
| print() | 用于实现打印页面 |
| status | 用于设置状态栏信息 |
| location | 用于获取当前窗口的 URL 信息 |

**实战　window 对象的应用**

最终文件：最终文件 \ 第 15 章 \15-4-2.html　　视频：视频 \ 第 15 章 \15-4-2.mp4

01 执行"文件" > "新建"命令，弹出"新建文档"对话框，新建 HTML 页面，将

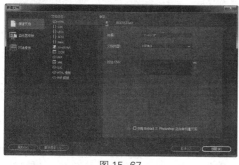

其保存为"源文件 \ 第 15 章 \15-4-2.html"，如图 15-67 所示。在 <head> 与 </head> 标签之间编写相应的 JavaScript 脚本代码，如图 15-68 所示。

图 15-67　　　　　　　　　　　　　　　图 15-68

02 在 <body> 与 </body> 标签之间输入文本域 <input> 和按钮 <button> 标签，并分别添加相应的属性设置，如图 15-69 所示。保存该页面，在浏览器中预览该页面，单击"打开新窗口"按钮，将以指定的窗口尺寸大小在新的浏览器窗口中打开指定的页面，如图 15-70 所示。

图 15-69　　　　　　　　　　　　　　　图 15-70

**技巧**

window 对象的属性和方法比较多，由于 window 对象是 JavaScript 程序的全局对象，所以引用其属性和方法时可以省略对象名称。需要注意的是，window 对象属性中包含其他浏览器模型对象的引用。

## 15.4.3　位置对象 location

location 地址对象描述的是某一个窗口对象打开的地址。要表示当前窗口的地址，只要使用 location 即可；如果要表示某一个窗口的地址，就可以使用 window.location 来实现。

location 对象的常用属性说明如表 15-7 所示。

表 15-7　location 对象的常用属性说明

| 属性 | 说明 |
| --- | --- |
| protocol | 返回地址的协议，取值为 http:、https:、file: 等 |
| hostname | 返回地址的主机名，如 http://www.microsoft.com/china/ 的地址主机名称为 www.microsoft.com |
| port | 返回地址的端口号，一般 http 的端口号是 80 |
| host | 返回主机名和端口号，如 www.a.com:8080 |

（续表）

| 属性 | 说明 |
|---|---|
| pathname | 返回路径名，如 http://www.a.com/d/index.html 的路径为 d/index.html |
| hash | 返回 # 及其之后的内容，如地址为 c.html#chapter4，则返回 #chapter4；如果地址没有 #，则返回字符串 |
| search | 返回 ? 及其之后的内容；如果地址里没有 ?，则返回空字符串 |
| href | 返回整个地址，即返回在浏览器的地址栏上显示的内容 |

location 对象的常用方法说明如表 15-8 所示。

表 15-8　location 对象的常用方法说明

| 方法 | 说明 |
|---|---|
| reload() | 相当于实现浏览器窗口上的"刷新"功能 |
| replace() | 打开一个 URL，并取代历史对象中当前位置的地址。用该方法打开一个 URL 后，单击浏览器中的"后退"按钮将不能返回刚才的页面 |

**实战** **location 对象的应用**

最终文件：最终文件 \ 第 15 章 \15-4-3.html　　　视频：视频 \ 第 15 章 \15-4-3.mp4

**01** 执行"文件">"新建"命令，弹出"新建文档"对话框，新建 HTML 页面，将其保存为"源文件 \ 第 15 章 \15-4-3.html"，如图 15-71 所示。在 <head> 与 </head> 标签之间编写相应的 JavaScript 脚本代码，如图 15-72 所示。

图 15-71

图 15-72

**02** 在 <body> 与 </body> 标签之间输入按钮 <button> 和文本域 <input> 标签，并分别添加相应的属性设置，如图 15-73 所示。保存页面，在浏览器中预览该页面，单击页面中相应的按钮，即可在页面中指定位置显示相应的信息内容，如图 15-74 所示。

图 15-73

图 15-74

> **提示**
>
> location 对象的常用方法只有两个，第 1 个方法为 reload(x) 方法，用于重新加载页面，x 为布尔值可选参数，值为 true 时强制完成加载。第 2 个方法为 replace(x) 方法，使用 x 参数指定的页面替换当前的页面，但不存储于浏览历史记录中。

## 15.4.4　历史对象 history

history 对象用来存储客户端的浏览器已经访问过的网址 (URL)，这些信息存储在一个 history 列表中，通过对 history 对象的引用，可以让客户端的浏览器返回它曾经访问过的网页中。它的功能和浏览器的工具栏上的"后退"和"前进"按钮是相同的。

history 对象的常用方法说明如表 15–9 所示。

表 15-9　history 对象的常用方法说明

| 方法 | 说明 |
| --- | --- |
| back() | 返回上一个页面，与单击浏览器窗口上的"后退"按钮功能相同 |
| forward() | 前进到浏览器访问历史的前一个页面，与单击浏览器窗口上的"前进"按钮功能相同 |
| go(x) | 跳转到访问历史中 x 参数指定的数量的页面，例如 go(–1) 代表后退一个页面 |

**实战　history 对象的应用**

最终文件：最终文件 \ 第 15 章 \15-4-4.html　　视频：视频 \ 第 15 章 \15-4-4.mp4

**01** 执行"文件" > "新建"命令，弹出"新建文档"对话框，新建 HTML 页面，将其保存为"源文件 \ 第 15 章 \15-4-4.html"，如图 15–75 所示。在 <head> 与 </head> 标签之间编写相应的 JavaScript 脚本代码，如图 15–76 所示。

图 15–75

图 15–76

**提示**

在本实例中大量应用了浏览器对象模型中的 frames[] 对象，通过 frames[0] 可以访问 iframe 页面中的 window 对象，以便操作其 history 等属性。在本实例中还使用 go(0) 方法，当参数为 0 时，即跳转到当前页面，类似刷新当前页面的功能。

**02** 在 <body> 与 </body> 标签之间输入按钮 <button> 和文本域 <input> 标签，并分别添加相应的属性设置，如图 15–77 所示。保存页面，在浏览器中预览该页面，通过单击页面中相应的按钮来测试 history 对象所实现的"前进""后退"和"刷新"的功能，如图 15–78 所示。

图 15–77

图 15–78

## 15.4.5　屏幕对象 screen

screen 对象在加载 HTML 页面时自动创建，用于存储浏览者系统的显示信息，如屏幕分辨率和颜色深度等信息，screen 对象常用的属性有 5 个。

screen 对象的常用属性说明如表 15-10 所示。

表 15-10　screen 对象的常用属性说明

| 属性 | 说明 |
| --- | --- |
| availHeight | 用于获得屏幕可用高度，单位为像素 |
| availWidth | 用于获得屏幕可用宽度，单位为像素 |
| height | 用于获得屏幕高度，单位为像素 |
| width | 用于获得屏幕高度，单位为像素 |
| colorDepth | 该属性用于获得颜色深度，单位为像素位数 |

**实战　screen 对象的应用**

最终文件：最终文件 \ 第 15 章 \15-4-5.html　　　视频：视频 \ 第 15 章 \15-4-5.mp4

**01** 执行 "文件" > "新建" 命令，弹出 "新建文档" 对话框，新建 HTML 页面，
将其保存为 "源文件 \ 第 15 章 \15-4-5.html"，如图 15-79 所示。在 <head> 与 </head> 标签之间
编写相应的 JavaScript 脚本代码，如图 15-80 所示。

图 15-79

图 15-80

**02** 在 <body> 与 </body> 标签之间输入按钮 <button> 标签，并分别添加相应的属性设置，如
图 15-81 所示。保存页面，在浏览器中预览该页面，单击相
应的按钮即可显示相应的屏幕信息，如图 15-82 所示。

```
<body>
<span id="txt">屏幕信息</span>
<hr>
<button onclick="display(1);">屏幕高度</button>
<button onclick="display(2);">屏幕宽度</button>
<button onclick="display(3);">屏幕可用高度</button>
<button onclick="display(4);">屏幕可用宽度</button>
<hr>
<button onclick="display(5);">屏幕颜色深度</button>
</body>
```

图 15-81

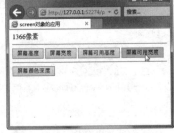

图 15-82

**提示**

本实例使用多个按钮访问 screen 对象的各个属性，并且显示在 id 名称为 txt 的 span 元素文本中。其中，可用高度比
屏幕高度小一些，因为可用高度除去了任务栏的高度，如果设置任务栏为自动隐藏，则可用高度和屏幕高度是一致的。

## 15.4.6　文档对象 document

document 对象包括当前浏览器窗口或框架区域中的所有内容，包含文本域、按钮、单选按
钮、复选框、下拉列表框、图片和链接等 HTML 页面可访问元素，但不包含浏览器的菜单栏、工具
栏和状态栏。document 对象提供多种方式获得 HTML 元素对象的引用。JavaScript 的输出可通过
document 对象实现。

document 中重要的对象说明如表 15-11 所示。

**表 15-11　document 中重要的对象说明**

| 对象 | 说明 |
|---|---|
| anchor | 锚对象，是指 <a name=" 锚名称 "></a> 标签在 HTML 源码中存在时产生的对象，它包含文档中所有的 anchor 信息 |
| links | 链接对象，是指使用 <a href=" 链接地址 "></a> 标记链接一个超文本或超媒体的元素作为一个特定的 URL |
| form | 窗体对象，是文档对象的一个元素，它含有多种格式的对象存储信息，使用它可以在 JavaScript 脚本中编写程序，并用来动态改变文档的行为 |

## 实战 document 对象的应用

最终文件：最终文件 \ 第 15 章 \15-4-6.html　　视频：视频 \ 第 15 章 \15-4-6.mp4

01 执行“文件” > “新建”命令，弹出“新建文档”对话框，新建 HTML 页面，将其保存为“源文件 \ 第 15 章 \15-4-6.html”，如图 15-83 所示。在 <head> 与 </head> 标签之间编写相应的 JavaScript 脚本代码，如图 15-84 所示。

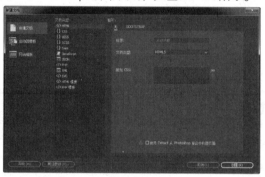

图 15-83

```
<head>
<meta charset="utf-8">
<title>document对象的应用</title>
<script type="text/javascript">
function dom(x){
    var a=document.getElementById("a").value;
    switch(x){
        case 1: document.bgColor=a;
        break;
        case 2: document.fgColor=a;
        break;
        case 3: document.linkColor=a;
        break;
        case 4: alert(document.lastModified);
        break;
        case 5: alert(document.URL);
        break;
        default:
        document.bgColor="white";
        }
    }
</script>
</head>
```

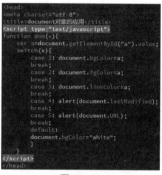

图 15-84

02 在 <body> 与 </body> 标签之间输入按钮 <button> 和文本域 <input> 标签，并分别添加相应的属性设置，如图 15-85 所示。保存页面，在浏览器中预览该页面，在文本框中输入颜色值，单击页面中不同的按钮，可以将输入的颜色值设置为指定元素的颜色，如图 15-86 所示。

```
<body>
<button onclick="dom(4);">该文档修改时间</button>
<button onclick="dom(5);">该文档URL</button>
<hr>
<input type="text" id="a" value="">
<button onclick="dom(1);">背景色</button>
<button onclick="dom(2);">文档颜色</button>
<button onclick="dom(3);">未访问链接颜色</button>
<p><a href="#">青春文字</a>听着舒缓的音乐，手捧一本青春纪念册，心是这般的宁静！人渐渐成熟了，离青春也愈来愈远了。而今，青春是回眸一瞥中的一抹绿色，青春是一本还散发着墨香的书。我静静地欣赏着自己的青春，品读着自己的青春，试图追寻着自己的青春。每个人都希望青春可以永驻，时光可以在我们最美的年纪永远停留，我们的美丽，我们的率真，我们的纯粹，我们的执着，都期盼着一个永恒，闪着光，凝结成灿烂的梦…</p>
</body>
```

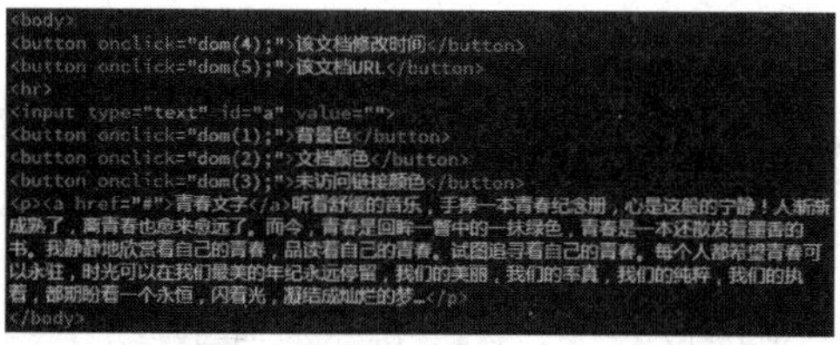

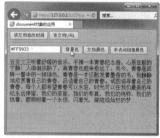

图 15-85

图 15-86

**提示**

访问 document 对象的属性和方法与其他对象一样，先编写 window 对象，使用点运算符一级一级地访问。由于 window 对象是根对象，即全局对象，往往可以省略。由于考虑到不同浏览器的兼容性，建议读者尽量使用主流浏览器都支持的 document 对象属性。

# 第 16 章  JavaScript 中的事件

当网页中发生了某些类型的交互时，事件就发生了。事件可能是浏览器中发生的事情，例如用户改变窗口大小或滚动窗口，也可能是用户在某些内容上的单击，或者鼠标经过某个特定元素或按下键盘上的某些按键。本章将介绍 JavaScript 中的事件，以及常用事件的处理。

**本章知识点：**
- ➤ 了解 JavaScript 事件
- ➤ 了解常用事件属性
- ➤ 理解并掌握事件的使用方法

## 16.1  了解 JavaScript 事件

事件是交互的桥梁，用户可以通过多种方式与浏览器载入的页面进行交互。Web 应用程序开发者通过 JavaScript 脚本内置的和自定义的事件来响应用户的动作，就可以开发出更有交互性、动态性的页面。

### 16.1.1  JavaScript 事件类别

JavaScript 事件分为多种不同的类别，最常用的类别是鼠标交互事件，其次是键盘和表单事件。JavaScript 常用事件介绍如表 16-1 所示。

表 16-1  JavaScript 常用事件类别说明

| 事件类别 | 说明 |
| --- | --- |
| 鼠标事件 | 鼠标事件分为两种，追踪鼠标当前位置的事件 (mouseover、mouseout)；追踪鼠标在被单击时的事件 (mouseup、mousedown、click) |
| 键盘事件 | 键盘事件负责追踪键盘的按键何时以及在何种上下文中被按下。与鼠标相似，在 JavaScript 中有 3 个事件用来追踪键盘：keyup、keydown 和 keypress |
| UI 事件 | UI 事件用来追踪从页面的一部分转到另一部分。例如，使用 UI 事件能知道用户何时开始在一个表单中输入，用来追踪这一点的两个事件是 focus 和 blur |
| 表单事件 | 表单事件直接与只发生于表单和表单输入元素上的交互相关。submit 事件用来追踪表单何时提交；change 事件监视用户向元素的输入；select 事件当 <sekect> 元素被更新时触发 |
| 加载和错误事件 | 事件的最后一类是与页面本身有关。例如，加载页面事件 load；最终离开页面事件 unload。另外，JavaScript 错误使用 error 事件追踪 |

### 16.1.2  JavaScript 事件处理

事件的运用使 JavaScript 程序变得相当灵活，这种事件是异步事件，即事件随时都可能发生，与 HTML 文件的载入进度无关，但是 HTML 载入完成也会触发相应事件。

通常情况下，用户在操作页面元素时和网页载入后都会发生很多事件，触发事件后执行一定的程序就是 JavaScript 事件响应编程时的常用模式。只有触发事件才执行的程序被称为事件处理程序，一般调用自定义函数实现。编写格式如下。

```
<HTML 标签 事件属性 =" 事件处理程序 ">
```

这种编写方式避免了程序与 HTML 代码混合编写，利于维护。事件处理程序一般是调用自定义函数，函数可以传递很多参数，常用的方法是传递 this 参数，this 代表 HTML 标签的相应对象。编写格式如下。

```
<form action="" method="post" onsubmit="return chk(this);"></form>
```

this 参数代表 form 对象，在 chk 函数中可以更方便地引用 form 对象及内含的其他控件对象。编写事件处理程序要特别使用，当外部使用双引号时，内部要使用单引号，反之一样。

## 16.1.3　HTML 元素常用事件

文档对象模型即 Document Object Model，简称 DOM。事件的使用使 JavaScript 程序变得十分灵活，这种事件是异步事件，即 HTML 元素的事件属性和 HTML 其他属性相同，大小写不敏感，读者可同样小写。但是，在 JavaScript 程序中使用事件时需注意大小写。HTML 元素大多数事件属性是一致的，其常用事件如表 16–2 所示。

表 16-2　HTML 元素常用事件说明

| 事件 | 说明 |
| --- | --- |
| onblur | 失去键盘焦点事件，适用于网页中几乎所有可视元素 |
| onfocus | 获得键盘焦点事件，适用于网页中几乎所有可视元素 |
| onchange | 修改内容并失去焦点后触发的事件，一般用于网页中可视表单元素 |
| onclick | 鼠标单击事件，一般用于单击网页中某个元素 |
| ondbclick | 鼠标双击事件，一般用于双击网页中某个元素 |
| ondragdrop | 用户在窗口中拖动并放下一个对象时触发的事件 |
| onerror | 脚本发生错误事件 |
| onkeydown | 键盘按键按下事件，一般用于按下键盘上某个按钮触发 |
| onkeyup | 键盘按键按下并松开时触发的事件 |
| onload | 载入事件，一般用于 \<body>、\<frameset> 和 \<img> 标签 |
| onunload | 关闭或重置触发事件，一般用于 \<body>、\<frameset> 标签 |
| onmouseout | 鼠标滑出事件，一般用于鼠标移开网页中某个元素 |
| onmouseover | 鼠标经过事件，一般用于鼠标经过网页中某个元素 |
| onmove | 浏览器窗口移动事件，移动浏览器窗口触发 |
| onresize | 浏览器窗口改变大小事件，改变浏览器窗口大小触发 |
| onsubmit | 表单提交事件，单击提交表单按钮触发 |
| onreset | 表单重置事件，单击重置表单按钮触发 |
| onselect | 选中某个表单元素时触发的事件 |

## 16.1.4　常用事件方法

在上一节中介绍的 HTML 事件都是由用户操作所触发的，其实在 JavaScript 中，还可以使用代码触发部分事件。例如在代码中执行 blur() 方法，可以使页面中相应对象失去键盘输入焦点，并触发 onblur 事件，这种代码触发事件的编程方式方便了网页中交互程序的制作，让网页更加人性化。

常用的事件方法说明如表 16–3 所示。

表 16-3　常用事件方法说明

| 事件方法 | 说明 |
| --- | --- |
| onblur | 失去键盘焦点事件，适用于网页中几乎所有可视元素 |
| onfocus | 获得键盘焦点事件，适用于网页中几乎所有可视元素 |
| onchange | 修改内容并失去焦点后触发的事件，一般用于网页中可视表单元素 |
| onclick | 鼠标单击事件，一般用于单击网页中某个元素 |
| ondbclick | 鼠标双击事件，一般用于双击网页中某个元素 |
| ondragdrop | 用户在窗口中拖动并放下一个对象时触发的事件 |

# 16.2　常用事件在网页中的应用

　　事件的产生和响应，都是由浏览器来完成的，而不是由 HTML 或 JavaScript 来完成的。使用 HTML 代码可以设置哪些元素响应什么事件，这些都可以通过 JavaScript 对浏览器进行处理。但是，不同的浏览器响应的事件也有所不同，相同的浏览器在不同版本中响应的事件同样会有所不同。

## 16.2.1　click 事件

　　click 单击事件是常用的事件之一，该事件是在一个对象上按下然后释放一个鼠标按钮时发生，它也会发生在一个控件的值改变时。这里的单击是指完成按下鼠标按键并释放这一个完整的过程后产生的事件。使用单击事件的语法格式如下。

```
onClick= 函数或是处理语句
```

**实 战**　使用 click 事件实现关闭网页窗口

最终文件：最终文件 \ 第 16 章 \16-2-1.html　　　视频：视频 \ 第 16 章 \16-2-1.mp4

　　`01` 打开页面"源文件 \ 第 16 章 \16-2-1.html"，可以看到该页面的 HTML 代码，如图 16-1 所示。在浏览器中预览该页面，可以看到页面的效果，需要实现单击页面右下角的 close 按钮，能够关闭整个浏览器窗口，如图 16-2 所示。

图 16-1

图 16-2

　　`02` 返回网页的 HTML 代码中，在需要实现单击关闭窗口功能的图片 <img> 标签中添加 onclick 事件代码，如图 16-3 所示。保存页面，在浏览器中预览该页面，单击添加了 onclick 事件代码的图像，弹出提示对话框，单击"是"按钮，即可关闭当前浏览器窗口，如图 16-4 所示。

图 16-3

图 16-4

> **技巧**
>
> 　　如果要实现当鼠标单击某个按钮时打印当前网页的功能，可以添加 onClick="javascript:window.print()"，支持 click 事件的 JavaScript 对象有 button、document、checkbox、link、radio、reset 和 submit 等。

## 16.2.2　change 事件

　　change 事件通常在文本框或下拉列表中激发。在下拉列表中只要修改了可选项，就会被激发 change 事件，在文本框中，只有修改了文本框中的文字并在文本框失去焦点时才会被激发。change 事件的基本语法如下。

　　onChange= 函数或是处理语句

**实战　使用 change 事件实现弹出提示框**

最终文件：最终文件 \ 第 16 章\16-2-2.html　　　视频：视频 \ 第 16 章 \16-2-2.mp4

　　01 打开页面 "源文件 \ 第 16 章\16-2-2.html"，可以看到该页面的 HTML 代码，如图 16-5 所示。在浏览器中预览该页面，可以看到页面的效果，如图 16-6 所示。

图 16-5

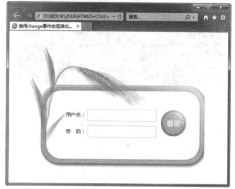

图 16-6

　　02 返回网页的 HTML 代码中，在"用户名"文字后面的 <input> 标签中添加 onChange 事件代码，如图 16-7 所示。保存页面，在浏览器中预览该页面，在"用户名"文本框中输入内容后移开文本框，可以看到 Change 事件产生的弹出提示框的效果，如图 16-8 所示。

图 16-7

图 16-8

## 16.2.3　select 事件

　　select 事件是指当文本框中的内容被选中时所发生的事件。select 事件的基本语法如下。

　　onSelect= 处理函数或是处理语句

**实战 使用 select 事件实现弹出提示框**

最终文件：最终文件\第16章\16-2-3.html　　视频：视频\第16章\16-2-3.mp4

**01** 打开页面"源文件\第16章\16-2-3.html"，可以看到该页面的 HTML 代码，如图 16-9 所示。在浏览器中预览该页面，可以看到页面的效果，如图 16-10 所示。

图 16-9

图 16-10

**02** 返回网页的 HTML 代码中，在 <head> 与 </head> 标签之间添加 JavaScript 脚本代码，如图 16-11 所示。在 <select> 标签中添加 onChange 事件，向自定义的函数中传递相应的值，如图 16-12 所示。

图 16-11

图 16-12

**03** 在 <input> 标签中添加 onSelect 事件，触发 JavaScript 内置函数 alert，实现弹出提示框的效果，如图 16-13 所示。

图 16-13

**04** 保存页面，在浏览器中预览该页面，在下拉列表中选择相应的选项会自动触发 change 事件，从而实现为文本框赋予相应的内容，如图 16-14 所示。如果在文本框中拖动鼠标进行选择时会触发 select 事件，弹出提示框，如图 16-15 所示。

图 16-14

图 16-15

 **提示**

通常来说，网页载入后会发生多种事件，用户在操作页面元素时会发生很多事件，触发事件后执行一定的程序就是 JavaScript 事件响应编程的常用模式。只有触发事件才执行的程序被称为事件处理程序，一般调用自定义函数实现。

## 16.2.4　focus 事件

focus 事件是指将焦点放在网页中的对象之上。focus 事件即得到焦点，通常是指选中文本框等，并且在其中输入文字。focus 事件的基本语法如下。

```
onfocus= 处理函数或是处理语句
```

**实战　focus 事件在网页中的应用**

最终文件：最终文件 \ 第 16 章\16-2-4.html　　视频：视频 \ 第 16 章\16-2-4.mp4

01 打开页面"源文件\第 16 章\16-2-4.html"，可以看到该页面的 HTML 代码，如图 16-16 所示。在浏览器中预览该页面，可以看到页面的效果，如图 16-17 所示。

图 16-16　　　　　　　　　　　　　　　　图 16-17

02 返回网页的 HTML 代码中，在单选按钮的 <input> 标签中添加 onfocus 事件代码，如图 16-18 所示。保存页面，在浏览器中预览该页面，单击页面中任意一个单选按钮，都会触发 focus 事件，弹出提示框，如图 16-19 所示。

图 16-18　　　　　　　　　　　　　　　　图 16-19

**提示**

event 中文即为事件的意思，HTML 文件中触发某个事件，event 对象将被传递给该事件的处理程序，并对象存储发生事件中键盘、鼠标和屏幕的信息，而这个对象由 window 的 event 属性引用。

## 16.2.5　load 事件

load 事件与 unload 事件是两个相反的事件。load 事件是指整个文档在浏览器窗口中加载完毕后所激发的事件。load 事件语法格式如下。

```
onload= 处理函数或是处理语句
```

**实战　load 事件在网页中的应用**

最终文件：最终文件 \ 第 16 章\16-2-5.html　　视频：视频 \ 第 16 章\16-2-5.mp4

01 打开页面 "源文件 \ 第 16 章 \16-2-5.html" ，可以看到该页面的 HTML 代码，如图 16-20 所示。在浏览器中预览该页面，可以看到页面的效果，如图 16-21 所示。

02 返回网页的 HTML 代码中，在页面头部的 <head> 与 </head> 标签之间添加 JavaScript 脚本代码，定义函数，如图 16-22 所示。在页面中 <body> 标签中添加 onLoad 事件，触发自定义函数并传递参数，如图 16-23 所示。

**03** 保存页面，在浏览器中预览页面，当页面载入完成时可以看到触发 load 事件产生的弹出窗口效果，如图 16-24 所示。

图 16-20

图 16-21

图 16-22

图 16-23

图 16-24

> **技巧**
>
> onLoad 事件是在浏览器中载入网页时触发的事件，而 onUnload 事件是当离开当前网页时触发的事件，两种事件正好是相对应的，onUnload 事件的使用方法与 onLoad 事件的使用方法相同，可以直接加在 <body> 标签中。

## 16.2.6 鼠标移动事件

鼠标移动事件包括 3 种，分别为 mouseover、mouseout 和 mousemove。鼠标移动事件的基本语法如下。

```
onMouseover= 处理函数或是处理语句
onMouseout= 处理函数或是处理语句
```

**实战** 在网页中应用鼠标移动事件

最终文件：最终文件 \ 第 16 章 \16-2-6.html　　视频：视频 \ 第 16 章 \16-2-6.mp4

**01** 打开页面"源文件 \ 第 16 章 \16-2-6.html"，可以看到该页面的 HTML 代码，如图 16-25 所示。在浏览器中预览该页面，可以看到页面的效果，如图 16-26 所示。

图 16-25

图 16-26

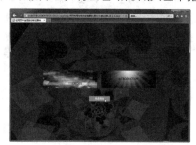

图 16-27

**02** 返回网页的 HTML 代码中，在页面头部的 `<head>` 与 `</head>` 标签之间编写 JavaScript 脚本代码，定义函数，如图 16-27 所示。在页面中按钮的 `<input>` 标签中添加 onMouseOver 事件，触发自定义的 JavaScript 函数并传递参数，如图 16-28 所示。

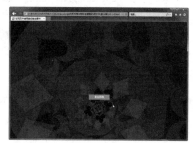

图 16-28

**03** 继续在 `<input>` 标签中添加 onMouseOut 事件，触发自定义的 JavaScript 函数并传递参数，如图 16-29 所示。

图 16-29

**04** 保存页面，在浏览器中预览页面，当鼠标移至页面中的"查看图像"按钮上方时，会自动显示页面中指定的元素，如图 16-30 所示。当鼠标从该按钮上移开后，将会自动隐藏页面中指定的元素，如图 16-31 所示。

图 16-30　　　　　　　　　　　图 16-31

> **提示**
>
> 　mouseover 是当鼠标经过对象上方时所触发的事件，mouseout 是当鼠标从对象上移开时所触发的事件，mousemove 是鼠标在对象上移动时所触发的事件。

## 16.2.7　onblur 事件

　　失去焦点事件正好与获得焦点事件相对，onblur 事件是指将焦点从当前对象中移开。当 text 对象、textarea 对象或 select 对象不再拥有焦点而退到后台时，触发该事件。onblur 事件的基本语法如下。

```
onblur=处理函数或是处理语句
```

**实战　onblur 事件在网页中的应用**

最终文件：最终文件 \ 第 16 章 \16-2-7.html　　视频：视频 \ 第 16 章 \16-2-7.mp4

**01** 打开页面"源文件 \ 第 16 章 \16-2-7.html"，可以看到该页面的 HTML 代码，如图 16-32 所示。在浏览器中预览该页面，可以看到页面的效果，如图 16-33 所示。

**02** 返回网页的 HTML 代码中，在页面头部的 `<head>` 与 `</head>` 标签之间添加 JavaScript 脚本代码，定义函数，如图 16-34 所示。在页面中文本域的 `<input>` 标签中添加 onblur 事件，触发自定义函数并传递相应的参数，如图 16-35 所示。

```
<body>
<div id="login">
    <form id="form1" name="form1" method="post">
        <input type="image" name="btn" id="btn"
        src="images/162202.gif" alt=" ">
    用户名：
        <input type="text" name="uname" id="uname" class="input01">
        <br>
        密 码：
        <input type="password" name="upass" id="upass" *
        class="input01">
    </form>
</div>
</body>
```

图 16-32

图 16-33

```
<head>
<meta charset="utf-8">
<title>onblur事件在网页中的应用</title>
<link href="style/16-2-7.css" rel="stylesheet"
type="text/css">
<script type="text/JavaScript">
    function MM_popupMsg(msg) {
        alert (msg);
    }
</script>
</head>
```

图 16-34

```
<form id="form1" name="form1" method="post">
    <input type="image" name="btn" id="btn"
    src="images/162202.gif" alt=" ">
用户名：
    <input type="text" name="uname" id="uname" class="input01"
    onblur="MM_popupMsg('"用户名"文本域失去焦点！')">
    <br>
    密 码：
    <input type="password" name="upass" id="upass"
    class="input01" onblur="MM_popupMsg('密码域失去焦点！')">
</form>
```

图 16-35

**03** 保存页面，在浏览器中预览页面，在"用户名"文本域中输入内容后，当在其他位置单击时，触发 onblur 事件，弹出相应的提示信息，如图 16-36 所示。在"密码"文本域中输入内容后，在其他位置单击时，同时触发 onblur 事件，弹出相应的提示信息，如图 16-37 所示。

图 16-36

图 16-37

# 第17章 JavaScript 综合应用案例

在网页中加入一些炫目的动态效果，可以使网页更具有交互性，更加吸引浏览者的目光。在前面的章节中已经介绍了 HTML、CSS 样式和 JavaScript 的相关知识，本章将以案例为主，介绍目前网站中比较常用的 JavaScript 应用效果，通过典型案例的制作讲解，使读者快速掌握在网页中实现常用 JavaScript 特效的方法和技巧。

**本章知识点：**
- ➢ 掌握实现可选择字体大小的方法
- ➢ 掌握实现图像滑动切换效果的方法
- ➢ 掌握实现滚动宣传广告的方法
- ➢ 掌握使用 CSS 布局制作网页的方法

## 17.1 实现可选择字体大小

如果在网页中单纯地使用静态的文字效果，那么整个页面就会显得呆板而无吸引力，可以通过 JavaScript 设计一些针对文字的动态效果，从而使网页更加美观，并且具有一定的交互性，方便浏览者的浏览。

### 17.1.1 思路分析

目前许多网站的新闻正文页面中，都有一个选择字体大小的选项，通过单击"大""中""小"链接，即可改变正文字体的大小，该功能通过 JavaScript 即可轻松实现。

首先在 JavaScript 中自定义一个函数，通过该函数接收超链接传递的字体大小参数，通过 document 对象获取网页中存放文章正文内容的元素 id 名称，将指定 id 名称的元素中的字体大小修改为接收到的参数大小即可。

### 17.1.2 功能实现

了解了 JavaScript 实现可选择字体大小的思路，接下来通过实战练习讲解实现可选择字体大小的具体操作方法。

**实 战 实现可选择字体大小**

最终文件：最终文件 \ 第 17 章 \17-1.html    视频：视频 \ 第 17 章 \17-1.mp4

**01** 打开页面"源文件 \ 第 17 章 \17-1.html"，可以看到该页面的 HTML 代码，如图 17-1 所示。在浏览器中预览该页面，可以看到页面的效果，如图 17-2 所示。

**02** 返回网页的 HTML 代码中，在 <head> 与 </head> 标签之间添加如下的 JavaScript 脚本代码。

```
<script type="text/javascript">
function docontent(size) {
var content=document.all ? document.all['content'];
```

```
document.getElementById("content");
content.style.fontSize=size+'px';
}
</script>
```

图 17-1　　　　　　　　　　　　　　　　　图 17-2

03　在网页的 HTML 代码中找到 <div id="select-font"> 与 </div> 标签之间的内容，如图 17-3 所示。为相应的文字添加超链接标签 <a>，设置 JavaScript 脚本链接，向自定义的 docontent 函数传递相应的参数，如图 17-4 所示。

图 17-3　　　　　　　　　　　　　　　　　图 17-4

04　保存页面，在浏览器中预览页面，可以看到页面的效果，如图 17-5 所示。单击不同的文字大小链接，即可改变页面中正文的文字大小，如图 17-6 所示。

图 17-5　　　　　　　　　　　　　　　　　图 17-6

# 17.2　实现图像滑动切换效果

如果在一个页面中只有很小的篇幅能用来展示图像，那么可以使用滑动切换的方式来展现。本节将通过 JavaScript 程序代码来实现图像滑动切换的效果。

## 17.2.1　思路分析

图像滑动切换效果在网页中非常常见，可以在较小的页面空间中展示出比较多的图像，并且可以为网页增加许多的动感和交互性。

本实例所实现的图像滑动切换效果是通过单击图像区域左右两边的箭头来实现的，所以整体上需要将图像滑动区域分为左、中和右 3 个部分，中间部分为图像滑动区域，左和右分别放置向左和向右的箭头，首先通过 JavaScript 中的 document 对象读取页面中分别放置不同内容的元素 id 名称，然后定义相应的函数，通过判断语言实现页面中图像区域的移动和显示。

## 17.2.2　功能实现

了解了 JavaScript 实现图像滑动切换效果的原理，接下来通过实例介绍如何使用 JavaScript 实现图像滑动切换效果。在制作的过程中，注意页面中各部分 id 名称与 JavaScript 中的 id 名称必须是相对应的，否则可能会出现错误。

### 实战　实现图像滑动切换效果

最终文件：最终文件 \ 第 17 章 \17-2.html　　视频：视频 \ 第 17 章 \17-2.mp4

```
<body>
<div id="swap_pic">
  <div id="prev">prev</div>
  <div id="box">
    <ul style="left: 0px;" id="pics" class="pics">
      <li>
        <p><a href="#"><img src="images/pic5.jpg" width="290" height="135"
        alt=""><span>CG精美插画欣赏</span></a></p>
        <p><a href="#"><img src="images/pic6.jpg" width="290" height="135"
        alt=""><span>CG精美插画欣赏</span></a></p>
        <p><a href="#"><img src="images/pic7.jpg" width="290" height="135"
        alt=""><span>CG精美插画欣赏</span></a></p>
      </li>
      <li>
        <p><a href="#"><img src="images/pic8.jpg" width="290" height="135"
        alt=""><span>CG精美插画欣赏</span></a></p>
        <p><a href="#"><img src="images/pic9.jpg" width="290" height="135"
        alt=""><span>CG精美插画欣赏</span></a></p>
        <p><a href="#"><img src="images/pic10.jpg" width="290" height="135"
        alt=""><span>CG精美插画欣赏</span></a></p>
      </li>
    </ul>
  </div>
  <div id="next">next</div>
</div>
</body>
```

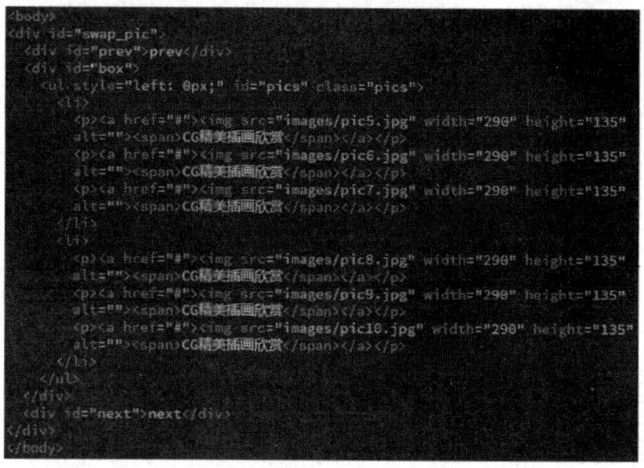

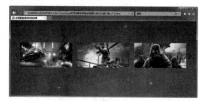

图 17-7

01 打开页面"源文件 \ 第 17 章 \ 17-2.html"，可以看到该页面的 HTML 代码，如图 17-7 所示。在浏览器中预览该页面，可以看到页面的效果，如图 17-8 所示。

图 17-8

> **提示**
>
> 通过该网页的 HTML 代码可看出，id 名称为 prev 和 next 的两个 Div 分别是左右切换的按钮，id 名称为 box 的 Div 中为实现滑动显示的图像内容。

02 将实现图像滑动切换的 JavaScript 代码加入页面 <body> 与 </body> 之间，JavaScript 代码如下。

```
<script type="text/javascript">
(function(){
    var vari={
        width:960,
        pics:document.getElementById("pics"),
        prev:document.getElementById("prev"),
        next:document.getElementById("next"),
        len:document.getElementById("pics").getElementsByTagName("li").length,
        intro:document.getElementById("pics").getElementsByTagName("p"),
        now:1,
        step:5,
        dir:null,
        span:null,
        span2:null,
        begin:null,
        begin2:null,
        end2:null,
        move:function(){
            if(parseInt(vari.pics.style.left,10)>vari.dir*vari.now*vari.width&&vari.
dir==-1){
                vari.step=(vari.step<2)?1:(parseInt(vari.pics.style.left,10)-vari.
dir*vari.now*vari.width)/5;
                vari.pics.style.left=parseInt(vari.pics.style.left,10)+vari.dir*vari.
step+"px";
```

```
                }
                else if(parseInt(vari.pics.style.left,10)<-vari.dir*(vari.now-2)*vari.
width&&vari.dir==1){
                    vari.step=(vari.step<2)?1:(-vari.dir*(vari.now-2)*vari.width-
parseInt(vari.pics.style.left,10))/5;
                    vari.pics.style.left=parseInt(vari.pics.style.left,10)+vari.dir*vari.
step+"px";
                }
                else{
                    vari.now=vari.now-vari.dir;
                    clearInterval(vari.begin);
                    vari.begin=null;
                    vari.step=5;
                    vari.width=960;
                }
        },
        scr:function(){
            if(parseInt(vari.span.style.top,10)>-31){
                vari.span.style.top=parseInt(vari.span.style.top,10)-5+"px";
            }
            else{
                clearInterval(vari.begin2);
                vari.begin2=null;
            }
        },
        stp:function(){
            if(parseInt(vari.span2.style.top,10)<0){
                vari.span2.style.top=parseInt(vari.span2.style.top,10)+10+"px";
            }
            else{
                clearInterval(vari.end2);
                vari.end2=null;
            }
        }
    };
    vari.prev.onclick=function(){
        if(!vari.begin&&vari.now!=1){
            vari.dir=1;
            vari.begin=setInterval(vari.move,20);
        }
        else if(!vari.begin&&vari.now==1){
            vari.dir=-1;
            vari.width*=vari.len-1;
            vari.begin=setInterval(vari.move,20);
        };
    };
    vari.next.onclick=function(){
        if(!vari.begin&&vari.now!=vari.len){
            vari.dir=-1;
            vari.begin=setInterval(vari.move,20);
        }
        else if(!vari.begin&&vari.now==vari.len){
            vari.dir=1
```

```
            vari.width*=vari.len-1;
            vari.begin=setInterval(vari.move,20);
        };
    };
    for(var i=0;i<vari.intro.length;i++){
        vari.intro[i].onmouseover=function(){
            vari.span=this.getElementsByTagName("span")[0];
            vari.span.style.top=0+"px";
            if(vari.begin2){clearInterval(vari.begin2);}
            vari.begin2=setInterval(vari.scr,20);
        };
        vari.intro[i].onmouseout=function(){
            vari.span2=this.getElementsByTagName("span")[0];
            if(vari.begin2){clearInterval(vari.begin2);}
            if(vari.end2){clearInterval(vari.end2);}
            vari.end2=setInterval(vari.stp,5);
        };
    }
})();
</script>
```

> **提示**
> 该部分的 JavaScript 代码比较复杂，主要通过 JavaScript 脚本实现与 CSS 样式的结合改变显示的效果。

**03** 保存页面，在浏览器中预览页面，可以看到页面的效果，如图 17-9 所示。单击左右的箭头图标，可以实现图像的滑动效果，将光标移至图像上还可以显示图像的名称，如图 17-10 所示。

图 17-9

图 17-10

## 17.3　实现滚动宣传广告

滚动宣传广告也是网站中常见的一种交互动态效果，使用 JavaScript 可以实现多种不同类型和风格的滚动宣传广告效果。通常情况下，滚动宣传广告都会根据所设置的间隔时间自动滚动，也可以单击相应的按钮图像进行手动选择，这些都是由 JavaScript 来实现的。

## 17.3.1  思路分析

在实现本实例的滚动宣传广告效果时，需要调用 jQuery 函数库文件。jQuery 是一个优秀的 JavaScript 框架，它是轻量级的 JavaScript 库，兼容 CSS3，并且还兼容各种浏览器。jQuery 使用户能更方便地处理 HTML documents、events 和实现动画效果。

本实例通过调用 jQuery 文件和创建外部 JavaScript 文件对网页中定义了 id 名称的元素进行控制，从而实现滚动宣传广告的效果。

## 17.3.2  功能实现

滚动宣传广告是网站中常用的广告宣传形式，可以提高页面的互动性和动感，了解了有关滚动宣传广告的实现方法，接下来详细讲解如何使用 JavaScript 在网页中实现滚动宣传广告。

**实 战　实现滚动宣传广告**

最终文件：最终文件 \ 第 17 章 \17-3.html　　视频：视频 \ 第 17 章 \17-3.mp4

**01** 执行"文件" > "新建"命令，弹出"新建文档"对话框，新建一个 HTML 页面，将该页面保存为"源文件 \ 第 17 章 \17-3.html"，如图 17-11 所示。执行"文件" > "新建"命令，弹出"新建文档"对话框，新建一个外部 CSS 样式表文件，将该文件保存为"源文件 \ 第 17 章 \style\17-3.css"，如图 17-12 所示。

图 17-11

图 17-12

**02** 转换到刚新建的外部 CSS 样式表文件中，定义相应的 CSS 样式，如图 17-13 所示。返回网页的 HTML 代码中，在 <head> 与 </head> 标签之间添加 <link> 标签链接创建的外部 CSS 样式表文件，如图 17-14 所示。

图 17-13

图 17-14

> **提示**
>
> 此处创建了 3 个 CSS 样式，* 为通配符 CSS 样式，设置网页中所有标签的边界和填充均为 0；ul,li,dl,dd,dt 为群组选择器样式，设置这 5 个列表标签的列表样式为无；body 为标签 CSS 样式，设置了页面主体 <body> 标签的背景图像和背景图像平铺方式。

**03** 在 <body> 与 </body> 标签之间添加 <div> 标签，并在该标签中应用名称为 banner_index 的类 CSS 样式，如图 17-15 所示。转换到外部 CSS 样式表文件中，创建名称为 .banner_index 的 CSS 样式代码，如图 17-16 所示。

图 17-15

图 17-16

**04** 返回网页的 HTML 代码中，在刚添加的 <div> 与 </div> 标签之间添加相应的列表代码，如图 17-17 所示。转换到外部 CSS 样式表文件中，创建名称为 .banner_wrap 和名称为 .banner_wrap li 的 CSS 样式代码，如图 17-18 所示。

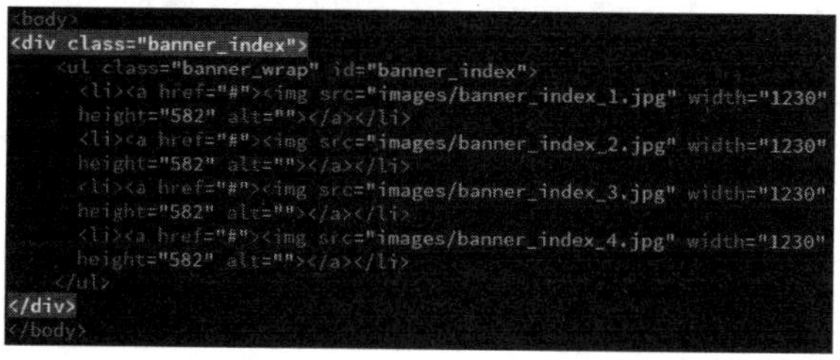

图 17-17

图 17-18

**05** 返回网页的 HTML 代码中，在页面中当前的 Div 结束标签之后添加 <div> 标签，为该 Div 应用相应的类 CSS 样式，并设置相应的 id 名称，如图 17-19 所示。转换到外部 CSS 样式表文件中，创建相应的 CSS 样式，如图 17-20 所示。

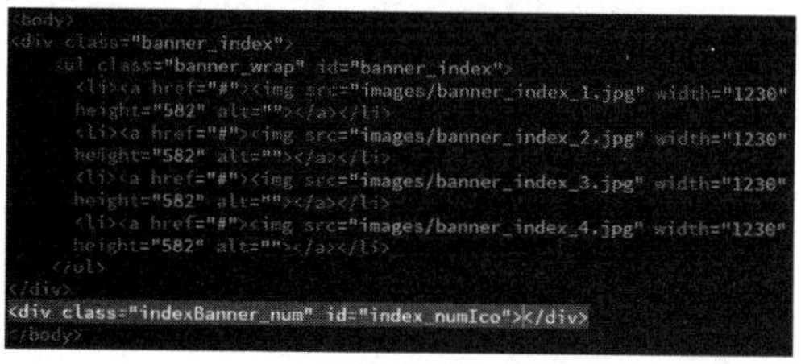

图 17-19

图 17-20

> **提示**
>
> 通过项目列表的形式放置滚动宣传广告图片，可以根据自己的需要自由添加或删减。id 名称为 index_numIco 的 Div 用于调用圆点图按钮，如果不需要圆点图，可以直接将该 Div 删除。注意代码中 id 名称的设置，因为在 JavaScript 代码中需要调整相应的 id 名称。

**06** 在"源文件 \ 第 17 章 \ js"文件夹中已经有一个准备好的 jQuery.js 文件，如图 17-21 所示。执行"文件" > "新建"命令，弹出"新建文档"对话框，新建一个 JavaScript 文件，将该文件保存为"源文件 \ 第 17 章 \ js\common.js"，如图 17-22 所示。

图 17-21

图 17-22

提示

　　jQuery 是一个兼容多浏览器的、目前流行的 JavaScript 框架，是免费和开源的，是一个单独的 JavaScript 文件，可以保存到本地或者服务器直接引用，也可以从多个公共服务器中选择引用。

**07** 在 common.js 文件中编写相应的 JavaScript 程序代码，编写的程序代码如下。

```javascript
function ShowPre(o){
    var that= this;
    this.box = $("#"+o["box"]);
    this.btnP = $("#"+o.Pre);
    this.btnN= $("#"+o.Next);
    this.v = o.v||1;
    this.c = 0;
    var li_node = "li";
    this.loop = o.loop||false;
    // 循环生成dom
    if(this.loop){
        this.li =  this.box.find(li_node);
        this.box.append(this.li.eq(0).clone(true));
    };
    this.li = this.box.find(li_node);
    this.l = this.li.length;
    // 滑动条件不成立
    if(this.l<=this.v){
        this.btnP.hide();
        this.btnN.hide();
    };
    this.deInit = true;
    this.w = this.li.outerWidth(true);
    this.box.width(this.w*this.l);
    this.maxL = this.l - this.v;
    // 要多图滚动重新计算变量
    this.s = o.s||1;
    if(this.s>1){
        this.w = this.v*this.w;
        this.maxL = Math.floor(this.l/this.v);
        this.box.width(this.w*(this.maxL+1));
        // 计算需要添加数量
        var addNum = (this.maxL+1)*this.v-this.l;
        var addHtml = "";
        for(var adN = 0;adN < addNum;adN++){
            addHtml += "<li class='addBox'><div class='photo'></div><div
class='text'></div></li>";
        };
        this.box.append(addHtml);
    };
    // 生成状态图标
    this.numIco = null;
    if(o.numIco){
        this.numIco  = $("#"+o.numIco);
        var numHtml = "";
        numL = this.loop?(this.l-1):this.l;
        for(var i = 0;i<numL;i++){
```

```
                numHtml+="<a href='javascript:void(0);'>"+i+"</a>";
        };
        this.numIco.html(numHtml);
        this.numIcoLi = this.numIco.find("a");
        this.numIcoLi.bind("click",function(){
            if(that.c==$(this).html())return false;
            that.c=$(this).html();
            that.move();
        });
    };
    this.bigBox = null;
    this.loadNumBox = null;
    if(o.loadNumBox){
        this.loadNumBox = $("#"+o.loadNumBox);
    };
    // 当前序号设置
    this.allNumBox = null;
    if(o.loadNumBox){
        this.allNumBox = $("#"+o.allNumBox);
        if(o.bBox){
            var cAll = this.l<10?("0"+this.l):this.l;
        }else{
            var cAll = this.maxL<10?("0"+(this.maxL+1)):(this.maxL+1);
        };
        this.allNumBox.html(cAll);
    };
    // 大图按钮点击操作
    if(o.bBox){
        this.bigBox = $("#"+o.bBox);
        this.li.each(function(n){
            $(this).attr("num",n);
            var cn = (n+1<10) ? ("0"+(n+1)):n+1;
            $(this).find(".text").html(cn);
        });
        this.loadNum = 0;
        this.li.bind("click",function(){
            if(that.loadNum==$(this).attr("num"))return false;
            var test = null;
            if(that.loadNum>$(this).attr("num")){
                test = "pre";
            };
            that.loadNum = $(this).attr("num");
            that.loadImg(test);
        });
        that.loadImg();
        if(o.bNext){
            that.bNext = $("#"+o.bNext);
            that.bNext.bind("click",function(){
                that.loadNum<that.l-1 ?that.loadNum++:that.loadNum=0;
                that.loadImg();
            });
        };
        if(o.bPre){
```

```
            that.bPre = $("#"+o.bPre);
            that.bPre.bind("click",function(){
                that.loadNum> 0? that.loadNum--:that.loadNum=that.l-1 ;
                that.loadImg("pre");
            });
        };
    };
    // 滑动点击操作（循环 or 不循环）
    if(this.loop){
        this.btnP.bind("click",function(){
            if(that.c<=0){
                that.c = that.l-1;
                that.box.css({left:-that.c*that.w});
            };
            that.c --;
            that.move(1);
        });
        this.btnN.bind("click",function(){
            if(that.c>=(that.l-1)){
                that.box.css({left:0});
                that.c = 0;
            };
            that.c++;
            that.move(1);
        });
    }else{
        this.btnP.bind("click",function(){
            that.c> 0? that.c--:that.c=that.maxL ;
            that.move(1);
        });
        this.btnN.bind("click",function(){
            that.c<that.maxL ?that.c++:that.c=0;
            that.move(1);
        });
    };
    that.timer = null;
    if(o.auto){
        that.box.bind("mouseover",function(){
            clearInterval(that.timer);
        });
        that.box.bind("mouseleave",function(){
            that.autoPlay();
        });
        that.autoPlay();

    };
    this.move();
}
ShowPre.prototype = {
    move:function(test){ // 滑动方法
        var that = this;
        var pos = this.c*this.w;
        //document.title = (test&&that.timer);
```

```
            if(test&&that.timer){
                clearInterval(that.timer);
            };
            // 当前序号图标
            if(that.numIco){
                that.numIcoLi.removeClass("on");
                var numC = that.c;
                if(that.loop&&(that.c==(this.l-1))){
                    numC= 0;
                };
                that.numIcoLi.eq(numC).addClass("on");
            };
            this.box.stop();
            this.box.animate({left:-pos},function(){
                if(test&&that.auto){
                    that.autoPlay();
                };
                if(that.loop&&that.c==that.maxL){
                    that.c = 0;
                    that.box.css({left:0})
                };
            });
            if(that.bigBox)return false;
            // 设置大图加载序号
            if(that.loadNumBox){
                var loadC = parseInt(that.c)+1;
                loadC = loadC<10?"0"+loadC:loadC;
                that.loadNumBox.html(loadC);
            };
    },
    loadImg:function(test){ // 加载大图方法
        var that = this;
        var _src = this.li.eq(that.loadNum).attr("bsrc"),bigTh3=null,bigTh4=null,bigText=null;
        if(that.li.eq(that.loadNum).attr("data-h")){
            //$("#bigT h3").html(that.li.eq(that.loadNum).attr("data-h"));
            var bigTh3 = $("#bigT h3");
            $("#bigT").hide();
            bigTh3.html("");
        };
        if(that.li.eq(that.loadNum).attr("data-m")){
            //$("#bigT h4").html(that.li.eq(that.loadNum).attr("data-m"));
            var bigTh4 = $("#bigT h4");
            $("#bigT").hide();
            bigTh4.html("");
        };
        if(that.li.eq(that.loadNum).attr("data-text")){
            //$("#bigText").html(that.li.eq(that.loadNum).attr("data-text"));
            var bigText = $("#bigText");
            bigText.html("").hide();
        };
        var img = new Image();
        $(img).hide();
```

```
//loading dom 操作（分首次加载和后面加载，根据点击操作设置运动方向）
if(that.deInit){
    var le = 0;
    that.deInit = false;
    that.bigBox.html("<div class='loading'></div><div class='loading'></
div>");
}else{
    if(test!="pre"){
        var le = -1230;
        that.bigBox.append("<div class='loading'></div>");
    }else{
        var le = 1230;
        that.bigBox.find(".loading").before("<div class='loading'></div>");
        that.bigBox.css({"margin-left":-1230});
        le = 0;
    };
};
that.bigBox.animate({"margin-left":le},function(){
    $(img).bind("load",function(){
        // 判断出现方向
        if(test!="pre"){
            var n = 1,oldN = 0;
        }else{
            var n = 0,oldN = 1;
        };
        that.bigBox.find(".loading").eq(n).html(img);
        that.bigBox.find(".loading").eq(oldN).remove();
        that.bigBox.css({"margin-left":0});
        $(this).fadeIn(200,function(){
            if(bigTh3){
                $("#bigT").fadeIn()
                bigTh3.html(that.li.eq(that.loadNum).attr("data-h"));
            };
            if(bigTh4){
                $("#bigT").fadeIn()
                bigTh4.html(that.li.eq(that.loadNum).attr("data-m"));
            };
            if(bigText){
                bigText.html(that.li.eq(that.loadNum).attr("data-text")).
fadeIn();
            };
        });
    });
    img.src = _src;
});
// 添加当前加载序号
that.li.removeClass("on");
that.li.eq(that.loadNum).addClass("on");
if(that.loadNumBox){
    var loadC = parseInt(that.loadNum)+1;
    loadC = loadC<10?"0"+loadC:loadC;
    that.loadNumBox.html(loadC);
};
```

```
    },
    autoPlay:function(){ //自动播放方法
        var that =this;
        that.timer = setInterval(function(){
            that.c<that.maxL?that.c++:that.c=0;
            that.move();
        },4000);
    }
}
```

08 返回网页的 HTML 代码中，在 <head> 与 </head> 标签之间添加 <script> 标签链接外部的 jQuery.js 和 common.js 文件，如图 17-23 所示。在 <body> 与 </body> 标签之间相应的位置添加 <a> 标签，并设置相应的 JavaScript 链接和 ID 等参数，如图 17-24 所示。

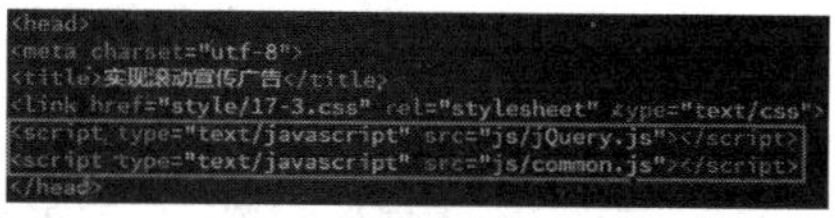

```
<head>
<meta charset="utf-8">
<title>实现滚动宣传广告</title>
<link href="style/17-3.css" rel="stylesheet" type="text/css">
<script type="text/javascript" src="js/jQuery.js"></script>
<script type="text/javascript" src="js/common.js"></script>
</head>
```

图 17-23

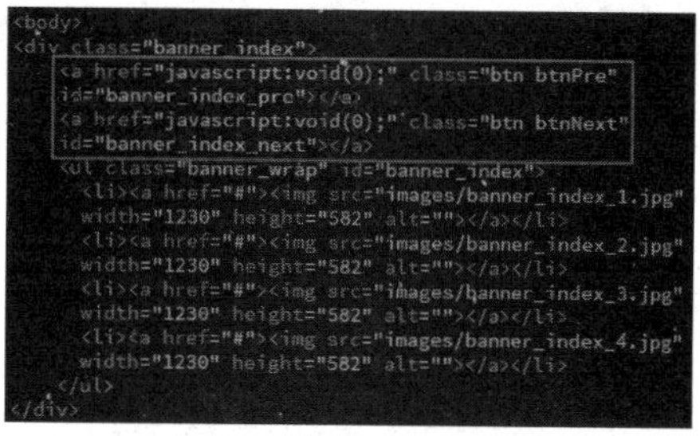

```
<body>
<div class="banner index">
  <a href="javascript:void(0);" class="btn btnPre"
  id="banner_index_pre"></a>
  <a href="javascript:void(0);" class="btn btnNext"
  id="banner_index_next"></a>
  <ul class="banner_wrap" id="banner_index">
    <li><a href="#"><img src="images/banner_index_1.jpg"
    width="1230" height="582" alt=""></a></li>
    <li><a href="#"><img src="images/banner_index_2.jpg"
    width="1230" height="582" alt=""></a></li>
    <li><a href="#"><img src="images/banner_index_3.jpg"
    width="1230" height="582" alt=""></a></li>
    <li><a href="#"><img src="images/banner_index_4.jpg"
    width="1230" height="582" alt=""></a></li>
  </ul>
</div>
```

图 17-24

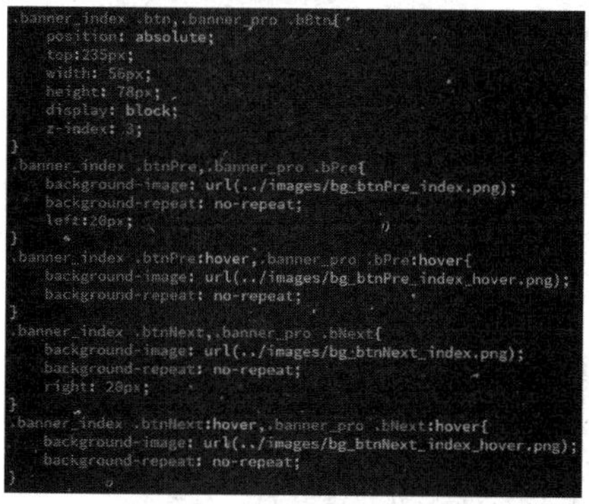

```
.banner_index .btn,.banner_pro .bBtn{
    position: absolute;
    top:235px;
    width: 56px;
    height: 78px;
    display: block;
    z-index: 3;
}
.banner_index .btnPre,.banner_pro .bPre{
    background-image: url(../images/bg_btnPre_index.png);
    background-repeat: no-repeat;
    left:20px;
}
.banner_index .btnPre:hover,.banner_pro .bPre:hover{
    background-image: url(../images/bg_btnPre_index_hover.png);
    background-repeat: no-repeat;
}
.banner_index .btnNext,.banner_pro .bNext{
    background-image: url(../images/bg_btnNext_index.png);
    background-repeat: no-repeat;
    right: 20px;
}
.banner_index .btnNext:hover,.banner_pro .bNext:hover{
    background-image: url(../images/bg_btnNext_index_hover.png);
    background-repeat: no-repeat;
}
```

图 17-25

09 转换到外部的 CSS 样式表文件中，创建相应的 CSS 样式，如图 17-25 所示。返回网页的 HTML 代码中，在 <body> 与 </body> 标签之间相应的位置添加 JavaScript 程序代码，如图 17-26 所示。

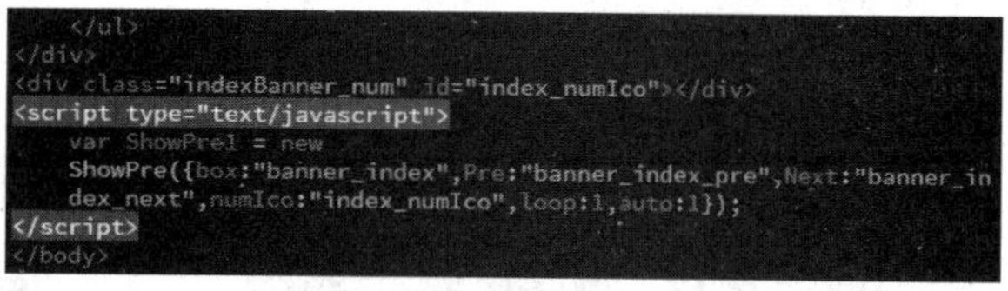

```
  </ul>
</div>
<div class="indexBanner_num" id="index_numIco"></div>
<script type="text/javascript">
    var ShowPre1 = new
    ShowPre({box:"banner_index",Pre:"banner_index_pre",Next:"banner_in
    dex_next",numIco:"index_numIco",loop:1,auto:1});
</script>
</body>
```

图 17-26

**提示**

在页面中添加两个超链接 <a> 标签，通过 CSS 样式的设置改变 <a> 标签的显示效果与位置，将其显示为宣传广告左右两端的切换箭头，并在该 <a> 标签中分别定义相应的 id 名称和 JavaScript 脚本链接，与 JavaScript 程序进行交互。

10 完成该 JavaScript 宣传广告的制作，保存页面，在浏览器中预览页面，可以看到 JavaScript 宣传广告的效果，如图 17-27 所示。该 JavaScript 宣传广告可以间隔一段时间自动切换，用户可以单击左右端的箭头进行手动切换，如图 17-28 所示。

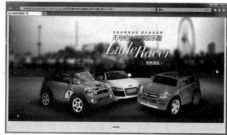

图 17-27

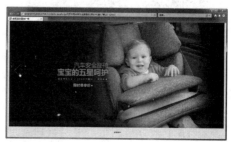

图 17-28

# 17.4 制作保健品网站

本案例制作一个保健品宣传网站首页面，页面使用明度和纯度都比较低的深棕黑色作为背景主色调，给人一种传统、宁静、舒缓的印象，与网站中宣传的产品形象相统一，页面内容较少，整体布局简洁而清晰。

## 17.4.1 思路分析

在该保健品宣传网站页面的制作过程中，综合运用前面章节中所讲解的 HTML 与 CSS 样式的相关知识，使用 CSS 布局来完成整个网站页面的制作，最后通过定位方式将工具图标放置在页面右侧中间的位置，添加相应的 JavaScript 脚本代码，实现当拖动页面的滚动条时，右侧的工具图标会随着页面的滚动而滚动。

## 17.4.2 功能实现

在网站页面右侧悬挂相应的快捷功能图标，并且当滚动页面时右侧的快捷功能图标会随着页面一起动，这样的效果在网站中非常常见，也是很实用的效果。本节介绍如何通过 CSS 布局来制作网站页面并且实现跟随页面滚动的右侧悬挂效果。

**实战 制作保健品网站**

最终文件：最终文件 \ 第 17 章 \17-4.html　　视频：视频 \ 第 17 章 \17-4.mp4

**01** 执行"文件" > "新建"命令，弹出"新建文档"对话框，新建一个 HTML 页面，将该页面保存为"源文件 \ 第 17 章 \17-4.html"，如图 17-29 所示。新建一个外部 CSS 样式表文件，将该文件保存为"源文件 \ 第 17 章 \style\17-4.css"，如图 17-30 所示。

图 17-29

图 17-30

**02** 转换到刚新建的外部 CSS 样式表文件中，创建名称为 * 的通配符 CSS 样式和名称为 body 的标签 CSS 样式，如图 17-31 所示。返回网页的 HTML 代码中，在 <head> 与 </head> 标签之间添加 <link> 标签链接创建的外部 CSS 样式表文件，如图 17-32 所示。

图 17-31

图 17-32

**03** 切换到设计视图中，可以看到页面的背景效果，如图 17-33 所示。在页面中插入名称为 top 的 Div，转换到外部 CSS 样式表文件中，创建名称为 #top 的 CSS 样式，如图 17-34 所示。

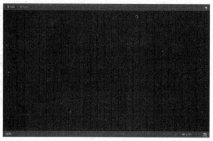

图 17-33

```
#top {
    width: 960px;
    height: 100px;
    margin: 0px auto;
    padding-top: 20px;
}
```

图 17-34

04 切换到设计视图中，将光标移至名称为 top 的 Div 中，将多余文字删除，在该 Div 中插入名称为 logo 的 Div，转换到外部 CSS 样式表文件中，创建名称为 #logo 的 CSS 样式，如图 17-35 所示。切换到设计视图中，在名称为 logo 的 Div 中插入相应的图像，如图 17-36 所示。

```
#logo {
    width: 250px;
    height: 90px;
    float: left;
}
```

图 17-35

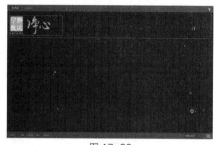

图 17-36

05 在名称为 logo 的 Div 之后插入名称为 menu 的 Div，转换到外部 CSS 样式表文件中，创建名称为 #menu 的 CSS 样式，如图 17-37 所示。切换到设计视图中，可以看到页面的效果，如图 17-38 所示。

```
#menu {
    width: 710px;
    height: 70px;
    padding-top: 20px;
    float: left;
}
```

图 17-37

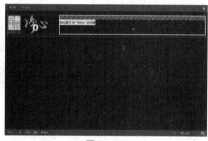

图 17-38

06 将光标移至名称为 menu 的 Div 中，输入文字内容并创建项目列表，如图 17-39 所示。转换到外部 CSS 样式表文件中，创建名称为 #menu li 的 CSS 样式，如图 17-40 所示。

```
<body>
<div id="top">
  <div id="logo"><img src="images/17402.png" width="196"
  height="90" alt=""></div>
  <div id="menu">
    <ul>
      <li>网站首页</li>
      <li>宁静致远</li>
      <li>关于我们</li>
      <li>净心枕</li>
      <li>在线订购</li>
      <li>人才招聘</li>
      <li>联系我们</li>
    </ul>
  </div>
</div>
```

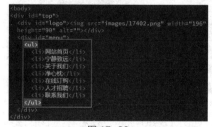

图 17-39

```
#menu li {
    width: 101px;
    height: 40px;
    list-style-type: none;
    text-align: center;
    float: left;
    font-size: 16px;
    font-weight: bold;
    line-height: 40px;
}
```

图 17-40

07 切换到设计视图中，可以看到页面中导航菜单的效果，如图 17-41 所示。

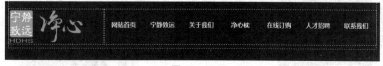

图 17-41

08 在名称为 top 的 Div 之后插入名称为 banner-bg 的 Div，转换到外部 CSS 样式表文件中，创建名称为 #banner-bg 的 CSS 样式，如图 17-42 所示。切换到设计视图，可以看到页面的效果，如图 17–43 所示。

```
#banner-bg {
    width: 100%;
    height: 400px;
    background-image: url(../images/17403.jpg);
    background-repeat: repeat-x;
    padding-top: 23px;
}
```
图 17–42

图 17–43

**09** 将光标移至名称为 banner–bg 的 Div 中，将多余文字删除，在该 Div 中插入名称为 banner 的 Div，转换到外部 CSS 样式表文件中，创建名称为 #banner 的 CSS 样式，如图 17–44 所示。切换到设计视图，可以看到页面的效果，如图 17–45 所示。

```
#banner {
    width: 960px;
    height: 380px;
    margin: 0px auto;
}
```
图 17–44

图 17–45

**10** 将光标移至名称为 banner 的 Div 中，将多余文字删除，在该 Div 中插入名称为 banner–left 的 Div，切换到外部 CSS 样式表文件中，创建名称为 #banner–left 的 CSS 样式，如图 17–46 所示。切换到设计视图，在该 Div 中输入相应的文字并插入图像，如图 17–47 所示。

```
#banner-left {
    width: 400px;
    height: 380px;
    margin-right: 20px;
    float: left;
}
```
图 17–46

图 17–47

**11** 返回网页的 HTML 代码中，为该部分内容添加相应的标题标签和段落标签，如图 17–48 所示。切换到外部 CSS 样式表文件中，创建名称为 #banner–left h1、#banner–left p 和名称为 #banner–left img 的 CSS 样式，如图 17–49 所示。

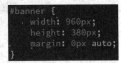
图 17–48

```
#banner-left h1 {
    font-size: 20px;
    font-weight: bold;
    color: #C9A664;
    line-height: 40px;
}
#banner-left p {
    text-indent: 28px;
}
#banner-left img {
    margin-top: 20px;
}
```
图 17–49

**12** 切换到设计视图，可以看到该部分内容的效果，如图 17–50 所示。在名称为 banner–left 的 Div 之后插入名称为 #banner–right 的 Div，转换到外部 CSS 样式表文件中，创建名称为 #banner–right 的 CSS 样式，如图 17–51 所示。

图 17–50

```
#banner-right {
    width: 540px;
    height: 380px;
    text-align: right;
    float: left;
}
```
图 17–51

**13** 切换到设计视图，在名称为 banner-right 的 Div 中插入相应的图像，如图 17-52 所示。在名称为 banner-bg 的 Div 之后插入名称为 main 的 Div，转换到外部 CSS 样式表文件中，创建名称为 #main 的 CSS 样式，如图 17-53 所示。

图 17-52

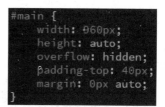

图 17-53

**14** 切换到设计视图，可以看到页面的效果，如图 17-54 所示。将光标移至名称为 main 的 Div 中，将多余文字删除，在该 Div 中插入名称为 about 的 Div，转换到外部 CSS 样式表文件中，创建名称为 #about 的 CSS 样式，如图 17-55 所示。

图 17-54

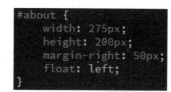

图 17-55

**15** 将光标移至名称为 about 的 Div 中，将多余文字删除，在该 Div 中插入名称为 about-title 的 Div，转换到外部 CSS 样式表文件中，创建名称为 #about-title 的 CSS 样式，如图 17-56 所示。切换到设计视图，可以看到页面的效果，如图 17-57 所示。

图 17-56

图 17-57

**16** 在名称为 about-title 的 Div 中输入相应的文字，在该 Div 之后插入名称为 about-text 的 Div，切换到外部 CSS 样式表文件中，创建名称为 #about-text 的 CSS 样式，如图 17-58 所示。切换到设计视图，在该 Div 中输入相应的文字，如图 17-59 所示。

图 17-58

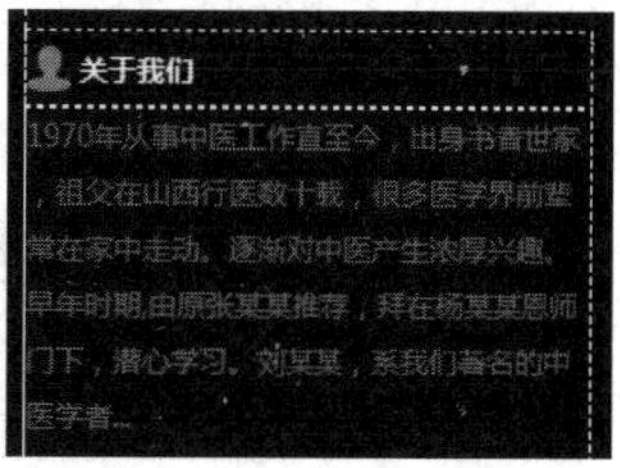

图 17-59

**17** 在名称为 about 的 Div 之后插入名称为 news 的 Div，切换到外部 CSS 样式表文件中，创建名称为 #news 的 CSS 样式，如图 17-60 所示。切换到设计视图，可以看到页面的效果，如图 17-61 所示。

图 17-60

图 17-61

18 根据名称为 about 的 Div 中内容的制作方法，可以完成该 Div 中内容的制作，效果如图 17-62 所示。在名称为 news 的 Div 之后插入名称为 contant 的 Div，并完成该 Div 中内容的制作，效果如图 17-63 所示。

图 17-62

图 17-63

19 在名称为 main 的 Div 之后插入名称为 line 的 Div，转换到外部 CSS 样式表文件中，创建名称为 #line 的 CSS 样式，如图 17-64 所示。切换到设计视图，将该 Div 中多余的文字删除，如图 17-65 所示。

图 17-64

图 17-65

20 在名称为 line 的 Div 之后插入名称为 bottom 的 Div，转换到外部 CSS 样式表文件中，创建名称为 #bottom 的 CSS 样式，如图 17-66 所示。切换到设计视图，在该 Div 中输入相应的文字，如图 17-67 所示。

图 17-66

图 17-67

21 接下来通过 JavaScript 实现右侧悬挂效果。在名称为 bottom 的 Div 之后插入名称为 tbox 的 Div，转换到外部 CSS 样式表文件中，创建名称为 #tbox 的 CSS 样式，如图 17-68 所示。切换到设计视图，将该 Div 中多余的文字删除，如图 17-69 所示。

```
#tbox{
    width: 54px;
    position: fixed;
    right: 20px;
    bottom: 300px;
    float: right;
}
```

图 17-68

图 17-69

22 返回网页的 HTML 代码中，在名称为 tbox 的 Div 中添加相应的 HTML 代码，如图 17-70 所示。转换到外部 CSS 样式表文件中，创建名称为 #pinglun、#xiangguan 和名称为 #gotop 的 CSS 样式，如图 17-71 所示。

23 切换到设计视图，可以看到页面的效果，如图 17-72 所示。执行"文件" > "新建"命令，弹出"新建文档"对话框，新建一个外部的 JavaScript 脚本文件，如图 17-73 所示。将该文件保存为"源文件 \ 第 17 章 \js\17-4.js"。

```
<div id="bottom">Copyright Beijing Ninjingzhiyuan keji
Co.,Ltd All rights reserved.<br>
  版权所有：北京某某科技有限公司    京ICP备********号</div>
<div id="tbox">
  <a id="pinglun" href="#tag_cmt"></a>
  <a id="xiangguan" href="#tag_about"></a>
  <a id="gotop" href="javascript:void(0)"></a>
</div>
</body>
```

图 17-70

```
#pinglun{
  width: 54px;
  height: 56px;
  display: block;
  background-image: url(../images/icon.png);
  background-repeat: no-repeat;
  background-position: 0 0;
}
#xiangguan{
  width: 54px;
  height: 56px;
  display:block;
  background-image: url(../images/icon.png);
  background-repeat: no-repeat;
  background-position: 0 -59px;
}
#gotop{
  width: 54px;
  height: 56px;
  display: block;
  background-image: url(../images/icon.png);
  background-repeat: no-repeat;
  background-position: 0 -118px;
}
```

图 17-71

图 17-72

图 17-73

24 在该 JavaScript 文件中编写如下的 JavaScript 脚本代码。

```
function b(){
    h = $(window).height();
    t = $(document).scrollTop();
    if(t > h){
        $('#gotop').show();
    }
}
$(document).ready(function(e) {
    b();
    $('#gotop').click(function(){
        $(document).scrollTop(0);
    })
});
$(window).scroll(function(e){
    b();
})
```

25 返回网页的 HTML 代码中，在页面头部的 <head> 与 </head> 标签之间添加 <script> 标签，链接 jQuery 函数库文件和刚创建的外部 JavaScript 脚本文件，如图 17-74 所示。

```
<head>
<meta charset="utf-8">
<title>制作保健品网站页面</title>
<link href="style/17-4.css" rel="stylesheet" type="text/css">
<script type="text/javascript" src="js/jQuery.js"></script>
<script type="text/javascript" src="js/17-4.js"></script>
</head>
```

图 17-74

26 保存页面，在浏览器中预览页面，可以看到页面的效果，如图 17-75 所示。当拖动页面右侧的滚动条时，可以看到右侧的悬挂内容跟随滚动条一起滚动，如图 17-76 所示。

图 17-75

图 17-76

## 17.5 制作儿童产品宣传网站

儿童产品宣传网站的设计需要能够体现出儿童产品的特点，在该网站页面的设计中使用大幅的满屏产品宣传图片作为页面的背景，并且通过 JavaScript 脚本代码实现产品宣传图片的滚动轮换效果，从而很好地起到产品宣传展示的作用。

### 17.5.1 思路分析

在该儿童产品宣传网站页面的设计制作中，首先综合应用前面章节中学习的 HTML 和 CSS 样式的相关知识，对网站页面进行布局制作，在制作过程中，注意学习使用相对定位与绝对定位的方式来实现元素的叠加显示效果。完成页面内容的制作后，在页面中相应的位置添加元素容器制作产品宣传图片，链接外部的 jQuery 函数库文件并编写相应的 JavaScript 脚本代码，从而实现页面背景中产品宣传图片的滚动轮换效果。

### 17.5.2 功能实现

该儿童产品宣传网站页面的内容较少，布局简洁大方，主要是将少量的页面内容叠加在产品宣传图片上进行表现，这就需要在网页制作过程中通过相对定位和绝对定位的方式来实现元素的叠加显示效果。

**实战** 制作儿童产品宣传网站

最终文件：最终文件 \ 第 17 章 \17-5.html　　视频：视频 \ 第 17 章 \17-5.mp4

**01** 执行 "文件" > "新建" 命令，弹出 "新建文档" 对话框，新建 HTML 页面，将该页面保存为 "源文件 \ 第 17 章 \17-5.html"，如图 17-77 所示。新建外部 CSS 样式表文件，将其保存为 "源文件 \ 第 17 章 \style\17-5.css"，如图 17-78 所示。

**02** 转换到外部 CSS 样式表文件中，创建名称为 * 的通配符 CSS 样式和名称为 body 的标签 CSS 样式，如图 17-79 所示。返回 HTML 页面，在 <head> 与 </head> 标签之间添加 <link> 标签链接创建的外部 CSS 样式表文件，如图 17-80 所示。

图 17-77

图 17-78

图 17-79

图 17-80

**03** 在页面中插入名称为 box 的 Div，转换到外部 CSS 样式表文件中，创建名称为 #box 的 CSS 样式，如图 17-81 所示。切换到网页设计视图中，可以看到页面的效果，如图 17-82 所示。

图 17-81

图 17-82

**04** 将光标移至名称为 box 的 Div 中，将多余文字删除，在该 Div 中插入名称为 top 的 Div，转换到外部 CSS 样式表文件中，创建名称为 #top 的 CSS 样式，如图 17-83 所示。切换到网页设计视图中，可以看到页面的效果，如图 17-84 所示。

图 17-83

图 17-84

**05** 将光标移至名称为 top 的 Div 中，将多余文字删除，在该 Div 中插入名称为 logo 的 Div，转换到外部 CSS 样式表文件中，创建名称为 #logo 的 CSS 样式，如图 17-85 所示。切换到网页设计视图中，在名称为 top 的 Div 中插入相应的图像，如图 17-86 所示。

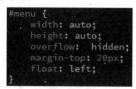

图 17-85

图 17-86

**06** 在名称为 logo 的 Div 之后插入名称为 menu 的 Div，转换到外部 CSS 样式表文件中，创建名称为 #menu 的 CSS 样式，如图 17-87 所示。切换到网页设计视图中，可以看到页面的效果，如图 17-88 所示。

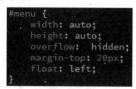

图 17-87

图 17-88

**07** 将光标移至名称为 menu 的 Div 中，将多余文字删除，在该 Div 中输入文字并创建项目列表，HTML 代码如图 17-89 所示。转换到外部 CSS 样式表文件中，创建名称为 #menu li 的 CSS 样式，如图 17-90 所示。

图 17-89

图 17-90

08 继续在外部 CSS 样式表文件中创建名称为 #menu .first 的类 CSS 样式，如图 17-91 所示。返回网页的 HTML 代码中，为"首页"文字应用名称为 first 的类 CSS 样式，切换到设计视图中，可以看到顶部导航栏的效果，如图 17-92 所示。

图 17-91

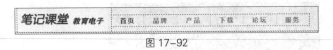

图 17-92

09 在名称为 menu 的 Div 之后插入名称为 top-right 的 Div，转换到外部 CSS 样式表文件中，创建名称为 #top-right 的 CSS 样式，如图 17-93 所示。切换到网页设计视图中，可以看到页面的效果，如图 17-94 所示。

图 17-93

图 17-94

10 将光标移至名称为 top-right 的 Div 中，将多余文字删除，插入相应图片并输入文字，转换到外部 CSS 样式表文件中，创建名称为 #top-right img 和名称为 #top-right .font1 的类 CSS 样式，如图 17-95 所示。切换到网页设计视图中，为文字应用名称为 font1 的类 CSS 样式，效果如图 17-96 所示。

图 17-95

图 17-96

11 在名称为 box 的 Div 之后插入名称为 content 的 Div，转换到外部 CSS 样式表文件中，创建名称为 #content 的 CSS 样式，如图 17-97 所示。切换到网页设计视图中，可以看到页面的效果，如图 17-98 所示。

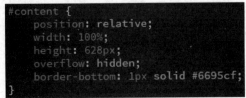

图 17-97

图 17-98

12 将光标移至名称为 content 的 Div 中，将多余文字删除，在该 Div 中插入名称为 middle 的 Div，转换到外部 CSS 样式表文件中，创建名称为 #middle 的 CSS 样式，如图 17-99 所示。切换到网页设计视图中，可以看到页面的效果，如图 17-100 所示。

```
#middle {
    position: absolute;
    width: 960px;
    height: 155px;
    top: 415px;
    left: 50%;
    margin-left: -480px;
}
```

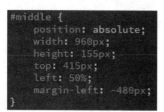

图 17-99

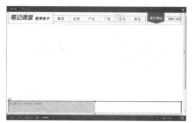

图 17-100

13 将光标移至名称为 middle 的 Div 中，将多余文字删除，在该 Div 中插入名称为 pic 的 Div，转换到外部 CSS 样式表文件中，创建名称为 #pic 的 CSS 样式，如图 17-101 所示。切换到网页设计视图中，在该 Div 中插入相应的图片，效果如图 17-102 所示。

```
#pic {
    width: 181px;
    height: 143px;
    background-image: url(../images/17504.png);
    background-repeat: no-repeat;
    background-position: center top;
    padding-left: 12px;
    padding-top: 12px;
    float: left;
    margin-right: 20px;
}
```

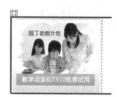

图 17-101

图 17-102

14 在名称为 pic 的 Div 之后插入名称为 talk 的 Div，转换到外部 CSS 样式表文件中，创建名称为 #talk 的 CSS 样式，如图 17-103 所示。切换到网页设计视图中，可以看到页面的效果，如图 17-104 所示。

```
#talk {
    float: left;
    width: 386px;
    height: 105px;
    background-image: url(../images/17506.png);
    background-repeat: no-repeat;
    background-position: center top;
    padding-top: 50px;
    margin-right: 20px;
}
```

图 17-103

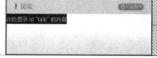

图 17-104

15 返回网页的 HTML 代码中，在名称为 talk 的 Div 中插入相应的图像并创建项目列表内容，如图 17-105 所示。切换到网页设计视图中，可以看到该部分内容的默认显示效果，如图 17-106 所示。

```
<div id="pic">
    <img src="images/17505.jpg" width="166" height="127" alt=""/>
</div>
<div id="talk">
  <img src="images/17507.png" width="89" height="88" alt="">
  <ul>
    <li>笔记课堂开课了。</li>
    <li>笔记课堂开课免费试听。</li>
    <li>软件免费自学。</li>
    <li>会员感谢，抽奖送学习机。</li>
  </ul>
</div>
```

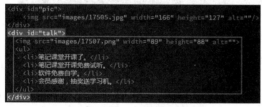

图 17-105

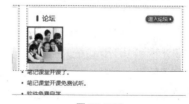

图 17-106

16 转换到外部 CSS 样式表文件中，创建名称为 #talk img 和 #talk li 以及 #talk ul 的 CSS 样式，如图 17-107 所示。切换到网页设计视图中，可以看到页面的效果，如图 17-108 所示。

```
#talk img {
    float: left;
    margin-left: 20px;
    margin-right: 25px;
}
#talk li {
    list-style-type: circle;
    list-style-position: inside;
    line-height: 22px;
}
```

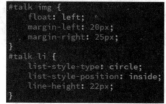

图 17-107

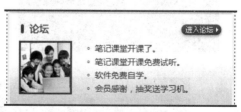

图 17-108

17 在名称为 talk 的 Div 之后插入名称为 download 的 Div，使用相同的制作方法，可以完成该部分内容的制作，效果如图 17-109 所示。

图 17-109

**18** 在名称为 content 的 Div 之后插入名称为 bottom 的 Div，转换到外部 CSS 样式表文件中，创建名称为 #bottom 的 CSS 样式，如图 17-110 所示。切换到网页设计视图中，将多余文字删除，在该 Div 中输入相应的文字，如图 17-111 所示。

图 17-110

图 17-111

**19** 接下来通过 JavaScript 实现网页产品宣传图片轮换的效果。在名称为 content 的 Div 开始标签之后插入名称为 banner_list 的 Div，如图 17-112 所示。转换到外部 CSS 样式表文件中，创建名称为 #banner_list 的 CSS 样式，如图 17-113 所示。

```
<div id="content">
<div id="banner_list"></div>
<div id="middle">
```

图 17-112

```
#banner_list {
    overflow: hidden;
}
```

图 17-113

**20** 转换到外部 CSS 样式表文件中，创建名称为 #controlDiv 的 CSS 样式，如图 17-114 所示。返回网页的 HTML 代码中，在名称为 middle 的 Div 的开始标签之后添加一个 Div，并为该 Div 应用名称为 controlDiv 的类 CSS 样式，如图 17-115 所示。

```
.controlDiv {
    width: 960px;
    height: 23px;
    text-align: center;
}
```

图 17-114

图 17-115

**21** 将光标移至类名称为 controlDiv 的 Div 中，在该 Div 中插入一个新的 Div 并添加相应的行内样式，如图 17-116 所示。在具有行内样式的 Div 中插入 `<ul>` 标签并为其添加一个 id 名和 class 名，如图 17-117 所示。

**22** 在 body 标签的结束标签之前，添加 `<script>` 标签链接外部的 jQuery 函数库文件和准备好的外部的 JavaScript 脚本文件，如图 17-118 所示。

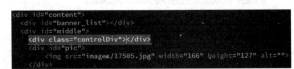

图 17-116        图 17-117

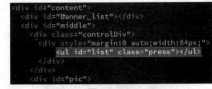

图 17-118

**23** 在 body 标签的结束标签之前，添加如下的 JavaScript 脚本代码。

```
<script type="text/javascript" >
    var indImages = new Array();
    indImages[0] = ['#',' 小学生听英语 ','images/17502.jpg'];
    indImages[1] = ['#',' 点读机 T1','images/17503.jpg'];
    $(document).ready(function(){
    babyzone.scroll(2,"banner_list","list","banner_info");
        var width = $(window).width();
        if(width<960){
            width=960;
        }
        $("#banner_list").css("width",width);
        $(".imgb").css("margin-left",(1600-width)/2*-1);
        $(".imgb").show();
        $(".imgb").fadeOut(0).eq(0).fadeIn(0);
        userLogin();
        loadClub();
    });
    $(window).resize(function(){
        var width = $(window).width();
        if(width<960){
            width=960;
        }
        $("#banner_list").css("width",width);
        $(".imgb").css("margin-left",(1600-width)/2*-1);
        $(".imgb").show();
    });
</script>
```

**24** 保存页面，在浏览器中预览页面，可以看到使用 JavaScript 实现的页面宣传图片轮换效果，如图 17-119 所示。

图 17-119